U0240000

THE JOY OF MIXOLOGY

加里·里根

他为《旧金山纪事报》撰写两周一期的专栏《伦敦人》，还定期在《麦芽倡导者》《国家餐厅新闻》《干杯》《葡萄酒爱好者》等杂志上发表专栏文章，并在《美食艺术》《美食与美酒》《葡萄酒与烈酒》等杂志上发表文章。他的作品发表在英国、美国、澳大利亚、奥地利、中国、捷克、德国、毛里求斯、莫桑比克、纳米比亚、新西兰、斯洛伐克、南非、瑞士和俄罗斯等国的杂志上。

2001年到2007年，他举办了一系列为期两天的调酒师培训班，在纽约、芝加哥、洛杉矶、旧金山、迈阿密、波士顿、伦敦、布拉迪斯拉发以及其他著名城市的顶级鸡尾酒吧培训调酒师。

他经常与帝亚吉欧、保乐力加、天山等知名烈酒生产商和营销公司合作。他在伦敦鸡尾酒周上发表演讲，在世界各地举办研讨会，担任鸡尾酒大赛的评委。他是帝亚吉欧世界级大赛的常任评委，还曾担任澳大利亚、法国、英国、斯洛伐克，当然还有美国鸡尾酒大赛的评委，是鸡尾酒行业的创新者和引领者。

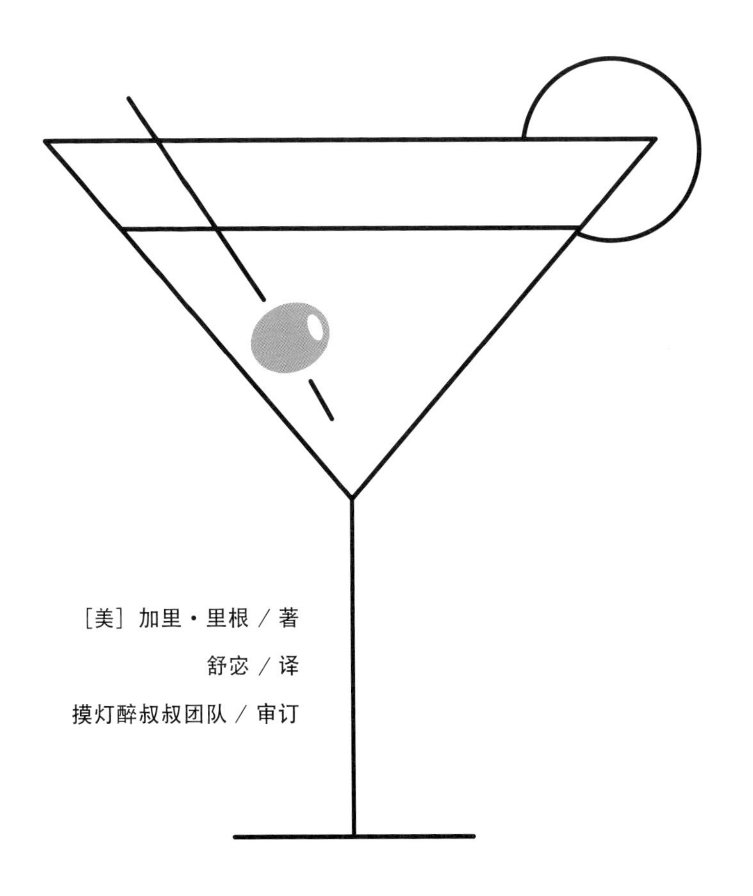

［美］加里・里根／著

舒宓／译

摸灯醉叔叔团队／审订

调酒学

调酒师必备的殿堂级大师经典之作

北京科学技术出版社

著作权合同登记号　图字：01-2022-1986

图书在版编目（CIP）数据

调酒学 / (美) 加里·里根著；舒宓译. -- 北京：北京科学技术出版社，2024. 9（2024.10 重印）
ISBN 978-7-5714-3995-8

Ⅰ. TS972.19

中国国家版本馆 CIP 数据核字第 2024QW5672 号

策划编辑：廖　艳
责任编辑：廖　艳
审　　订：摸灯醉叔叔团队
图片拍摄：张绍亿　刘　超
责任校对：贾　荣
责任印制：李　茗
图文制作：天露霖文化
出 版 人：曾庆宇
出版发行：北京科学技术出版社
社　　址：北京西直门南大街16号
邮政编码：100035
电　　话：0086-10-66135495（总编室）
　　　　　0086-10-66113227（发行部）
网　　址：www.bkydw.cn
印　　刷：北京顶佳世纪印刷有限公司
开　　本：889 mm × 1194 mm　1/24
字　　数：320千字
印　　张：15.5
版　　次：2024年9月第1版
印　　次：2024年10月第2次印刷
ISBN 978-7-5714-3995-8

定　　价：199.00元

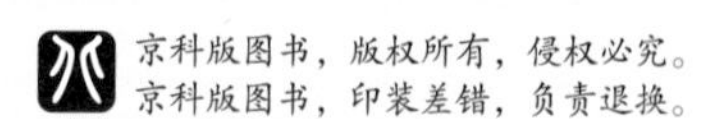

谨将本书献给

戴维·旺德里奇

一个心怀热忱的调酒师、一个充满智慧的老灵魂，

一位真正的绅士和一个珍贵的朋友

曼哈顿

致　谢

2003年撰写《调酒学》第一版时，我就有很多人要感谢。如今，我的感谢名单上又增加了许多人。如果我试着把所有人的名字都列出来，我知道我一定会后悔。等本书的印刷文件被送去印厂两天后，我会想起更多要感谢的人，而我却忘记将他们的名字写进书稿里了。因此，在此我就不一一列举了。

不过，我要感谢全球调酒师大家庭多年以来对我的支持。在过去十年乃至更长的时间里，我从新一代的调酒师身上学到了许多，和你们待在一起，让我觉得自己就是你们中的一员。没有你们——我的调酒师兄弟姐妹们，我的生活永远不可能变得如此多姿多彩。上帝保佑你们所有人！

在本书付印之前，我必须得感谢一个人——我的太太艾米，谢谢你让我明白了真爱的含义。亲爱的，来世让我们早点遇见彼此，好吗？

致所有调酒师

自从《调酒学》第一版成为全世界众多调酒师的必备读物之后，我就想着要用这个机会来跟刚入行的调酒师分享一些经验，让你们对即将面对的一切有所准备。

我们中的很多人入行是为了成为“明星调酒师”——每晚都有一群狂热粉丝专门来酒吧喝他们调的酒。但很快你会发现，你要付出许多努力才能开始接近这个目标。先付出，然后才有可能获得名气，而且是大量的付出。

如果你刚入行，就要接受从吧台助手做起：从地下室搬运冰块和一箱箱啤酒，切装饰，擦瓶子，做各种繁重琐碎的工作。

当你以调酒师或吧台助手的身份站在了吧台后，你的第一个任务就是学会观察。仔细观察资深调酒师，注意他们的双手是怎样时刻不停地工作的。看一下他们怎样用一只手倒金酒，同时用另一只手打开一瓶啤酒。

要向高手学习：如何管理酒吧里的客人，倾听客人的交流；如何应对愤怒的客人，如何处理投诉；如何一边调酒一边说俏皮话，让客人情不自禁地微笑。

要在对的时机提问，以理解高手为什么会这样做。向他们学习在同时面临多个任务时，如何安排优先次序、如何语气平静地让潜在的闹事者离开。

最重要的是倾听。我们不是无所不知。我们永远都做不到无所不知。在你的余生里，准备好每天都学习新事物。

如果你通过努力成了一名职业调酒师，那么未来你人生中的每一天都一定会很有趣——这是最起码的。

致以爱的问候！

加里·里根

引　言

我们在写东西时有个习惯……掩盖我们的踪迹，不去涉及死胡同或描述我们一开始踏入的误区等。所以，想要公开发表你为了达成目标而经历的一切，同时又不失面子，是不可能的。

——理查德·范曼（Richard Feynman）

如果你想从纽约步行去洛杉矶，而且铁了心一定要做到，那么基本可以肯定，你总有一天会抵达好莱坞大道。不过，你可能会在途中迷几次路，而我撰写本书的过程正是如此。我铁了心要走到洛杉矶，而且我觉得我做到了，但我在途中好几次走错了方向，结果去了我原本并不想去的地方。不过，当太平洋终于出现在我眼前的时候，我知道一切曲折都是值得的。

在撰写“鸡尾酒与混合饮品的历史”这一章时，我借鉴了历史上许多调酒大师的观点。在为此做研究时，我还阅读了许多往日酒类作家的作品——他们曾经亲眼见过19世纪的超级明星调酒师们，比如在纽约包厘街小珍宝酒吧（Little Jumbo）工作的哈里·约翰逊（Harry Johnson）。我真希望我可以回到“欢乐九十年代”[①]，看看那些具有开创性的调酒师是怎样工作的。我可以去老华尔道夫酒店（Waldorf Astoria），点一杯约翰尼·索伦（Johnnie Solon）亲手调制的布朗克

① 指1890年—1900年。——译者注

斯鸡尾酒，然后坐下来好好欣赏“野牛比尔”威廉·科迪（William Cody）的滑稽言行——他从来不拒绝任何酒。谁知道呢，我可能甚至会发现自己站在杰里·托马斯（Jerry Thomas）的吧台前面，他在1862年出版了世界上第一本鸡尾酒书。那可真是太棒了。

然而，在撰写本书的配方部分时，我把如今的调酒大师向我提供的配方整理了一遍。这让我意识到自己生活在21世纪是多么幸运。我见过戴尔·德格罗夫（Dale DeGroff）在彩虹屋（Rainbow Room）调制“蓝色火焰”（Blue Blazer）；我在旧金山哈里·丹顿（Harry Denton）的星光室（Starlight Room）品尝过托尼·阿布-加尼（Tony Abou-Ganim）亲手调的酒；我还有幸在丽思卡尔顿酒店(Ritz-Carlton）喝到了整个曼哈顿最棒的曼哈顿鸡尾酒——出自诺曼·布科夫策尔（Norman Bukofzer）之手；我见证了戴尔在黑鸟（Blackbird）是如何教导奥德丽·桑德斯（Audrey Saunders）的，而她很快成长为明星调酒师。此外，我还去过很多家酒吧，那里的调酒师无论如何都做不出一杯凯匹林纳，但他们仍然是真正的调酒师。

关于升级版，你应该知道的一些信息

关于本书的再版，我其实曾经考虑过很长一段时间，但每次都放弃了。现在，我终于迈出了关键的一步，开始修订这本被我视作孩子的书——《调酒学》。

我相信，《调酒学》第一版在很大程度上奠定了我在鸡尾酒界的地位，而且全世界许多人都是通过这本书才知道了我的名字。那么，升级版一定要非常出色，才能无愧于它的名声。

过去10年间，酒吧行业发生了巨大的变化。尽管我在那段时间里并未真正在吧台后工作过，但我见证了整个行业的发展过程，而创造出新技术的则是职业调酒师们——他们学会了如何手凿大块冰和运用旋转蒸发仪，还完善了各种分子调酒的新技术。因此，我觉得我并没有真正亲身体验这个美妙新世纪里诞生的先进技术。

另外，我要感谢烈酒公司邀请我举办研讨会、担任比赛评委和拜访世界各地的顶级酒吧，也要感谢参加过我乡村鸡尾酒会的所有调酒师，这让我得以见证年轻调酒师是如何大胆挑战调酒极限的。有时，这种挑战过于大胆，把原有的条条框框炸了个粉碎，让鸡尾酒学究们只能搔着头皮，重新回到制图板前面去。而这正是新生代调酒师与他们前辈的不同之处：他们的创新精神。

一个接一个的创新由吧台后的调酒师们研发出来，被探究、被批评、被分析，再被完善。如今的调酒师已经形成了一个迅速全球化的调酒师大家庭（这在很大程度上要归功于社交媒体）。今天最优秀的一批调酒师跟昔日的大师比起来也毫不逊色。这让我的心灵充满了喜悦。

那么，继续往下读吧！我希望你能够在升级版中找到一些我上次未曾探讨的内容，而有些主题在 10 年或 20 年前甚至都不存在。过去 20 年里，我们经历了鸡尾酒的第二个黄金年代。躬逢其盛，与有荣焉。

边车

目 录

鸡尾酒与混合饮品的历史

变化是生活的调味品，赋予它无尽的滋味。

——威廉·考珀（William Cowper）

《任务》（*The Task*）第二部《钟表》（*The Time-Piece*），1785 年

没有什么能比得上一杯好茶。你爱喝的是格雷伯爵红茶、阿萨姆红茶、祁门红茶、正山小种、翠玉乌龙、东方美人，还是铁观音？或许，英式早餐茶才是你的最爱？是什么都不加，还是加奶、糖、一片柠檬、一勺蜂蜜、一点威士忌或是一大份黑朗姆酒？一杯饮料可以有许多变化，一切都取决于喝它的人的口味。混合饮品也是如此，而且一直以来都是如此：基酒可以纯饮，也可以通过添加一种或多种其他配料来增强风味。人们为什么会选择往优质葡萄酒、啤酒和烈酒里加料？为了多样化。它是生活的调味品。

世界上最早的混合饮品可能是为了掩盖基酒不理想的味道而诞生的。跟如今用先进工艺酿造的酒比起来，从前的酒要差多了。考古成果表明，古代埃及人用枣子和其他水果给啤酒调味，而瓦塞尔（Wassail）——一种以西打酒为基酒的加香饮料——早在基督教传入英格兰之前就已经出现，是人们在庆祝苹果大丰收时喝的。我们还知道，罗马人会在葡萄酒里加蜂蜜、草本植物及香料。这可能是因为当时葡萄酒的品质太差，也可能是因为加进去的各种原料有助于健康或消化。热红酒和加香啤酒的历史长达数千年，而且一直流传到了 21 世纪。

要了解现代鸡尾酒和混合饮品是如何诞生的，我们必须从 17 世

纪初谈起。那个时期，在今新英格兰地区的小酒馆会向客人供应一些自创饮品。沙克牛乳酒（Sack Posset）是将艾尔啤酒（Ale）、沙克（雪莉酒的别称）、鸡蛋、奶油、糖和香料（比如肉豆蔻和肉豆蔻皮）混合在一起，放在明火上煮沸，有时要连续煮好几个小时。如果酒客希望自己的艾尔啤酒是热的，但又不想把它一直放在火上加热，他们会使用一种叫作“大头棒”（Loggerhead）的拨火棍：将在火里烧过的拨火棍插进一大杯啤酒里，啤酒就立刻变热了。如果有人在酒馆里打起来了，这些拨火棍就变成了武器——双方在“挥舞大头棒”（At Loggerheads），后来这个词的引申含义变成了“发生冲突”。

17 世纪，小酒馆里可能经常发生斗殴，因为殖民者喝起酒来毫无节制。有人曾经如此形容北美洲南部的殖民者的日常饮酒习惯：他们用加了薄荷的威士忌开始新的一天，上午 11 点停止工作，开始享用司令（Slings）、托蒂（Toddies）和弗利普（Flips），晚餐之前和晚餐时喝兑了水的威士忌或白兰地，最后用不兑水的威士忌或白兰地来结束这一天。但不是所有殖民者都酗酒：例如，在 17 世纪的今康涅狄格州地区，连续饮酒 30 分钟以上或一次性饮用超过半瓶葡萄酒是违法的。1634 年前后，在今波士顿地区的轮船旅馆禁止晚餐时段的客人饮用超过一杯酒。

18 世纪初，人们还喜欢喝热红酒、用水果（如覆盆子）增甜的雪莉酒和茱莉普。我们并不确定当时的茱莉普是否跟如今的版本相似，因为根据《薄荷茱莉普》（*The Mint Julep*）一书作者理查德·巴克斯代尔·哈韦尔（Richard Barksdale Harwell）的说法，首个关于薄荷茱莉普的书面记载出现在 1803 年。所有混合饮品和调味酒饮都很受早期殖民者的欢迎，比如托蒂和司令，而各种各样的潘趣和热红酒一直流传到了今天，尽管它们的配方可能发生了很大变化。

这一时期出现在美国的其他酒饮有着跟现代鸡尾酒相似的名字。一款叫明波（Mimbo）的酒其实就是朗姆酒加糖；石墙（Stonewall）是朗姆酒加西打酒；黑糖（Black-Stripe）是朗姆酒加糖蜜；炖贵格（Stewed Quaker）是在西打酒里放一颗炖过的苹果；有一款名字很妙的酒叫“肚子咕咕叫”（Whistle-Belly-Vengeance），是在小火加热过的酸啤酒里加糖蜜增甜，再放入黑面包屑，让酒变得黏稠。约翰·赫尔·布朗（John Hull Brown）在《早期美国酒饮》（*Early American Beverages*）一书中详细记录了一家创办于1712年的纽约市餐厅，名叫卡托路边餐厅（Cato’s Road House）。卡托曾经是一名奴隶，通过赎身获得了自由，开了自己的餐厅，为客人提供纽约白兰地潘趣、南卡罗来纳牛奶潘趣和弗吉尼亚蛋奶酒，搭配水龟、咖喱生蚝、炸鸡和烤鸭等菜式。

据说，美国首任总统乔治·华盛顿（George Washington）喜欢喝上一两杯，有时甚至更多。在纽约弗朗西斯酒馆（Fraunces Tavern）的一场庆功宴上，他致了13次祝酒词——一次代表一个州。有一次他在费城的斯库尔基尔邦(State in Schuylkill,一家垂钓俱乐部）痛饮鱼库潘趣（Fish House Punch），结果连续3天都没办法写日记。华盛顿甚至还能跟格罗格（Grog）扯上点关系：格罗格就是朗姆酒兑水，英国海军上将爱德华·弗农（Edward Vernon）在1740年将它引入了英国海军。华盛顿同母异父的兄弟劳伦斯·华盛顿（Lawrence Washington）曾经在弗农手下服役，对他钦佩有加，甚至用弗农的名字来为自己的庄园命名。当然，后来华盛顿成了弗农山庄的主人。

18世纪后期，美利坚合众国诞生了，这里的人们酒瘾仍然很大，他们消耗的酒精量远远超过了我们如今认为的合理范围。不过要记住，当时人们不仅在社交场合饮酒，还把酒当作一种能够缓解甚至治疗所有疾病的良药。18世纪中期，一位名叫约翰·布朗（John Brown）的爱丁堡大学医学教授给许多病人开出的药方都是烈酒。有一次，一位病人去世了，布朗在进行遗体解剖后宣布，病人的内脏是“新鲜”的，证明他开的“药”起了作用。显然，这个证据足以让83位宾客在1792年波士顿商人俱乐部（Merchant's Club）的一场晚宴上喝掉了136碗潘趣、21瓶雪莉酒，以及大量西打和白兰地。

美国人还在18世纪爱上了冰饮，而欧洲人要在200年后才能领略到它们的妙处。乘船抵达的欧洲移民难以忍受美国的炎夏，需要来自北方的冰缓解南方酷热的暑气。一开始，冰的价格相当高昂，许多人都负担不起。后来，随着冰的价格逐渐下降，冰饮在18世纪中期普及开来。不过，在冰变得流行的过程中，一件发生在美国酒吧里的事永远地改变了混合饮品的面貌：接近1800年的某一天，有人创造了世界上第一杯鸡尾酒。

鸡尾酒的诞生

1806年5月13日，纽约州哈得孙市的《天平与哥伦比亚丛报》（*Balance and Columbian Repository*）在一篇答读者问文章中解释了鸡尾酒的含义："鸡尾酒是一种令人兴奋的酒饮，由任意种类的烈酒、糖、水和苦精组成——俗称为苦味司令。"鸡尾酒诞生了，也有了明确的定义，但它可能还不为大众所熟知，否则报纸也不会特意花篇幅来解释了。

鸡尾酒一词从何而来？这个问题有许多答案，但没有一种令人满意。不过，我本人尤其喜欢的一种说法来自乔治·毕晓普（George Bishop）的《酒精研究家：一个关于杯中男人的传奇》（*The Booze Reader: A Soggy Saga of a Man in His Cups*）："这个词本身源自19世纪中期英格兰流行的'鸡尾'（Cock-tail）一词，它被用来形容放荡不羁的女人，很有魅力但不纯洁。英格兰移民把这个词带到了美国，用来嘲讽美国人的一个新习惯——在优质英国金酒里掺别的东西，包括冰。连字符的消失意味着这个词已经被广泛接受，而且它带着现在的含义重新被引入英国。"当然，这个说法不可能是真的，因为鸡尾酒一词早在19世纪中期以前就被用来指代一种酒饮了，但它依然让人觉得很有趣，"很有魅力但不纯洁"的形容太适合鸡尾酒了。

1936年在英国出版的《调酒师》（*Bartender*）一书中提到了一种令人愉快的说法：很多年前，英国水手喜欢去一家墨西哥酒馆喝混合饮品。在搅拌混合饮品时会用到"一种细长光滑的植物根部，形状类似于鸡的尾巴，因此被叫作'Cola de Gallo'，也就是鸡尾的意思"。书中还提到，水手们让这个词在英国流行开来，后来又流传到了美国。

另一个鸡尾酒起源故事跟墨西哥有关——仍然是在很多年前——主角是一位墨西哥国王的女儿，名唤夏克特尔（Xoc-tl）。她的名字有两种不同的解读：一种是“花”（Xochitl）的意思，另一种是“鸡尾”（Coctel）的意思。据说，她会为到访的美国官员奉上酒饮。为了向她致意，这些美国官员把自己喝到的酒叫作鸡尾酒——这是他们能够做到的对她名字的最准确发音。比尔·布莱森（Bill Bryson）在《美式英语简史》（*Made in America*）一书中也提出了一种解释：在塞拉利昂的克里奥尔语中，蝎子被叫作“卡克特尔”（Kaktel）。会不会是鸡尾酒的烈让人联想到了蝎子尾部的毒刺？无论如何，这个解释听上去也不怎么可信。

有关鸡尾酒一词的起源，下面这个说法是流传最广的：1779 年，一位叫贝齐·弗拉纳根（Betsy Flanagan）的酒馆主人在为法国士兵提供酒饮时，会用从邻居家的公鸡尾巴上拔下来的羽毛做装饰。为了向她致意，士兵们会举杯高喊：“鸡尾万岁！”不过，威廉·格兰姆斯（William Grimes）在《纯的还是加冰：美国酒饮文化史》（*Straight Up or On the Rocks: A Cultural History of American Drink*）中指出，弗拉纳根是詹姆斯·费尼莫尔·库珀（James Fenimore Cooper）的小说《间谍》（*The Spy*）中的虚构人物。他还表示，《间谍》一书“取材于美国独立战争老兵的口述”。所以，尽管这个说法有一定的可信度，但仍然不太令人满意。

斯坦利·克利斯比·阿瑟（Stanley Clisby Arthur）在 1937 年首次出版的《新奥尔良著名酒饮及其制法》（*Famous New Orleans Drinks & How to Mix'em*）中记录了一种颇为合理的解释。根据阿瑟的说法，一个叫安托万·阿米迪·佩肖（Antoine Amedie Peychaud）的法国人在 1793 年从圣多明各逃难到了新奥尔良。他是药剂师，自己开了一家店，售卖各种药品，包括自制的佩肖苦精（现在还能买到）。他将自制苦精和白兰地混合在一起，装在蛋杯里，用来缓解胃部不适，而这种蛋杯在法语里叫作“Coquetier”。想必不是佩肖的所有客人都会说法语，所以，这个词的发音从“Coh-ket-yay”慢慢变成了“Cocktail”。不过，如今的佩肖苦精生产商萨泽拉克公司（Sazerac Company）表示，佩肖的药店是1838年才开业的，所以这个说法也被推翻了。

另外还有一种说法：英格兰的混血马会被剪短尾巴，作为血统不纯的标志，而这样的马也被叫作“鸡尾”马。不过，自从我在本书第一版中提到这种说法之后，这个词的含义已经被澄清了。杰出鸡尾酒历史学家戴维·旺德里奇（David Wondrich）得出结论，这个词的起源的确跟马及其尾巴有关，但具体的含义有所不同。他发现，“鸡尾”其实指的是狡猾的马商在马屁股里塞上一点生姜或辣椒，为了让疲惫的老马翘起尾巴，显得比平时精神一点。我永远都不会跟戴维·旺德里奇争论，除非我们正在讨论下一轮酒谁买单……

青春期

尽管鸡尾酒已经诞生，但在19世纪早期，人们喝的并不是结构平衡的酒饮。那时喝酒的人重量不重质。如果你把2000年美国的烈酒销售总量平摊到每个美国人身上，每人每天的消耗量略少于半盎司[①]。然而在200年前，当鸡尾酒还处在“婴儿期”时，美国每人每天的烈酒消耗量高达2盎司。因此，1800年美国人喝的酒几乎是21世纪初美国人的4倍。这个国家曾经充满了吉特巴（Jitterbug）。

19世纪早期，烈酒经常被称为“吉特酱”（Jitter Sauce），而吉特巴则成了酗酒者的代称。1812年，梅森·L. 威姆斯（Mason L. Weems）牧师出版的小册子《醉鬼镜》（*The Drunkard's Looking Glass*）记录了某个吉特巴的酒馆账单。看上去，这个嗜酒如命的人早餐前喝了3杯薄荷司令，晚餐前喝了9杯格罗格，晚餐期间喝了3杯葡萄酒加苦精，餐后则喝了2杯白兰地。账单总额是6美元，还包含了早餐、晚餐、雪茄和夜宵（其间又喝了更多葡萄酒）。

① 1盎司=29.57毫升。——译者注

我们生活在19世纪的先人们不只是大量饮酒，他们还会给新发明的酒起各种奇怪又绝妙的名字。根据《古老西部沙龙》（*Saloons of the Old West*）作者理查德·爱多士（Richard Erdoes）的说法，酒吧特调在19世纪20年代变得流行起来，各地的旅馆和酒馆开始供应诸如“道德至上”（Moral Persuasion）、“财务代理人”（Fiscal Agent）和“甜蜜沦丧”（Sweet Ruination）这样的酒。当时还出现了以名人命名的酒：1824年，独立战争英雄拉法耶特侯爵（Marquis de Lafayette）从法国老家返回美国时，他不但喝到了拉法耶特潘趣，还品尝了拉法耶特白兰地。

19世纪上半叶，尽管没有什么人关注，但新一代调酒师开始出现。1862年杰里·托马斯所写的世界上第一本鸡尾酒配方书《如何调酒：生活家伴侣》（*How to Mix Drinks, or The Bon Vivant's Companion*）已经收集了大量配方，如寇伯乐、鸡尾酒、科斯塔、菲克斯、弗利普、彩虹酒、桑加瑞、托蒂、酸酒、司令和思迈斯等。7年后，威廉·特林顿（William Terrington）在伦敦出版了《清凉之杯与优雅之饮》（*Cooling Cups and Dainty Drinks*），书中详细介绍了各种酒饮。例如，用艾尔啤酒、朗姆酒、青柠汁、丁香、肉桂、姜和肉豆蔻调制而成的“头疼欲裂”（A Splitting Headache）和雪莉酒或马德拉酒加苦精调制而成的“战斗之前”（Hour Before the Battle）。鸡尾酒开始走上了稳步发展之路。

这一时期，澳大利亚人也在喝混合饮品。在19世纪中期的淘金热期间，在矿工之间至少有一款名字很奇特的酒很流行。菲利普·安德鲁（Phillip Andrew）在纪实作品《斯皮尔斯和庞德：值得纪念的澳大利亚搭档》（*Spiers & Pond: A Memorable Australian Partnership*）中详细描写道：

> 在19世纪50年代早期，拥有合法执照的酒馆很少。因此，大量的酒类交易是在地下进行的。这些酒的名字也很奇怪。有一款很著名的酒叫“炸掉我的脑壳”（Blow-

> My-Skull-Off），一杯卖半克朗。它是用印度小浆果（一种生长于锡兰的有毒浆果，被用来增加艾尔啤酒和波特酒的效力）、葡萄烈酒、土耳其鸦片、红辣椒和朗姆酒做成的，还要兑上5份水。好好搅拌一下就可以上桌了。客人几口酒下肚，骑警就出现了，击打他们视线中的每个人，否则酒后的喧闹就要变成暴乱了。

19世纪下半叶，美国人对优质混合饮品的需求稳步增长，直到19世纪90年代鸡尾酒的黄金时代来临。它一直延续到1920年禁酒令颁布，但千万不要以为那时美国的每一家酒吧都在供应精心调制的酒饮。《下层生活：老纽约的诱惑和陷阱》（*Low Life: Lures and Snares of Old New York*）一书的作者卢克·桑特（Luc Sante）声称，在19世纪晚期的纽约，人们可以买到一种用威士忌、朗姆酒、樟脑、苯和可卡因调成的酒。这种效力强劲的酒没有名字，每杯只卖6美分。

第一批在内河游轮上工作的调酒师有着不错的技术，他们会使用各种奇怪的原料，比如用烧焦的桃核、硝酸、鳕鱼肝油和未经陈年的威士忌调制“白兰地”。根据简·霍尔登（Jan Holden）在《地狱最好的朋友》（*Hell's Best Friend*）一书中的说法，如果你不幸在华盛顿州格雷斯港的洪堡酒吧（Humboldt）点了一杯曼哈顿，老板弗雷德·休伊特（Fred Hewett）——显然他不怎么在乎那些喝鸡尾酒的人——会把威士忌、金酒、朗姆酒、白兰地、阿夸维特和苦精倒进一个啤酒杯，加满啤酒，用手指搅拌一下递给你。

你还能在新奥尔良的酒桶屋（Barrelhouse）里买到劣质烈酒，而且很有可能会挨那么一两下打。赫伯特·阿斯伯里（Herbert Asbury）在《法国区》（*The French Quarter*）一书中对酒桶屋进行了描绘：它们是一种廉价小酒馆，室内一边放着一排酒桶，另一边放着酒杯。只需花5美分，你就可以从任何酒桶中打一杯酒，但是，如果你喝完不马上续杯就会被赶出去。如果你因为喝了太多“白兰地”（其实是用中性烈酒、硫酸、烟草、葡萄汁和焦糖做成的）而变得醉醺醺的，那么你可能会被直接扔到密室或后巷。

纽约市包厘街的一些小酒馆会把橡胶软管接在酒桶上，为客人提供畅饮服务：你一口气能从管子里喝多少就是多少，而每口只需3美分。再加2美分，你就能在某些小酒馆里买到一小杯威士忌。

如果你在1880年走进亚利桑那州图森市的大都会酒吧（Cosmopolitan Bar），则可以买到用等比例威士忌和梅斯卡尔调制的鸡尾酒——酒吧老板声称，梅斯卡尔是浸泡过蛇的。遍布美国的其他酒吧则供应用中性烈酒和杂酚油勾兑而成的“爱尔兰威士忌”、被称作“香槟”的西打酒和一种叫作“肯德尔医生的黑莓药膏”（Dr. B. J. Kendall's Blackberry Balsam）的药酒（每盎司含有5格令[①]鸦片）。在那个年代，工作完去喝几杯酒可能是件很危险的事。

地狱半英亩

19世纪后期，一部分技术精湛的调酒师正在努力开发日后将风行一个多世纪的新配方，准备把它们呈现给在优雅的环境中抽着雪茄的上流人士。与此同时，许多在红木吧台后谋生的人都在平价酒吧里工作，为体力劳动者服务，面对的是一种完全不同的氛围。这些酒吧里的酒很难够得上鸡尾酒水准，但从另一方面说，这些酒吧也很有特色，因为客人来这里寻找乐子的方式是前所未见的。

比如在新奥尔良的野牛比尔酒坊（Buffalo Bill House），你可以观赏两个男人之间的头顶头比赛，每场长达45分钟。附近的居民抱怨这样的活动招揽来的都是粗野客人，但酒坊老板反驳说，居民的反对是可笑的，因为他特意选了这个“没有体面人居住”的地方开酒吧。更奇特的是，新奥尔良还有一家叫“秘密会议”（Conclave）的酒吧，那里的调酒师都打扮成送葬者的样子，后吧台——吧台后面陈列瓶装酒的固定装置——上面则摆满了墓碑，每块墓碑上都刻着一种烈酒的

① 格令，旧制重量单位，1格令相当于0.065克。——译者注

名字。瓶装酒就放在墓碑下的棺材里。

在《吧台边的面孔》(*Faces Along the Bar*)一书中，马德隆·鲍尔斯(Madelon Powers)指出，19 世纪晚期很少有酒吧是女性经营的，而那些入了这一行的女性肯定不是等闲之辈。鲍尔斯提到的由女性经营的酒吧包括芝加哥的“浑蛋凯特”(Peckerhead Kate's)、格林湾的“印第安莎蒂”(Indian Sadie's)和俄亥俄州阿什特比拉的“大胸脯艾琳”(Big Tit Irene's)。这一时期的某些酒吧显然是为那些在畅饮时不想浪费时间的人开的——为了图方便，小便池就安装在吧台底下。

俄亥俄州的有些酒吧实在名声不佳，以至于被安上了“死亡阴影”“地狱半英亩”“必死无疑”和“恶魔窟”等诸如此类的外号。在西部，有些酒吧有特定的主题：“虫屋”“狂欢屋”“蛇场”“陷阱屋”“硬币屋”(里面的所有酒每杯只卖 12.5 美分)、“方丹戈屋”(可以跳舞)和“美女侍者酒馆”(里面的侍者都是穿短裙的年轻姑娘)。通过铁路从一个地方被运到另一个地方的酒吧被叫作“轮上地狱”。

19 世纪的酒吧还提供各种标准娱乐活动，比如台球和保龄球，也有健身酒馆——男人们可以在饮酒前先锻炼一番。有的酒吧还会举办斗犬、斗鸡、狗斗牛、狗斗熊等表演活动，以吸引大量客人。某家西海岸酒馆举办过一场非常奇特的表演：一只狗在不到 5 分钟时间里杀死了将近 50 只老鼠。

赌博也是当时酒吧里流行的一项娱乐活动，很多人都曾经把自己刚挖到的金子输在旧金山的酒吧里。当地有家酒吧的老板在每张牌桌上都放了一张小毯子，上面摆着一座天平。客人将金块称重之后可以换得相应的筹码，在酒吧打烊、客人纷纷离开之后，这些小毯子会被细细梳理。梳下来的金砂足够让酒吧老板的口袋里再多上两张 10 元美钞。

19 世纪后半叶，有些酒吧会举办拳击赛。从 1882 年到 1892 年连续夺得世界重量级拳击冠军的约翰·L. 沙利文(John L. Sullivan)是那个年代最有名的拳手之一，他在名声尚可的哈里希尔酒吧(Harry

Hill's）进行了自己的纽约首秀。酒吧老板希尔自豪地表示，自己的酒吧里从来没死过人。但这家位于休斯敦街和克罗斯比街转角的酒吧提供的娱乐活动并不仅限于拳击。1867年，马克·吐温（Mark Twain）为旧金山报纸《上加利福尼亚》（*Alta California*）撰文，描述了这家酒吧里的其他观赏性表演：

> 很快，一个男人登上舞台，唱着“这是一个寒冷冬夜，暴风雪咆哮”，旁边有人用小提琴和钢琴为他伴奏。在他之后表演的是一个肤色极深的黑人，衣衫破旧，一边狂热地舞蹈一边唱着“我是个快乐的走私贩”，尽管他对自己的所有形容都不符合这句歌词，我觉得。随后，一个男人上台模仿了猫儿打架、蚊子叫和猪哼哼的声音。接下来出场的是一个相貌平平的年轻男子，身穿苏格兰风的服装，翩翩起舞——其实他跳舞的动作应该小一点，因为他只穿了短外套和短袜。每次他转圈时，这一点都暴露无遗。不过，除了我，没有人注意到这一点。我之所以知道，是因为几位衣着漂亮的年轻女士——年龄在十三岁到十六七岁——走到舞台前的脚灯下方，坐了下来。如果她们看到他的部分身体裸露在外，一定会走开的。

西奥多·艾伦（Theodore Allen）在布利克街经营着一家类似风格的酒吧，名字叫作“玛比尔舞厅”（Bal Mabille）——跟法兰西第二帝国时期以康康舞演出而闻名的巴黎夜总会同名。当时的流行小报《警察报》（*Police Gazette*）对艾伦酒吧里的夜生活进行了描绘：“碰杯声跟大厅里的歌声相得益彰，而在地下室里，跳舞的人正在转着圈，令人眼花缭乱。淫靡的华尔兹乐声渐弱，管弦乐队恰到好处地奏起了欢快的奥芬巴赫康康舞曲。舞女们的腿随着富有魔力的音乐甩动，充满了诱惑性。”

艾伦本人也不好惹——他经常挑衅地把雪茄在对手的脸上按

灭——但他可能不像西部混混约翰尼·林戈（Johnnie Ringo）那么令人畏惧：后者曾经用枪打死了一个拒绝跟他喝香槟的人。暴力在19世纪的酒吧里并不罕见。内华达州尤里卡的“猛虎酒馆”（Tiger Saloon）曾经发生过一起持刀械斗，斗殴双方是外号“猪眼”的玛丽·欧文（Mary Irwin）和外号“斗牛犬”的凯特·米勒（Kate Miller）。

这些酒吧最多只能被称作廉价小酒馆，而赫伯特·阿斯伯里在《伟大的幻灭》（*The Great Illusion*）中对19世纪晚期美国的大多数酒吧做过准确的总结：“酒馆被誉为工人的俱乐部、饱受生活煎熬的男性的庇护所、智慧和风趣对话的发生地。在这里，慷慨大方又善解人意的调酒师为客人送上一杯杯品质可靠的酒饮。以上基本上是瞎扯；只有很小一部分酒吧遵纪守法，跟其他任何商家一样遵循职业道德，而且它们多位于大城市……许多酒吧供应的酒跟禁酒时期美国人狂饮的糟糕玩意儿差不多。”

在阿斯伯里提到的很小一部分酒吧里，调酒师对待工作的态度非常认真。甚至连哈里希尔酒吧的门口都挂着一块牌子，上面写着：

> 潘趣和茱莉普，寇伯乐和思迈斯，
> 喝了让人妙语连珠。

潮流精英

喜欢去新奥尔良野牛比尔酒坊看男人头顶头比赛的人，可能会在华尔道夫酒店感到格格不入。这家19世纪90年代开业的酒店位于如今的帝国大厦所在地，而酒店内设的酒吧可谓“欢乐九十年代”的缩影。艾伯特·史蒂文斯·克罗克特（Albert Stevens Crockett）在《老华尔道夫酒吧手册》（*The Old Waldorf-Astoria Bar Book*）中写道，“在酒吧的鼎盛时期，空气中响彻着‘给我来杯一样的’和‘干杯’的声音”。上午8点，至少有6位客人来酒吧喝“早餐开胃酒或能够赶走宿醉的酒”；下午和晚间，12名身穿白外套的调酒师忙个不停，以“满足无穷无尽的口渴客人的需求”。

华尔道夫酒店后来迁址公园大道，而克罗克特对老酒吧的描述听上去跟酒店新址内的“公牛与熊”酒吧（Bull and Bear bar，近期已歇业）很相似：“吧台呈宽大的长方形……底部围绕着一圈铜栏。它的中央是一台长长的冰柜，上面盖着雪白的台布，酒杯井井有条地摆放其上。台布一端摆着一座大大的青铜熊雕像，看上去十分凶猛；另一端则摆着一座愤怒公牛的雕像。在它们的中间是一座极小的羊羔雕像，两边各放着一个高高的花瓶。”酒吧的常客开玩笑说，羊羔是大众的象征，在被华尔街的“牛市”和“熊市”肆虐过后，羊羔们眼前剩下的只有花瓶里的花了。

一个有趣的发现让我们得以一瞥当时的调酒水平有多高：克罗克特在书中列出了10个苦精品牌，供酒吧调酒时少量使用，而橙味苦精的“出镜率”超过了安高天娜苦精。更有趣的是，他提到了把菲奈特布兰卡（Fernet Branca）当作风味增强剂来使用，因为这种适合直接饮用的苦精通常是喝纯的，而安高天娜和佩肖这种不适合直接饮用的苦精一般用于调味。

也正是在这家酒吧里，巴特·马斯特森（Bat Masterson）——野牛猎人、铁道工、侦察兵、掘金者、新闻工作者和执法人员——曾经一把掐住迪克·普伦基特上校（Colonel Dick Plunkett，他也是一位美国执法人员）的脖子，指责他说自己的坏话，把酒吧的客人全部吓跑了。不过，情势没有变得更糟：普伦基特保持了冷静，请马斯特森坐下来喝了一杯，谈笑间化干戈为玉帛。

外号叫“野牛比尔”的威廉·科迪上校也是老华尔道夫酒店的熟客，他很出名的一点就是从不拒绝别人请他喝一杯——每当有人向他发出邀请时，他都会说：“先生，咱俩真是一路人。”经常光顾这家酒吧的群体很富有，但其中很多人是新近才开始尝到财富的味道。《黄金九十年代》（*In the Golden Nineties*）的作者亨利·科林斯·布朗（Henry Collins Brown）写道：“华尔道夫酒店开始充斥着从匹茨堡来的刚把指甲修剪整齐的钢铁工人、从德卢斯来的伐木工、从密歇根来的铜矿工、从密尔沃基和圣路易斯来的酿酒人和其他各色人等。他们以为科季里昂[1]是一种食物，却能够签跟圣菲货运火车那么长的账单。”

老华尔道夫酒店对面是曼哈顿俱乐部（Manhattan Club）：“窗边坐着坦慕尼派政客，正在跟身穿绒棉呢外套的南部铁票仓成员亲密共饮曼哈顿鸡尾酒，还时不时地将亨利克莱牌雪茄的烟吐向画着壁画的天花板，徒劳地想把一个冰冷的石窟变成适合人类居住的所在。特鲁瓦克斯法官（Judge Truax）正在告诉亨利·沃特森（Henry Watterson）地下酒窖里藏了多少瓶1869年份的梅多克；亨利则给了法官一个茱莉普配方，让后者的胸膛如电影明星般剧烈地起伏着，眼睛变得跟伴郎一样闪亮。”布朗写道。

位于纽约百老汇24街和25街之间的霍夫曼酒店（Hoffman House Hotel）内也有一家在19世纪晚期闻名遐迩的酒吧。《老派酒吧》（*The Old-Time Saloon*）作者乔治·埃德（George Ade）声称曼哈顿鸡尾酒就在这里诞生，但他没有给出更多细节。霍夫曼酒店很受当时社会名流的青睐：萨拉·伯恩哈特（Sarah Bernhardt）[2]在美国巡演时在这里包了一间套房，“野牛比尔”也是这里的常客。霍夫曼酒店酒吧的吧台对面挂着布格罗（Bouguereau）的油画《宁芙与萨提尔》（*Nymphs and Satyr*），描绘了希腊神话中半人半兽的森林之神（他因好色和酗酒而广为人知）和一群半裸仙女追逐嬉戏的场面。这幅油画挂在红色的天鹅绒顶篷之下，被大型水晶吊灯的光芒照耀着，所以客人很容易就可以在吧台后面的镜子里看到它——这样一来，他们无须公然盯着油画就能欣赏它了。

纽约旎博酒店（Knickerbocker Hotel）开业于20世纪早期。根据埃德的说法，那里的酒吧是“热爱交际的42街乡村俱乐部（The Forty-Second Street Country Club）会员”经常光顾的地方，而且该

---

① 一种交谊舞。——译者注

② 著名法国舞台剧演员。——译者注

酒吧也是一幅著名油画的拥有者：马克斯菲尔德·帕里什（Maxfield Parrish）的《老科尔国王》（*Old King Cole*）。这幅油画看上去并不具有冒犯性，直到你听说了关于它出处的故事，但根据传统，你只能从油画所在酒吧的调酒师那里听到这个故事。目前，这幅油画被挂在纽约东55街瑞吉酒店（St. Regis Hotel）的科尔国王酒吧（King Cole Room）的吧台后。

在19世纪的新奥尔良，你可以在波旁街的老苦艾酒吧（Old Absinthe House）寻找慰藉，你还可能会看到名人们在大理石台面的吧台边啜饮着绿精灵[①]，比如威廉·梅克皮斯·萨克雷（William Makepeace Thackeray）、奥斯卡·王尔德（Oscar Wilde）或沃尔特·惠特曼（Walt Whitman）。据说甚至连P. T. 巴纳姆（P. T. Barnum）都光临过这家酒吧，但是考虑到他滴酒不沾，而且是禁酒运动的倡导者，他喝的应该是用于稀释苦艾酒的滴水器里的水。

圣路易斯街的马斯佩罗交易所（La Bourse de Maspero）是19世纪新奥尔良的另一家热门酒吧。1812年战争[②]之后，安德鲁·杰克逊（Andrew Jackson）正是在这里制订了抵抗英军来犯的计划。1838年，这家酒吧被“当时著名的冒险家”詹姆斯·休利特（James Hewlett）收购。经过一番彻底的整修，它被重新命名为“休利特交易所”，内部设有“城中最佳酒吧”——这个评价来自《法国区》一书的作者赫伯特·阿斯伯里。

埃德还在书中提到当时其他一些高级酒吧，都是“不寻常的豪华所在，比如新奥尔良的‘拉莫斯’（Ramos）……芝加哥大放异彩的‘瑞莫斯’（Righeimer's）……圣路易斯的‘种植者’（Planters'）或‘托尼佛斯特’（Tony Faust's）……圣安东尼奥的‘安特勒’（Antlers）……旧金山的‘宫殿’（Palace）……以薄荷茱莉普为特色的白硫磺泉镇的‘老怀特’（Old White）……波士顿客如云来的‘都兰’（Touraine）”。

① 绿精灵，苦艾酒的别称。——译者注

② 指美国第二次独立战争，发生于美英之间。——译者注

不过，有一家时髦的去处值得特别介绍一下：1852 年开业的大都会酒店（The Metropolitan）。它是曼哈顿早期的豪华大酒店之一，有人形容它站在“全世界酒店的顶端，从优雅、舒适和便捷各个方面来看都是如此”。这家酒店里的酒吧由公认的“鸡尾酒之父”——杰里·托马斯掌管。

调酒大师的诞生

杰里·托马斯出生于 1832 年。他在 30 岁之前就去过英国和法国，用一套纯银调酒工具展示了自己的调酒技艺。在此之前，他在康涅狄格州纽黑文调酒，后来又去了旧金山第一家赌场埃尔多拉多（El Dorado）做首席调酒师，那里的酒吧有着华丽吊灯和台布低垂的桌台。有位客人描述说，埃尔多拉多酒吧的墙上挂满了“姿势狂野的油画”。后吧台则装饰着大大的镜面。一个豪华的后吧台可能不仅需要镜面装饰，还要有抽屉、柜橱和陈列架。当时的许多调酒师都把后吧台称为“圣坛”。

托马斯还曾经在南卡罗来纳州和圣路易斯工作过：他在南卡罗来纳州得以对薄荷茱莉普进行深入研究，圣路易斯据说是他创造出“汤姆和杰里”（Tom and Jerry）这款酒的地方——当他在种植者酒吧担任首席调酒师的时候。他还在新奥尔良待过，并且在那里发现了白兰地科斯塔（Brandy Crusta，详见第 196 页）：它是如今多款人气鸡尾酒的前身，据说是一个叫桑蒂纳（Santina）的人发明的。托马斯说这个人是“著名的西班牙酒席承办商”，阿斯伯里则声称，这个人在 1840 年经营着位于皇家街和圣路易斯街转角的城市交易所（City Exchange）。后来，托马斯离开新奥尔良，在纽约大都会酒店工作了一段时间，然后去了欧洲。不到一年，他回到美国，辗转于纽约、旧金山、内华达州的弗吉尼亚城，然后又重返纽约，开了一系列酒吧，最后落脚于自己在市中心巴克利街开的一家酒吧。

托马斯在 1862 年出版的书里收录了 10 款鸡尾酒，每一款都用到了苦精。事实上，直到几十年后才有人敢把不含苦精的酒叫作鸡尾酒。这本书还详细介绍了许多流传至今的鸡尾酒，比如香槟鸡尾酒（但他记载的制作方式其实是错误的，调酒师在制作它时不应摇晃）和托马斯本人创作的蓝色火焰。后者其实更像是一种通过令人眼花缭乱的炫技，而非经过深思熟虑制作出的鸡尾酒作品。它跟如今的花式调酒师做的很多酒非常相似：看上去很吸引人，喝上去却马马虎虎。托马斯还提到了薄荷茱莉普、各种牛奶潘趣和非常有意思的潘趣果冻。这款“酒”无疑是如今果冻一口饮（Jelly Shot）的前身，尽管托马斯把它定义成了一道甜点而非酒。不过，它挺烈的——“这道小食在寒冷的夜晚享用尤其令人愉悦，但要注意适量……很多人（尤其是女性）忍不住吃得太多，结果晚餐后都无法跳华尔兹或方舞了”。

尽管托马斯在自己的首部著作中没有提供太多关于调酒的建议，但他在 1887 年出版第二本书《调酒师指南：如何调制各种简单和高级酒饮》（*The Bar-Tender's Guide, or How to Mix All Kinds of Plain and Fancy Drinks*）时弥补了这个遗憾。这位大师在书中写道：“有能力的调酒师的首要目标应该是让客人开心。对通过观察已经确认了口味和偏好的客人，他应该很好地满足他们各自的需求；对那些还没机会去了解口味偏好的客人，他应该礼貌地询问他们想喝怎样的酒，并且尽力去满足他们的愿望。这样的话，他一定能够获得人气和成功。”托马斯的对手哈里·约翰逊对此有着类似的观点。约翰逊在 1900 年重新修订出版了自己 1882 年的著作，并将其命名为《新编插画版调酒师手册》（*New and Improved Illustrated Bartender's Manual*）。他写道：

> 调酒师最大的成就在于他能够精准地满足客人的需求。要实现这个目标，他必须询问客人想喝什么样的酒以及喜欢的做法。对鸡尾酒、茱莉普、酸酒和潘趣而言，这么做尤其有必要。调酒师还必须问清楚一杯酒是要做成高烈度、中等烈度还是低烈度的，再尽自己所能去制作它。然而，

不管怎样，他都必须注意了解客人的口味，然后严格按照他们的喜好和口味去制作酒饮。只要遵守这条规则，调酒师很快就能获得客人的好评和尊重。

和托马斯一样，约翰逊也在旧金山的酒吧里工作过，时间在1860年前后。大概8年后，他在芝加哥开了一家酒吧，并将它形容为“美国公认最大、最优秀的酒吧”。这家酒吧毁于1871年的一场大火。约翰逊还在波士顿和新奥尔良工作过，然后再次和托马斯一样，他最终落脚于曼哈顿，在格兰街附近的包厘街开了一家名叫“小珍宝”的鸡尾酒吧。

亨利·科林斯·布朗对这家酒吧的印象很深：

哈里·约翰逊在格兰街附近开了一家“小珍宝”酒吧……门外有一块招牌，它的历史可以追溯到一个已经逝去的年代——在那个年代，调酒师必须先当几年的学徒才能正式开始调酒。那时酒吧供应的大部分是混合饮品，正是它们让美国酒饮名扬全球。在那些美妙的日子里，调酒师留着涂了蜡的八字胡，袖子上套着装饰性的松紧带，以防袖口沾上酒。之前提到的那块招牌呈金字塔状，大概有4英尺[①]高，侧面写着约100款混合饮品的名字。金字塔是锥形的，所以名字长的混合饮品位于底部，像“金菲兹”(Gin Fizz)这样名字短的混合饮品则位于顶部。噢，这座“金字塔”就像古埃及法老的金字塔一样，是用历久不衰的石头做成的，而它上面记载的传奇混合饮品也必将历久不衰。它们发着光的名字再次浮现于我的脑海，让我来细细回味一番吧。它们中的许多名字都是混合饮品命名的经典范例，而作为一名合格的历史学家，我必须尽我所能，向对“小

① 1英尺=0.3048米。——译者注

珍宝”知之甚少的一代人重现这座“金字塔”的另一面。

哈里·约翰逊的著作让我们得以了解19世纪晚期调酒师的调酒技术。他们必须知道如何正确地降低某些烈酒的酒精度，因为当时的一部分烈酒——尤其是进口酒——都是以高酒精度运输的，以便节约空间，节省运费。不过，这么做的时候最好要小心，正如新奥尔良绿树酒吧（Green Tree）老板哈里·赖斯（Harry Rice）在1864年所经历的那样：因为对酒的烈度不满，一群水手把他揍了个半死。

关于量酒器（Jigger）——在约翰逊的书中被拼写成“Gigger”——是这么写的：它是“所有一流调酒师都会用到的，除了少数精通混合饮品艺术的专家，因为他们经验丰富、训练有素，只靠目测就能精准计量，无须使用量酒工具”。他建议所有用水果装饰的酒饮都配上一把短柄吧勺，这样客人就无须用手去拿水果吃。约翰逊还认为，“调酒师不应该……在嘴里叼着牙签，在工作时清理手指甲，抽烟，随地吐痰或者有其他让人反感的习惯。”

托马斯和约翰逊无疑是19世纪最伟大的两位调酒大师，但他们并非仅有的两位潜心研究调酒这门学问的人。C. 泽尼克森（C. L. Sonnichsen）在《比利·金的汤姆斯通故事》（*Billy King's Tombstone*）一书中描绘了另外两位19世纪的调酒师，他们都在荒蛮西部工作：“在19世纪90年代刚开始经营酒吧时，比利·金有一件白色工作外套，上面钉着价值5美元的金纽扣，这在当时被认为是最佳品位的象征。”而在汤姆斯通东方酒吧（Oriental Saloon）工作的另一位调酒师巴克斯金·弗兰克·莱斯利（Buckskin Frank Leslie）则是“一位不折不扣的花花公子。他纤细的身板笔直匀称，他喜欢穿闪亮的靴子、格纹长裤、长襟大礼服和熨得笔挺的、带有黑珍珠钉扣的衬衫。他还有一顶大礼帽，只在特殊场合戴”。他们是值得被认真对待的人——调酒师作为权威人物的形象开始初露端倪：

> 有一段时期，律师、编辑、银行家、大强盗、大赌徒和酒吧老板拥有同等的社会地位——他们的地位是最高的。最低成本、最容易成为重要人物并且为大众所尊重的方法就是站在吧台后，戴着一枚镶钻胸针，向客人出售威士忌。我不知道为什么，酒吧老板的地位总是比其他任何社会阶层都高一点。他们的观点很重要。他们有特权发表对选举走势的看法。没有酒吧老板的支持和指导，许多社会活动都不可能成功。当大酒吧的老板同意加入立法机关或市议会，那说明他卖了一个很大的人情。比起成为执法者、军官，年轻人更想成为具有权势的酒吧老板。开一家酒吧是一项辉煌的成就。

马克·吐温在《苦行记》（*Roughing It*）中如此写道。他在这本书里详细记录了自己在西部的冒险经历。

有些西部调酒师 [他们常被称为“盖尼米得”（Ganymede），亦即希腊神话中为众神斟酒的少年] 可以运用巧劲，让啤酒滑行到点它的客人面前，分毫不差。在提供威士忌时，调酒师通常会右手拿酒瓶，左手拿酒杯，然后双手交叉把它们放在客人面前。客人可以把酒杯倒满为止，但是把威士忌一直倒到杯沿被认为是不得体的，邻座的客人可能会问你是不是想用威士忌来洗澡。

当时最好的酒吧大部分开在纽约、旧金山和新奥尔良这样的城市，到了 19 世纪末，混合饮品已经在全美国流行开来。拜伦 ·A. 约翰逊（Byron A. Johnson）和莎伦·佩里格林·约翰逊（Sharon Peregrine Johnson）在《荒蛮西部调酒师圣经》（*The Wild West Bartenders' Bible*）中写道，一家位于新墨西哥州阿尔伯克基的酒吧在 1886 年就供应有威士忌、金酒、味美思、巧克力和曼哈顿鸡尾酒，而且会在每杯酒里倒上一点香槟。这家酒吧的酒单上还有许多其他鸡尾酒，包括查理玫瑰、金环、柯林斯、苦艾酒冰沙、威士忌黛西、彩虹酒、迪迪的梦、冰冻苦艾酒、蛋奶酒、鸡蛋弗利普、威士忌弗利普、金酒菲兹、银菲兹、金菲兹、蓝色火焰和薄荷茱莉普。

在“欢乐九十年代”的芝加哥，你可以向调酒师詹姆斯·马洛尼（James Maloney）点一杯“敲钟人”（Bell Ringer）的改良版。敲钟人是一款早已失传的鸡尾酒，制作时必须用杏味利口酒来洗杯。在伦敦，如果你有幸能够见到吧台后的利奥·恩格尔（Leo Engel）——他是《美式及其他饮品》（*American & Other Drinks*）一书作者，也是克里特里安酒店（Criterion Hotel）美利坚酒吧（American Bar）的调酒师，可以向他点一杯“阿拉巴马雾中行”（Alabama Fog Cutter）、“康涅狄格惊奇”（Connecticut Eye Opener）、“霹雳鸡尾酒”（Thunderbolt Cocktail）、“闪电撞击者”（Lightning Smasher）、“波士顿短烟斗”（Boston Nose Warmer）、“磁力粉碎机”（Magnetic Crusher）、“电击唇”（Galvanic Lip Pouter）和“乔西痒痒乐”（Josey Tickler）。不过，如果你胆子很大，不妨试试“利奥的鸡蛋酒”（Leo’s Knickebein）：首先将橙味利口酒、果核利口酒和樱桃利口酒在波特酒杯中搅拌均匀，加上一个蛋黄；然后把打发好的蛋清倒在蛋黄上，让蛋清呈金字塔状；最后在这个金字塔上撒上几滴安高天娜苦精。你必须按照恩格尔的说明来喝这杯鸡蛋酒：

①将酒杯置于鼻孔下方，嗅闻酒香，然后暂停。

②垂直拿起酒杯，靠近嘴巴下方，把嘴张大，深吸一口气，顺势将蛋清吸入口中，再次暂停。

③撅起嘴唇，喝掉杯中剩余液体的 1/3，注意不要碰到蛋黄，再次暂停。

④坐直身体，头往后仰，一口吞掉杯子里剩下的所有东西，同时将蛋黄在嘴里搅开。

我们不难理解利奥的鸡蛋酒为什么没有流行开来，但的确有两款诞生于 19 世纪的美国鸡尾酒经受住了时间的考验：萨泽拉克和拉莫斯金菲兹，它们都源自新奥尔良。萨泽拉克的发明者是谁并无定论，但基本可以肯定的是，它于1850年前后诞生于萨泽拉克咖啡馆。它的原始配方是白兰地、苦艾酒、糖和佩肖苦精，如今人们更喜欢用波本威士忌做基酒，但最近纯黑麦威士忌有回归的趋势。拉莫斯金菲兹是一款用金酒、奶油、柠檬汁、青柠汁、蛋清、单糖浆、橙花水和苏打水做成的美妙鸡尾酒，它的发明者亨利·拉莫斯（Henry Ramos）从1888年开始在新奥尔良开酒吧，一直经营到1920年禁酒令颁布为止。

人称“唯一的威廉”的威廉·施密特（William Schmidt）在1892年出版了《流动之碗》（*The Flowing Bowl*）一书。作为一名在“酒店和酒吧行业活跃了30多年”的人士，他在书中对调酒师的角色提出了一些开创性的见解：“调酒师的工作环境让他得以研究人性。适合做调酒师的人必然是敏锐的观察者——因为这两者有共同点，他应该可以非常迅速地判断出一个人的特质，包括行为、教育、语言和日常礼仪。”那些想要用劣质产品调酒的人应该认真听一下施密特的另一个观点：“混合饮品就像音乐，如果一支交响乐团的所有成员都是艺术家，那么演奏出的音乐应该是优秀的。但是，如果乐团里有一两个蹩脚的乐手，那么你应该可以确信他们会毁了整段乐曲。”

施密特所说的19世纪的乐曲，对今天的鸡尾酒爱好者来说可能有点刺耳。总体而言，19世纪和20世纪之交流行的大部分鸡尾酒比之后20年人们所习惯的味道要甜。不过，在19世纪的最后十年，一个转变发生了。那是一个重大的转变，它促成了一系列鸡尾酒的诞生，而这些鸡尾酒如今被认为是鸡尾酒家族的代表。这个转变就是味美思在美国调酒师之间流行了起来。

来自意大利和法国的助力

托马斯在1862年出版的书里完全没有提到味美思，但在1887年的版本里，他详细记录了5个用到味美思的配方：曼哈顿鸡尾酒、马丁内斯（Martinez）、味美思鸡尾酒、高级味美思鸡尾酒和萨拉托加

（Saratoga）——等比例的威士忌、白兰地和味美思，再加几大滴苦精。然而，书中没有指明用到的是甜味美思还是干味美思。他用的是哪种呢？

如果你看一下那个年代出版的其他书籍里的配方，答案其实颇为明显：当时甜味美思（常被称为意大利味美思，因为它起源于意大利）在酒吧里比干味美思（又称法国味美思）常见得多。当时出版的一些鸡尾酒书中会同时提到“味美思”（不加任何描述）和“干味美思”，由此可以看出甜味美思在那时是主流，而干味美思相对而言还是新鲜事物。

这并不是说干味美思在 19 世纪末之前尚未进入美国，事实正好相反：诞生于 1800 年的世界首个干味美思品牌洛里特普拉（Noilly Prat）从 1853 年开始便将法国味美思运到美国，而大约 14 年之后，首批甜味美思——产自后来（1879 年）被称为马天尼酒庄（Martini & Rossi）的意大利公司——运抵美国。根据不同的信息来源，1900 年前后，洛里特普拉的法国味美思销量还不到马天尼酒庄的意大利味美思的一半。

如今仍然流行的曼哈顿鸡尾酒是第一款用到味美思的鸡尾酒；马丁内斯——马天尼的前身之一，以甜味明显的老汤姆金酒、甜味美思、苦精和樱桃利口酒调制而成——则是在不久之后出现的。某些早期的马天尼配方（首个马天尼配方出现于 19 世纪晚期）用的原料跟马丁内斯一模一样。因此，马天尼一开始似乎是用甜味美思调制的，用干味美思的版本后来才出现。

毫无疑问，味美思改变了 20 世纪混合饮品的面貌。曼哈顿、马天尼和罗布罗伊可以说是鸡尾酒的三重皇冠，而没有味美思，就无法制作它们。事实上，艾伯特·史蒂文斯·克罗克特在《老华尔道夫酒吧手册》中写道，第一次世界大战之前超过一半的鸡尾酒“都将味美思作为一种必需原料”。

第一个百年

19 世纪的职业调酒师为如今的同行奠定了鸡尾酒的基础。鸡尾酒问世的第一个世纪，大师们创造了酸酒和其他类别的鸡尾酒，还学会了用利口酒和其他甜味剂来代替单糖浆。这些调酒师明白苦精的重要性，也知道平衡是所有优质鸡尾酒的关键。在 20 世纪到来之际，还有哪些常见的鸡尾酒呢？

“高球”（Highball）——烈酒加苏打水或水——在 19 世纪之前就已经出现，白兰地苏打和白兰地干姜水这样的鸡尾酒也在当时的配方书中有记载。以老汤姆甜味金酒调制的“汤姆柯林斯”（Tom Collins）及其以荷式金酒调制的“表亲”——“约翰柯林斯”（John Collins）都诞生于 19 世纪。最早用艾尔啤酒和干姜水调制的香迪（Shandy）——当时叫作香迪格夫（Shandy Gaff）——也已经出现，而马天尼在 20 世纪初期就是一款成熟的鸡尾酒了。事实上，一家名叫帕克和蒂尔福德（Park and Tilford）的葡萄酒与烈酒批发公司在 1907 年就开始供应瓶装的霍伊布莱因俱乐部鸡尾酒（Heublein's Club Cocktail），包括马天尼和曼哈顿等。一打瓶装鸡尾酒（容量相当于几夸脱[①]的量）的价格是 10.5 美元。此外，他们还提供更小瓶的瓶装鸡尾酒，144 瓶卖 14.4 美元。

早在 1895 年，乔治 · J. 卡普勒（George J. Kappeler）就在《现代美国酒饮：如何调制与呈现各种酒饮》（*Modern American Drinks: How to Mix and Serve All Kinds of Cups and Drinks*）一书中收录了“慰我胸怀”的配方——白兰地、牛奶、覆盆子糖浆和一个鸡蛋。尽管后来配方发生了变化，但在许多现代鸡尾酒书中还能看到这款酒的“身影”。卡普勒的书也是首批提到老式威士忌鸡尾酒的著作之一，配方是糖、水、苦精、威士忌和一个柠檬皮卷。

① 夸脱，容量单位。1 美制湿量夸脱相当于 946.35 毫升。——译者注

卡普勒声称他的配方“简单、实用且易于操作……尤其适用于高档酒店、俱乐部、自助餐厅和酒吧。这些酒如果按照说明来制作，就完全能够让餐饮业者满意并讨得消费者的欢心。后者会马上注意到自己最喜欢的酒饮明显变得更好喝了”。他在书中收录了一些名字听上去很现代的配方：“醒脑”（Brain Duster）以威士忌、甜味美思、苦艾酒和单糖浆调制而成；“电流菲兹”（Electric Current Fizz）则需要将金酒、柠檬汁、糖和蛋清一起摇匀，然后滤入菲兹杯，倒满苏打水，这杯酒上桌时还需要搭配一个装在半只蛋壳里的蛋黄，撒上盐、胡椒和醋调味。

乔治·杜·莫里耶（George Du Maurier）的《特里尔比》（*Trilby*）最早是1894年连载于《哈珀月刊》（*Harper's New Monthly Magazine*）的小说，后来在1931年被改编成电影《斯文加利》（*Svengali*），这使得佛罗里达坦帕市东北处的一座小城改名为斯文加利，城中的街道以书中人物命名，甚至还有一个斯文加利广场。还有人发明了特里尔比鸡尾酒：用威士忌、甜味美思、橙味苦精、苦艾酒和紫罗兰利口酒调制而成。

汤力水是1858年发明的，怡泉（Schweppes）在19世纪70年代开始推广这款产品，但在很长一段时间里，金汤力（Gin and Tonic）只在印度流行：汤力水中的奎宁能够帮助身处印度的英国人预防疟疾。此外，尽管史丁格（Stinger）直到20世纪才被命名，但施密特在1892年出版的书中收录了一款名叫“法官”（Judge）的鸡尾酒，配方是白兰地、薄荷利口酒和单糖浆。那时候，这款酒里已经涵盖了史丁格的全部原料，但直到配方中的单糖浆被去掉，史丁格这款酒才真正诞生。

在向19世纪告别之前，我们应该听听一位生活在19世纪90年代的男士是如何形容服务过他的调酒师的：“‘欢乐九十年代’的美国调酒师的名气传扬到了全世界的各个角落，从欧洲大陆远道而来的游客为他们调制诱人的‘液体闪电’的本领所折服。他们一直自成一派。我们可能会为了厨师去欧洲，而欧洲人会为了调酒师来美国。”

W. C. 惠特菲尔德（W. C. Whitfield）在 1939 年出版的《只是鸡尾酒》（*Just Cocktails*）一书中如此写道。

前路荆棘

随着 20 世纪的曙光到来，禁酒倡导者的影响力在美国迅速增强，而禁酒运动也轰轰烈烈地开始了，直到美国禁酒令的颁布。当禁酒组织在 19 世纪初期开始使用“禁酒”（Temperance）一词时，并非指完全不饮酒。许多禁酒组织的成员仍然会偶尔喝上一杯，但不会过量。有些人戒掉了烈酒，但仍然会喝啤酒和葡萄酒，而有些人可能会在朋友聚会时喝一杯威士忌，但都是有节制的。那些完全戒掉酒精的人被认为是绝对意义上的禁酒者，并被称为“禁酒主义者”（Teetotaler）。当然，早在美国南北战争之前，有些人就已经认为酒是罪恶的化身了。

大麦约翰[①]的后期反对者采用了恐吓战术。1842 年《冷水杂志》（*Cold Water Magazine*）刊登的一篇文章就是很好的例子：“一位可怜的母亲在酒吧里喝完烈艾尔啤酒后，一手抱着孩子一手抱着一袋面粉走进家门。粗心大意的她把孩子扔进了壁橱的食品箱里，把面粉放进了摇篮，然后倒在床上睡着了。一整晚，这位母亲不时被孩子的哭声吵醒，于是她起身了一两次，轻轻摇动摇篮里的面粉。天亮了，可爱的孩子已经在食品箱里死去。从那以后，这位可怜的母亲发誓滴酒不沾。”

25 年之后，随着禁酒运动的声势日益壮大，马克·吐温对未来做出了预测。他写道：“禁酒只会把醉酒行为掩藏在紧闭的大门后和阴暗的角落里，而不能使其减少甚至消除。”禁酒令实施背后的真正推动力当属 1893 年创立的反酒吧联盟。仅仅在开始全国活动后 10 年，它就产生了极大的影响力，以至于 H. L. 门肯（H. L. Mencken）写道：“酒精对美国人的影响力在 19 世纪末达到了顶峰。大约在 1903 年，

① 酒精的别称。——译者注

这种影响力突然锐减。”

到了1910年，几乎一半美国人都生活在“无酒”州或城镇，1917年美国对德国宣战之后，宣布禁止蒸馏饮用酒，因为葡萄和谷物要用来填饱肚子，而不是酿酒。2年后，坚决支持禁酒运动的政治家威廉·詹宁斯·布赖恩（William Jennings Bryan）说道：“10年之后，那些数以万计向我们投了反对票、想努力保住酒吧的人会跪下来感谢上帝，感谢我们在选举中打败了他们，让他们免于酒精的诱惑。”

绰号“猫步”（Pussyfoot）的威廉· E.约翰逊（William E. Johnson）是反酒吧联盟的成员之一，他主笔了联盟的部分宣传文章，并且到处宣讲禁酒的好处。他的名声显赫一时，以至于诞生了一款以他的绰号命名的无酒精鸡尾酒。然而，在禁酒令颁布6年之后，约翰逊承认他在反对酒吧的运动中有过撒谎、贿赂行为，并且还“喝了好几加仑酒”。

20世纪的前19年，在禁酒令颁布前，虽然许多人都对饮酒持反对态度，但鸡尾酒和混合饮品仍然在某些酒吧——主要是大城市的酒店酒吧——不断进化。当时最受欢迎的酒饮和奇怪风气也被某些调酒师详细记录了下来。

《昔日之酒：调酒术》（*The Drinks of Yesteryear: A Mixology*）作者杰雷·沙利文（Jere Sullivan）在禁酒令颁布之前从事调酒工作，他对某些鸡尾酒的制作有着强烈的个人见解。比如，他提到：“马天尼或曼哈顿鸡尾酒应该用吧勺搅拌，而不是摇晃，除非客人要求用摇的，但这样做出来的酒是混浊的。”禁酒令颁布之前，帕特里克·加文·达菲（Patrick Gavin Duffy）在纽约亚士兰酒吧（Ashland House）当了12年的首席调酒师，他自称“在1895年首次将高球带到了美国”。他写道：“除了极少数例外，鸡尾酒应该搅拌，而不是摇晃。”

沙利文自称“葡萄酒店员”，也就是说，他自认为是一位“为人们制作想喝的一切”的绅士。他在“哈得孙河以东最具享乐主义精神的酒店和餐厅”工作，学会了“为品位最高雅、最挑剔的客人制作并呈现‘混合饮品及高级酒饮’的应用艺术”。我们要感谢他记录了据说是“当人们仍然可以在公共场合饮酒，业余调酒师还没有笨拙地试着自己去调制已成范式的鸡尾酒时，那些最流行、传播最广的配方”。这些配方包括亚历山大、百加得鸡尾酒、布朗克斯、香槟鸡尾酒、三叶草俱乐部、吉布森、杰克玫瑰、曼哈顿、干马天尼、史丁格和耶鲁鸡尾酒。不过要指出的是，沙利文的百加得鸡尾酒是用朗姆酒、甜味美思和佩肖苦精调制的，尽管他还记录了另一个版本，但它其实跟大吉利没什么两样。我们如今所知的百加得鸡尾酒（用红石榴糖浆充当甜味剂）是直到禁酒时期才出现的，当时美国人最早是在古巴喝到它的。

在当时的高级酒吧里，这些鸡尾酒的售价在 15 ~ 25 美分，而一杯啤酒只要 5 美分。而且，那个时期的许多酒吧都会附赠一顿免费午餐——这一传统可以追溯到 19 世纪中期。阿斯伯里表示这种做法可能是新奥尔良一家名叫“城市交易所”的酒吧在 1838 年始创的。他声称是那里的助理经理阿尔瓦雷斯（Alvarez）想出了这个点子，而且秋葵浓汤这道菜也是阿尔瓦雷斯发明的（用克利奥尔的方式来烹饪马赛鱼汤）。

19 世纪 80 年代，提供免费午餐的酒吧更多了，因为当时某些大型酿酒厂收购了大量酒吧并向它们发放食物成本补贴。当然，不同类型酒吧的午餐质量参差不齐。邻家酒吧可能会提供炖菜、面包、火腿、肋排、土豆沙拉和法兰克福香肠，而老华尔道夫这样的高端酒吧则会提供各种精致美食，比如“俄罗斯鱼子酱……清淡可口的开胃小食、令人酒瘾大发的各种颜色的凤尾鱼……大片牛肉或火腿……香气扑鼻的各色芝士……脆萝卜和清爽纤细的青葱”。

免费午餐带来了两个问题：调酒师不得不提防有人不买酒就偷偷去拿食物，而且他们永远无法保证每个客人都有良好的餐桌礼仪。调酒师哈里·约翰逊说他不得不确保“客人用叉子而不是用手去拿取食物”。不过，在第一次世界大战前的芝加哥莱莫酒吧（Righeimer's Bar），客人可没机会那么做。1962 年，作家查尔斯 · W. 莫顿（Charles W. Morton）在刊登于《大西洋月刊》（*The Atlantic Monthly*）的《当金钱遍地》（*When Money Was in Flower*）一文中写道：“那里的免费午餐是质量上佳的火腿或烤牛肉三明治，由一位年长的黑人现场制作。他双手各拿一把切片刀，无须手指触碰就能做出薄薄的三明治，然后放在长长的刀刃上递给客人。这一过程的优雅和敏捷就跟三明治本身一样吸引人。”

诱人的三明治需要搭配诱人的鸡尾酒。1906年，路易·穆肯斯图姆（Louis Muckensturm）在《路易的鸡尾酒，以及关于葡萄酒保存和服务的小建议》（*Louis' Mixed Drinks with Hints for the Care and Service of Wines*）一书中写道，樱桃适合用于“装饰几乎所有的鸡尾酒，除非客人喜欢干型鸡尾酒。在这一情况下，应该用橄榄装饰”。但老华尔道夫酒店对装饰有着不同的看法：他们用腌鸡冠来装饰以橙味金酒、干味美思和蛋清调制的“雄鸡鸡尾酒”（Chanticleer Cocktail）。克罗克特曾经提过，马天尼是第一次世界大战前华尔道夫最受欢迎的鸡尾酒，曼哈顿紧随其后，而当时的客人会连续痛饮五六杯。

在禁酒令颁布之前，酒客居然能喝这么多酒，着实令人惊异，因为那一时期美国的许多地方都支持禁酒运动，但克罗克特的说法得到了查尔斯·布朗（Charles Brown）的印证。后者在《枪支俱乐部酒饮书》（*The Gun Club Drink Book*）中写道：“一个男人会在下班回家的路上走进他最爱的俱乐部或者酒吧。他想喝一杯，而且他需要它……但无论如何，他都会发现不喝上6杯或更多是不可能走出俱乐部的。”不过要指出的是，当时酒水的分量比我们今天的鸡尾酒要少得多。

如果说马天尼是当时纽约最受欢迎的鸡尾酒，那么曼哈顿则在巴尔的摩称霸一方。根据门肯的描述，当地人在享用由生蚝、水龟、鸭肉和火腿沙拉组成的传统马里兰晚餐前一定会喝曼哈顿。“任何有地位的巴尔的摩人都不会喝金酒。”他写道。门肯的记者朋友们对禁酒运动也并无好感——门肯声称当时只有一名来自南方的记者在戒酒，而大家都认为他疯了。门肯回忆说，纽约市没有一名新闻记者不喝酒。他记得有一年的圣诞夜,《纽约先驱报》(*New York Herald*)的办公室里只有两个人是清醒的:“剩下的人都灌饱了所谓的手工威士忌。这种劲道十足的酒就在旁边的酒吧里售卖,据说是老板亲手在地窖里做的——用的是甲醇、鼻烟、辣椒酱和劣质酒精。”

这种劣质酒精在 1920 年 1 月 17 日开始派上用场:那一天,酒类行业被宣判了死刑,禁酒令开始在美国全境生效。

禁酒年代

禁酒令来的时候如狮子般凶猛,走的时候如羔羊般温顺,这只在 1920 年开始咆哮的狮子在禁酒令颁布之后声势不断壮大,但这只狮子不怎么清醒。高贵实验①开始后的第三年,幽默作家林·拉德纳(Ring Lardner)指出,酒吧最大的不同之处就是它们无须在某个特定时间打烊了,因为从法律意义上说,酒吧已经不存在了。

非法的地下酒吧(Speakeasy)在美国每一座大城市遍地开花,而且去那里喝酒是非常有趣的体验——客人被要求“不声张”(Speak Easy),以免它们的名字传到错误的人的耳朵里。人们常说,许多现代鸡尾酒都是在禁酒时期诞生的,因为当时的劣质烈酒味道很差,需要加入各种各样的东西来让它们变得易于入口,但没有证据支撑这一说法。

地下酒吧的调酒师用果汁(有时是罐头果汁)、干姜水、奶油、蜂蜜、玉米糖浆、枫糖浆,甚至是冰激凌来改善烈酒可怕的味道。用门肯的话来形容,这些烈酒包括“淹死过老鼠的黑麦威士忌、被砒霜和尸碱污染的波本威士忌、直接来自蒸馏器的玉米威士忌、3/4 都是松节油的金酒、连西印度群岛的尸体防腐师都觉得腐蚀性太强的朗姆酒”。其实,这些劣质烈酒对新鸡尾酒的诞生并没有起到什么作用。

事实上,尽管地下酒吧数量庞大,但美国各地的普通餐厅和夜总

① 禁酒令的别称。——译者注

会还是会供应优质烈酒，而且许多老板都鼓励客人自带酒水。这些店家的大部分盈利来自门票和高昂的附加服务费——提供冰水或冰的干姜水。客人会随身携带装有威士忌的酒壶，或者从他们最爱的酒吧买一瓶威士忌带过来。这些酒瓶会被存放在隐秘的地方，写上把它带过来的客人的名字，仅供这位客人享用及请客之用。

尽管有很多证据表明一些名声不佳的走私酒贩的确在出售品质非常差的烈酒，但当时人们抱怨最多的是威士忌掺水太多。《夜总会年代》（*The Night Club Era*）作者兼《纽约先驱论坛报》（*New York Herald Tribune*）城市编辑斯坦利·沃克（Stanley Walker）声称，一瓶劣质烈酒通常含有不到 0.5% 的甲醇（一种存在于所有烈酒中的有毒物质），而乙醇（啤酒、葡萄酒和烈酒中的有效成分）是甲醇的解毒剂。但这种酒仍很危险，因为含有大量甲醇的劣质烈酒可能致人失明，有时甚至会导致死亡，但它们仅占禁酒时期非法烈酒的一小部分。毕竟走私酒贩也不想看到自己的客户死于非命。

20 世纪 20 年代，曼哈顿的工会组织者悉尼·E. 克莱因（Sidney E. Klein）说，当时大多数人出去买醉时并不会选择鸡尾酒，而是想要直饮。尽管这并不代表马天尼没有了市场或曼哈顿从地球上销声匿迹，但那一时期的调酒师的确没有太多创新的动力。

在这个年代诞生的新鸡尾酒大都来自欧洲，至少有几名美国调酒师从禁酒令的压迫下逃离，去了欧洲继续自己的调酒生涯。哈里·克拉多克（Harry Craddock）就是其中之一。他于 1925 年进入英国伦敦萨伏依酒店工作，并在 1930 年出版了《萨伏依鸡尾酒手册》（*The Savoy Cocktail Book*）。他在书中告诫调酒师："使出你最大的力气摇酒，不要只是晃动摇酒壶。你的目的是叫醒它，而不是让它睡着！"克拉多克还说，饮用一杯鸡尾酒的最佳方式是"在它仍嘲笑你的时候快速喝完"。

"白兰地亚历山大"（Brandy Alexander）的首次亮相是在克拉多克的书中，当时它的名字叫亚历山大鸡尾酒（2 号）。原版亚历山大鸡尾酒以金酒为基酒，诞生于第一次世界大战以前。而于 19 世纪晚期出现的百加得鸡尾酒——大吉利的改编版——似乎也诞生于美国禁酒时期。我有幸在翻阅过的《萨伏依鸡尾酒手册》第一版孤本的插页中见过它。但克拉多克没有忘记在书里记录下“百加得特调”（Bacardi Special）——做法类似于百加得鸡尾酒，但同时用到了必富达金酒和百加得朗姆酒——它的配方藏在百加得鸡尾酒插页后面。

我能找到的关于“贝尔蒙”（Belmont）、“所得税”（Income Tax）和“莫里斯”（Maurice）这 3 款酒的首次书面记录也来自克拉多克的书，但他并没有说是自己发明了它们。既然他在书中明确写道他是“闰年鸡尾酒”（Leap-Year Cocktail）的创作者，那么我们可以推断他只是对其他鸡尾酒非常了解，并不是他创造了它们。

当然，很多美国人在禁酒时期会去欧洲旅游，克拉多克工作的萨伏依酒店酒吧很受他们青睐。尽管有些诞生于欧洲的新鸡尾酒很可能是在这一时期传到美国的，但其中的一款一直留在自己的“老家”巴黎，直到法律允许美国酒吧重新开业才传到美国。这款酒的意义不同凡响。

“血腥玛丽”（Bloody Mary）出自绰号“皮特”（Pete）的法国调酒师费尔南·珀蒂奥（Fernand Petiot）之手：他最早是在巴黎的哈里纽约酒吧（Harry’s New York Bar）想到用伏特加和番茄汁调制这款酒的。直到禁酒令被废除后，约翰·阿斯特（John Astor）聘请他去纽约瑞吉酒店的科尔国王酒吧工作，这款酒才被美国酒客所熟知。

尽管当时人们还能喝到优质烈酒和鸡尾酒——至少是在高级地下酒吧里，但它们价格不菲。之前仅售 15 美分的酒现在要卖 2 美元，即使是在廉价夜总会，如果你为女招待买杯酒（通常是用水和干姜水做成的金酒高球），也要付超过 1 美元的费用。

当然，不同的城市地下酒吧的酒水定价各不相同。在南卡罗来纳州的某家店里，只花 60 美分就能喝到一杯“边车”（Sidecar）。那里的老板想出了一个供应酒精饮品的新点子：他声称酒是白送的。在这家餐厅的葡萄酒和鸡尾酒酒单底部印着一句话：“由于法律禁止销售含酒精饮品，以上价格仅为服务费，不含酒精饮品的价格。”

你可以在很多地下酒吧里买到以品脱[①]计量的烈酒——威士忌的价格是10美元/品脱，白兰地（据称是进口的）的价格是15美元/品脱。地下酒吧老板从中获利颇丰：在一名走私酒贩的价格表上，有品牌的波本和黑麦威士忌价格为1.5美元/品脱，苏格兰威士忌——包括尊尼获加和醍池——只比它们贵上50美分。这名叫斯威夫特（Swift）的酒贩还卖金酒，每品脱仅需1美元。如果订货总额超过了10美元，你还可以选择1夸脱“海勒姆沃克加拿大俱乐部黑麦威士忌”或任何“高级苏格兰威士忌”作为赠品。斯威夫特还注明：“所有商品在购买前均可先试饮。”

禁酒令颁布之际，美国失业率剧增。1918年第一次世界大战结束之后，罢工运动几乎席卷了所有行业。有些地区的学校由于缺乏燃料而停课（因为约50万名矿工离开了矿井，以抗议不公平的工资和工作时间）；有些学校则因为老师对微薄的收入不满而停课。从战场上回来的士兵们不但面临着住房和工作岗位短缺的问题，还要面对已经变得陌生的妻子或恋人。

保罗·桑（Paul Sann）在《无法无天的十年》（*The Lawless Decade*）中记录了当时新解放的美国女性的许多特点，包括女性内衣革命——棉质面料逐渐失宠，真丝成了新的首选面料。新出现的短发型——也就是所谓的“波波头”——标志着女性获得了全新的自由，而她们的裙摆也在迅速变短。飞来波女郎——把丝袜卷到膝盖以下、妆容夸张的“享乐主义”年轻女性——正好在地下酒吧兴起的时期出现，以纵情起舞、饮酒的方式度过了整个咆哮的20世纪20年代。

在地下酒吧，“娱乐众人的年轻女郎……穿着之暴露已经到了不能再减少一分的地步……客人来自五湖四海，既有来自巴黎的，也有来自无名小镇的，衣着五花八门，风格从庄重到随意……当一名女郎

---

① 品脱，容量单位，主要在英国、美国等使用。
1美制湿量品脱≈0.47升。——译者注

表演堪比柔术的舞蹈时，一名训练有素的侍应生可能会在后面喊道，‘把她喂狮子！’那只是为了博人一笑，让客人放松”。H. I. 布罗克（H. I. Brock）和 J. W. 戈林金（J. W. Golinkin）在《如此这般的纽约》（*New York Is Like This*）中写道。女性终于开始进入酒吧行业，有些甚至成了酒吧老板。

外号“得克萨斯”的玛丽·路易丝·塞西莉亚·吉南（Mary Louise Cecilia Guinan）是百老汇歌舞演员和音乐剧演员，主演过《地狱猫》（*The Hellcat*）、《母狼》（*The She Wolf*）、《枪女》（*The Gun Woman*）和《副警长小姐》（*Little Miss Deputy*）等电影。毫无疑问，她是曼哈顿夜总会和地下酒吧里最受欢迎的人物，尽管禁酒时期她也在迈阿密和芝加哥工作过。“如果说警察局长格罗弗·惠伦（Grover Whalen）是纽约的官方主人，那么‘得克萨斯’就是非官方的女主人。”有人幽默地说道。

尽管吉南大部分时间在从事女招待工作（她向客人说的招牌问候语是“你好，笨蛋”），但她也开了自己的酒吧。巴斯比·伯克利（Busby Berkeley）电影的御用女主角、1933 年凭借经典之作《42 街》（*42nd Street*）初次登上大银幕的鲁比·基勒（Ruby Keeler），曾经在得克萨斯吉南俱乐部表演过，而吉南本人有时也会出现在那里，还戴着一串挂锁当项链。这位时不时怂恿男客人跟她玩跳山羊游戏的“夜总会女王”声称，她的俱乐部的所有酒水收入都归服务生领班所有，而她自己只靠门票和附加服务赢利。1928 年，吉南私人俱乐部的门票售价高达 20 美元，经营得非常成功。

吉南并非唯一一位经营地下酒吧的女性。擅长演唱忧郁情歌的女歌手海伦·摩根 [Helen Morgan，她最著名的角色可能是在弗洛伦兹·齐格飞（Florenz Ziegfield）制作的百老汇歌舞剧《画舫璇宫》（*Show Boat*）中饰演朱莉（Julie）] 也开了一家地下酒吧，而她本人会坐在钢琴上为客人表演。19 世纪 90 年代被誉为“有着诗一般双腿的歌舞女演员”的贝尔·利文斯通（Belle Livingstone）在公园大道开了一家“充满文化、幽默和友好气息的酒吧”，但在警察突击检查后停业。

利文斯通没有灰心，后来又在东58街开了一家五层楼的“度假村”，内部设施包括迷你高尔夫和乒乓球桌。但这家俱乐部也被警察突袭了，利文斯通在逃往屋顶的过程中被发现，因为她的标志性红睡衣太显眼了。入狱30天后，她被吉南派来的装甲车接回了曼哈顿。利文斯通后来表示，她的品行并未因入狱而变坏，“相反，如果有什么不同的的话，就是变得更高尚了”。

禁酒时期的另一位女性名人是助理司法部长梅布尔·沃克·维勒布兰特（Mabel Walker Willebrandt）。她曾经说道：“摇酒壶的下流声音……和品质可疑的烈酒所带来的那种对虚假刺激的渴望，正在迅速远离华盛顿社交场。”考虑到当时的美国首都是公认的很难买到优质烈酒的地方之一，她的说法可能没错。但在其他地方，人们对所谓“虚假刺激的渴望”可没那么容易被浇灭。

纽约拥有为数众多的地下酒吧和夜总会，比如彼得的蓝色时分（Peter's Blue Hour）、皮克酒馆（Peek Inn）、梅塔莫拉俱乐部（Metamora Club）、克利翁（Crillon）、博尔戈夜总会（Club Borgo）、布杂艺术（Beaux Arts）、银舞鞋（Silver Slipper）、丛林俱乐部（Jungle Club）、黎塞留俱乐部（Club Richelieu）、比亚里茨（Biarritz）、穆坎酒吧（Mouquin's）、蓝丝带（Blue Ribbon）、熔炉（Furnace）、鬣狗俱乐部（Hyena Club）、破晓（Day Breakers）、监狱俱乐部（Jail Club）和名字非常有趣的哈哈俱乐部（Ha! Ha!）。它们大多位于中城或上城，但在格林威治村，有个叫巴尼·加伦特（Barney Gallant）的人决定在华盛顿广场南端开一家加伦特俱乐部（Club Gallant），它是纽约市最豪华的俱乐部之一。

根据斯坦利·沃克的说法，加伦特是曼哈顿第一个因违反禁酒法律而入狱的人——这在全国禁酒令颁布前就发生了。1918年制定的战时《禁酒法案》（*Prohibition Act*）于1919年6月30日生效，它规定在“军人复员结束”之前酒精买卖是非法的，不到4个月，加伦特的格林威治村酒馆（Greenwich Village Inn）就被警察查封了。加伦特和他的6名服务生一起被逮捕，他同意认罪，条件是无罪释放所有服务生。他被判入狱 30 天，但实际被关的时间要短得多。大概在禁酒令颁布前 1 个月，他的加伦特俱乐部开门迎客。

这家俱乐部吸引了各种各样的人：“来自大草原上偏僻村庄的充满奇怪冲动的年轻人；拥有社会地位和财富却想在波希米亚情调的环境中做些什么的女性；一夜暴富而想在安全的前提下疯狂享乐的商人；时不时觉得口渴因而想要坐下来喝一杯的普通人。”它的生意直到 1924 年都很好，那一年加伦特还在西三街开了一家新店。想去那里喝酒的人必须遵守以下规则。

①提前订位，以确保能够入场。

②进门时不要给服务生领班小费。如果你对服务感到满意，可以在离开时给他一笔数量合理的小费。

③自带酒水。这能避免争端，而且从各个方面来看都安全得多。

④不要跟服务生混得太熟。他的名字不叫查理也不叫乔治。记住那句老话：近之则不逊。

⑤严禁捏卖烟女郎的脸或请她共舞。她的唯一职责是面带微笑地推销香烟，从而为特许经销商带来利润。

⑥不可要求上台打鼓。鼓皮没有你想象的那么有韧性。而且，这往往会打乱乐团的节奏。

⑦不可要求乐团指挥演奏 19 世纪 90 年代的歌曲。你的祖父还可以哼唱《甜蜜的阿德琳》（*Sweet Adeline*），但可惜的是，世事已变迁。

⑧不要过于慷慨地给服务生小费。为什么要这么傻呢？账单金额的 15% 已经足够了。

⑨核对服务生给你的账单。记住，他们也是人，也会犯错——无论是不是故意的。

⑩请不要向在衣帽间工作的女郎提出送她回家的请求。她的丈夫——他以前是职业拳击手——会接她回家的。

加伦特声称，他的成功秘诀是只为少数群体服务，而这也是他的俱乐部“唯一了不起的长处”。其他店家对自己的顾客群体并不那么挑剔。沃克指出，很多店的客人会“抱怨账单金额太高，尽管他们一开始就知道自己会被宰……试图在一个晚上喝掉城中所有的酒……喝多了之后想指挥乐队……输了（钱）却责怪无辜的人……喝得烂醉去搭讪邻桌客人的女伴……要么小费给得太多，让人觉得他们是傻子，要么给得太少，导致他们被怠慢……简言之，层次较低的客人既吵闹又粗鲁，总是喝多，很容易被店家赶出去”。听上去真是热闹。

在纽约，这种热闹的夜生活一路往上城延伸，直到哈勒姆区。第一次世界大战结束之后不久，白人就在那里发现了一些极好的夜总会。吉米（Jimmie's）、斯莫尔（Small's）、国会（Capitol）和王宫花园（Palace Gardens）是非裔美国人消遣的场所，而棉花俱乐部（Cotton Club）和独家俱乐部（Exclusive Club）则深受哈勒姆区社会上流人士的青睐。在不同的酒吧里，你可以欣赏到“蛇腰”厄尔·塔克（Earl Tucker）、卡布·卡洛韦（Cab Calloway）和刚从巴黎大使夜总会（Les Ambassadeurs）演出归来的弗洛伦丝·米尔斯（Florence Mills）的表演。有个地方值得特别一提：吉利根·F. 霍尔顿（Gilligan F. Holton）开在西138街的断腿爆裂酒吧烧烤餐厅（Broken Leg and Busted Bar and Grill）。霍尔顿向记者约瑟夫·米切尔（Joseph Mitchell）描述了自己酒吧里发生的一幕：

> 某个生意繁忙的晚上，一名男士和他的妻子走进了酒吧。他看上去是位有钱的主顾。我决定对他做个心理测试，看看一个人到底能忍到何种地步。
>
> 我把他安排在靠近厨房的位置，那里热到能把人的头发烤焦。然后我让服务生把汤洒在他身上、踩他的脚并且把面包屑扫到他腿上。他妻子点了葡萄酒，然后我对自己说：“我来对付她。”我拿了一点冷茶，往里面加了点煤油，再倒上一点点金酒，最后摇匀。好吧，这对夫妇在酒

> 吧里一直待到天亮，共消费125美元——当然，这并不难做到——然后这位男士来到了我面前。我以为他会揍我。
>
> 然而，他并没有。他说："霍尔顿先生，谢谢你让我度过了一个美好的夜晚。我从来没有过这么有趣的经历。我会向所有朋友推荐你的酒吧。"
>
> 接着他的妻子说道："还有今晚的葡萄酒，霍尔顿先生！那是我喝过最棒的阿蒙提亚多雪莉酒。你是怎样在这个可恶的禁酒国家弄到这么棒的葡萄酒的？"

就算禁酒时期的酒吧里没有充斥着忙于精进技艺的创意调酒大师，但至少还是有一些专业调酒师存在的。迈克尔·巴特波里（Michael Batterberry）和阿里亚纳·巴特波里（Ariane Batterberry）在《纽约寻欢》（*On the Town in New York*）一书中记录了当时地下酒吧供应的一些鸡尾酒：金鱼鸡尾酒（Goldfish Cocktail）——有点像加了金箔药草利口酒的干马天尼——是地下酒吧"水族馆"（Aquarium）的特色，这家酒吧的吧台是一个巨大的鱼缸；在地下酒吧"扎尼"（Zani's），你可以喝到用金酒、杏味白兰地、蛋清、青柠汁和红石榴糖浆调制的扎尼扎扎（Zani Zaza）。当然，禁酒时期其他夜总会也有调酒师自创鸡尾酒。禁酒令废除后出版的书籍中记载的绝大部分配方要么诞生于1920年之前，要么首创于禁酒时期的欧洲，要么出自1933年12月5日以后才开始崭露头角的调酒师之手——正是从那一天开始，美国人又可以安心地饮酒了。

恢复荣光

1933年12月6日，悉尼·克莱因在他位于时代广场的办公室向窗外望去，看到一大群人正排队从一辆八匹马拉着的马车那里买啤酒。百威啤酒和其他酒类品牌并没有等很久就重新出现在了街头。禁酒令是在前一天下午5：32被批准废除的，而整个美国已经准备好公开狂欢。但不妙的是，每个人都没钱了。

富兰克林·德拉诺·罗斯福（Franklin Delano Roosevelt）于1933年3月就任美国总统时，1929年华尔街大股灾引起的经济大萧条已经导致超过1300万美国人失业。罗斯福在就任一个月后宣布低度啤酒合法；接着，他促使宪法第21条修正案在年底前生效，推翻禁酒令修正案。第二天，《纽约时报》（*New York Times*）刊发了一系列文章，包括《城市为新时代举杯》（*City Toasts New Era*）、《街头欢庆》（*Celebration in Streets*）和《武装运送装酒的卡车——预计今日完成紧急运送》（*Machine Guns Guard Some Liquor Trucks—Supplies to Be Rushed Out Today*）。

美国的酒吧才重开没多久，出版商就开始推出全新的鸡尾酒书，让那些还记得在禁酒令之前如何调酒的人重温回忆，同时向新一代调酒师示范制作鸡尾酒的正确方式。有些鸡尾酒指南其实在禁酒令废除之前就面世了，弗吉尼亚·埃利奥特（Virginia Elliot）和菲尔·D. 斯通（Phil D. Stong）合著的《摇起来：饮酒礼仪实用手册》（*Shake' em Up: A Practical Handbook of Polite Drinking*）正是其中之一。在这本风趣的派对指南中，两位作者奉劝读者在调酒时使用不含酒精的烈酒，或者通过煮沸的方式把烈酒里的酒精去除——如果只能找到普通烈酒的话。

正如书名所表达的，杰雷·沙利文在1930年出版的《昔日之酒》（*The Drinks of Yesterday*）中详细介绍了禁酒令颁布之前的酒饮，而不是新鸡尾酒。他在书中声称自己从未招待过飞来波女郎，也从没看过她们的扭臀舞。此外，即使是帕特里克·加文·达菲在1934年出版的《官方调酒师指南》（*Official Mixer's Guide*）也并非只收录出自美国的新配方，尽管书中配方清楚地说明达菲读过并认真参考了克拉多克在英国伦敦萨伏依酒店撰写的著作。

克拉多克是按首字母给配方排序的，而达菲是按基酒来给配方分类的，除此之外，很多例子都表明达菲参考了克拉多克的著作，至少是把它当作了指南。不过，一个重要的不同之处在于苦艾酒的使用——

它当时在英格兰是合法的（现在仍然如此），但在美国是违禁品。达菲简单地用法国廊酒代替猴腺（Monkey Gland）这样的鸡尾酒里的苦艾酒，从那以后，根据作者参考书籍的不同，这两种版本的配方分别出现在不同的书中。当然，随着苦艾酒在美国再次变得合法，“厄伯森特”（Herbsaint）、“阿伯森”（Absente）和“潘诺”（Pernod）这样的代替品如今很少有人用了。事实上，有些苦艾酒的代替品已经恢复了最初的配方，从而再次变得“正宗”了。（我们都以为法律规定苦艾酒是违禁品，但事实并非如此。法律禁止的是含有过量侧柏酮（Ketone）的烈酒——侧柏酮曾经被认为是造成苦艾酒所谓致幻效果的罪魁祸首——但没有哪种苦艾酒的侧柏酮含量高到违法的程度。）

从禁酒令废除后一直到 20 世纪 70 年代，饮酒文化最重要的一个方面可能是人们很少甚至从不谈论酗酒问题。醉酒是件有趣的事。几乎没有人看重调酒师这个身份，那个年代的一部分书籍反映了整个国家的态度。

例如，诺曼·安东尼（Norman Anthony）和 O. 索格洛（O. Soglow）在 1933 年出版的《醉酒者蓝皮书》（*The Drunk's Blue Book*）中记录了作者所谓的“醉酒者准则”：

①免费午餐。

②言论自由。

③干杯自由。

④喝五休二。

⑤买二送一。

⑥更低的路牙。

⑦填满的水沟。

⑧更多路灯。

⑨橡胶警棍和擀面杖。

⑩每扇门都有更多锁孔。

⑪更多农场姑娘。

⑫更冷的冰。

⑬两杯鸡尾酒卖 25 美分。

⑭分量更大、更好的啤酒。

两位风趣的作者表示，如果你发现自己躺在吧台前面的地上，把手肘放在铜制脚踏栏杆上是不得体的。他们还建议，如果你发现自己在单行道上逆行，应该改为沿着正确的方向行走。这本书有一整个章节都在写“如何打架”，并且建议读者坐在路牙上大声辱骂货车司机，或者走近一对坐在桌边的男女并“捏住女士的下巴，说：‘嗨宝贝，你这个看上去很滑稽的朋友是谁？’”如果安东尼和索格洛生活在 21 世纪，他们肯定没有朋友。

不过，当时也有人对制作优质鸡尾酒感兴趣。查尔斯·布朗指出，亚历山大——金酒、白可可利口酒（White Crème de Cacao）和奶油——这样的甜鸡尾酒在 20 世纪 30 年代流行起来。必须承认的是，女性总体而言比男性更爱喝偏甜的酒。与禁酒令颁布前的夜生活不同，女性在全国各地的酒吧里都变得和男性一样重要，而且她们还会在家里举办鸡尾酒派对。

查尔斯·布朗在 1939 年出版的《枪支俱乐部酒饮书》中写道：“鉴于禁酒时期地下酒吧的建筑风格，我们的鸡尾酒吧现在看起来就像……对外国酒吧的模仿，垫得厚厚的吧椅和女客人，让它们跟以前的酒吧很不一样；女人本身的地位也变了……在所谓的‘美好旧时代’，女人待在家里，男人常去酒吧。如今，任何体育运动都没有性别歧视，而且几乎家家都有自己的吧台。”

1936 年，外号“巴尼”（Barney）的美国调酒师哈曼·伯尼·伯克（Harman Burney Burke）曾在伦敦、巴黎、柏林和哥本哈根工作，之后回到了禁酒令废除后的美国。他在《伯克鸡尾酒和酒饮配方大全》（*Burke's Complete Cocktail & Drinking Recipes*）一书中列出了他心目中 15 款“西方世界最流行的传统鸡尾酒”：

①马天尼鸡尾酒（干或甜）。

②曼哈顿鸡尾酒（干或甜）。

③布朗克斯鸡尾酒（干或甜）。

④老式威士忌鸡尾酒（甜）。

⑤边车鸡尾酒（甜）。

⑥三叶草俱乐部鸡尾酒（干）。

⑦金里基（干）。

⑧金菲兹（甜或干）。

⑨百加得鸡尾酒（干）。

⑩亚历山大鸡尾酒 1 号（甜）。

⑪洛克黑麦（甜）。

⑫威士忌鸡尾酒（干）。

⑬雪莉鸡尾酒（甜或干）。

⑭杜本内鸡尾酒（甜）。

⑮香槟鸡尾酒。

不过，这里出现了一点点问题，他列出的布朗克斯鸡尾酒是干或甜的，但他的配方同时用到了两种味美思。此外，他表示人们爱喝干的百加得鸡尾酒，但在他的配方中，红石榴糖浆和柑橘类果汁的用量相同，所以口感不可能很干。

伯克的干马天尼配方中，金酒用量是味美思的 2 倍，还要再加几滴橙味苦精——这一配方在许多鸡尾酒书中得以延续，一直到 20 世纪 40 年代才改变。他的曼哈顿配方（基酒可以用黑麦威士忌或爱尔兰威士忌）与此类似，唯一不同之处在于干的版本要用苦精，而甜的版本要用单糖浆，并且同时用到了意大利味美思和法国味美思。

伯克书中的老式鸡尾酒需要先将一片橙子和一片柠檬皮卷跟苦精和糖一起捣压，再在杯中倒入威士忌。这一做法后来在老式鸡尾酒的忠实爱好者中引起了不少争论。在 1945 年出版的《克罗斯比·盖奇的鸡尾酒指南和淑女伴侣》（*Crosby Gaige's Cocktail Guide and*

Ladies' Companion）一书中，作家兼生活鉴赏家卢修斯·毕比（Lucius Beebe）写下了他和芝加哥德雷克酒店（Drake Hotel）的一位调酒师的交锋。当时他点了一杯老式鸡尾酒，要求不加水果，结果那位调酒师显然觉得自己受了很大的侮辱，因为居然有人以为他会在老式鸡尾酒里加水果。他警告盖奇："放肆！你这小子……我在这里做了整整 60 年的老式鸡尾酒……从来没有产生过在老式鸡尾酒里放水果的卑劣念头。出去，快滚，去帕尔默酒馆（Palmer House）喝你的酒！"

边车出现在伯克的清单里非常有趣，据称它诞生于第一次世界大战期间的法国，在美国尚属新鲜事物。尽管它的确出现在了禁酒时期的一份鸡尾酒酒单上，"'边车'和'总统'鸡尾酒都是人气很高的舶来品。"一位鸡尾酒爱好者在 1934 年写道。

以人名命名的鸡尾酒早在20世纪30年代之前就出现了。例如，"波比彭斯"（Bobby Burns）可能不是以伟大的苏格兰同名诗人命名的，而是以一名雪茄推销员的名字命名的——据说他当时负责推销罗伯特彭斯牌（Robert Burns Brand）古巴雪茄（但很快就停售了），而且经常去老华尔道夫酒吧。但是，当斯特林·诺思（Sterling North）和卡尔·克罗赫（Carl Kroch）决定在 1935 年出版的鸡尾酒指南《鼻子这么红：午后呼出的酒气》（*So Red the Nose, or Breath in the Afternoon*）中用热门书籍来给鸡尾酒命名时，事情变得有点失控了。

这本风格轻松的著作收录了一系列由原书作者提供的配方。欧内斯特·海明威（Ernest Hemingway）分享了一款名为"午后之死"（Death in the Afternoon）的鸡尾酒——配方很简单，就是苦艾酒加香槟。他建议饮者"喝这款酒时要慢慢喝 3 ～ 5 杯"，而页脚处的编辑注释写道："喝完 6 杯之后，'太阳照常升起'。"

埃德加·赖斯·巴勒斯（Edgar Rice Burroughs）带来的是以百加得、君度、柠檬汁和糖调制的"泰山鸡尾酒"（Tarzan Cocktail）。哈维·阿伦（Hervey Allen）贡献了一款"风流世家鸡尾酒"（Anthony Adverse Cocktail），足以慰藉任何身处逆境之人：巴巴多斯朗姆酒、青柠汁、苦精、黄糖和"用量慷慨一点的白兰地"。

有些配方没有被收录在书的正文当中，但在附录中提及了（应该是因为作者抵挡不了这么做的念头）。H. L. 戴维斯（H. L. Davis）的“角中之蜜”（Honey in the Horn）正是其中之一。这款酒含有两啤酒杯的高度朗姆酒、深色过滤蜂蜜、新鲜越橘、花楸果和“最好的黑火药”。戴维斯这样指示调酒师：“（在室温下）混合并用力搅拌，直至颜色均匀，不再呈不均匀的条纹状。每杯酒上桌时都要配一根牙签，上面穿着一只死熊蜂、一只死胡蜂和一只死黄蜂。要先吃掉这些蜂，饮酒者才能知道等着他们的是什么。”

在大西洋的另一侧，布斯金酒（Booth's Gin）编撰了一套类似的鸡尾酒配方书，但这些配方是为威斯特摩兰伯爵（Earl of Westmorland）这种阶层的人挑选的。威斯特摩兰伯爵分到了用金酒、柠檬汁和干姜水调制而成的“伦敦霸克”（London Buck），而他本人的评论也被收录在书中：“没有布斯的鸡尾酒是残缺的鸡尾酒。”牛津及阿斯奎特伯爵夫人(Countess of Oxford and Asquith)则声称:“随心使用布斯金酒成为一种流行趋势，会让派对跻身一流之列。”她这么做了，并且因此得到一款“帝国鸡尾酒”（Empire Cocktail）——以金酒、卡尔瓦多斯（Calvados）和杏味白兰地调制而成。因受萧伯纳（George Bernard Shaw）青睐而在影坛声名鹊起的西碧尔·索恩迪克女爵士（Dame Sybil Thorndike）则获得了一款特里尔比鸡尾酒。她说：“一杯由布斯金酒担任主角的鸡尾酒能够得到最挑剔的评论家的好评。”

再回到美国，上流社会在20世纪30年代中晚期有许多出色的夜总会和酒吧可选，其中有些是合法化的老地下酒吧。纽约的斯托克俱乐部（Stork Club）在20世纪30年代早期被查封了好几次，但如今搬了新址之后，它面向所有能够支付得起这里的食物和酒水的人开放。同样，摩洛哥俱乐部（El Morocco）曾经是一家非法出售酒水的夜总会，但现在人们可以在那里安心饮酒，无须担心警察突击检查。不过，随着外号叫“海滩流浪汉”的唐·比奇（Donn Beach）开始在他好莱坞的新店里供应伪热带鸡尾酒，一种新风格的酒吧开始在美国西海岸出现。

杰夫·贝里（Jeff Berry）和安妮·凯（Annene Kaye）在《海滩客贝里的格罗格日志》（*Beachbum Berry's Grog Log*）一书中详细记录了“海滩流浪汉”的原创鸡尾酒，诸如“传教士毁灭”（Missionary's Downfall）和“眼镜蛇毒牙”（Cobra's Fang），他们指出真正让“海滩流浪汉”出名的是僵尸（Zombie）鸡尾酒。“海滩流浪汉”的第一家店于1934年开业，1937年搬到了空间更大、位置更好的地方，室内以竹子、热带植物、瀑布、点燃的火把甚至迷你火山装饰。美式提基酒吧就此诞生了。外号“商人维克”的维克托·伯杰龙（Victor Bergeron）在20世纪30年代末复制了这种风格，他还在1944年发明了迈泰（Mai Tai）鸡尾酒。

美国直到20世纪30年代末才真正从经济大萧条中恢复过来，而那时第二次世界大战在欧洲爆发了。享乐主义者小查尔斯·亨利·贝克（Charles Henry Baker Jr.）一定没有在1929年大股灾中遭到太大打击，因为他忙着环游世界、饮酒作乐，并在《绅士伴侣》（*The Gentleman's Companion*）一书中详细记录了自己的冒险。“我们的每一段经历都承载着关于朋友、城市或冒险的美好回忆……伴随着关于一只冰凉的酒杯、一抹微笑、一口完美酒饮的欢乐回忆。”他如此写道。他还描述了各种各样的鸡尾酒，其中有些是他在它们的诞生地喝到的。

贝克在新加坡莱佛士酒店（Raffles Hotel）喝过新加坡司令（Singapore Sling）。据说这款酒是那里的调酒师严崇文（Ngiam Tong Boon）于1915年发明的（这一说法后来被证实不属实）。他形容这款酒“滋味可口、渐进入魂”。在新奥尔良，他喝到了萨泽拉克，并且坚信享用它们的最佳方式是把酒杯放在鼻子下面，“吸入芬芳复杂的香气，啜饮并放松”。他可能是第一个教美国人一口闷掉特其拉（Tequila）的人：先吮吸柠檬角（而非青柠角），然后舔一撮盐，最后一口干掉特其拉。贝克也并不忌惮在鸡尾酒里使用顶级烈酒，他在书中表示用廉价金酒不可能做出优质鸡尾酒，就像惠斯勒（Whistler）[1]

① 印象派画家惠斯勒，绘有名作《惠斯勒的母亲》（*Whistler's Mother*）。——译者注

无法用“谷仓油漆”描绘他母亲的杰出画像一样。

20 世纪 40 年代到来之前，血腥玛丽已经被引入美国。此时美国已经有人开始酿造伏特加，不过了解它的人并不多，直到 20 世纪中叶，洛杉矶“雄鸡与公牛”（Cock and Bull Tavern）酒馆的老板杰克·摩根（Jack Morgan）和某家斯米诺伏特加生产商的一名主管联手发明了“莫斯科骡子”（Moscow Mule），情况才发生改变。伏特加从此一飞冲天。

另一款在 20 世纪 40 年代流行起来的鸡尾酒是“朗姆可乐”（Rum and Coca-Cola），这要归功于安德鲁斯三姐妹（Andrews Sisters）演唱的同名歌曲——它改编自入侵者勋爵（Lord Invader）原创的一首特立尼达卡里普索民歌。这首歌的内容和特立尼达的美国海军基地军人有关，而且很受他们欢迎。

自 19 世纪晚期以来，烈酒公司就意识到它们的产品大部分倒进了摇酒壶，它们也开始“明目张胆”地用“实用”小册子来“轰炸”我们，为我们提供指引。1941 年，霍伊布莱因公司发布了《俱乐部鸡尾酒派对手册》（*The Club Cocktail Party Book*），用于推广它的瓶装鸡尾酒系列——马天尼、曼哈顿、老式鸡尾酒、边车和大吉利——并且教读者制作各种派对美食，比如抹上蟹肉片并且“用酸豆拼出你姓名首字母”的心形小食。

那个时代的鸡尾酒派对充满乐趣，特别是当你有一套施格兰公司（Seagram）生产的“神奇年龄卡”时。每一张卡上都有一款不同的威士忌的广告，同时还有一张数字“宾果”表：“将 6 张卡交给别人，告诉他们只把那些印有其年龄数字的卡牌还给你……接下来只需将右上角方格里的数字相加即可。”噢，当时的人一定玩得很开心。

幸运的是，有些人开始重新认真对待鸡尾酒了。1945 年，一度被称为“记者楷模”的卢修斯·毕比写道：“鸡尾酒这个话题只适合用稍微带着蔑视的轻率态度去谈论，因为虽然有不少杰作是用烈酒、葡萄酒精心调配的，并搭上跟它们风格相近或相反的水果等物，冰镇后盛在不同的酒杯里，但也有大概一百万杯难闻、吓人和可怕的鸡尾酒，让人麻醉、狂躁和恶心。”毕比并非唯一关注这一话题的人，后来成为美国烹饪界领袖人物的詹姆斯·比尔德（James Beard），也为1945年出版的《克罗斯比·盖奇的鸡尾酒指南和淑女伴侣》提交了一款鸡尾酒配方。

不过，即使毕比、比尔德等人认真对待调酒的艺术，但他们跟戴维·恩伯里（David Embury）比起来也只能算是业余爱好者。恩伯里是《调酒的艺术》（*The Fine Art of Mixing Drinks*）一书的作者，也是上述这些人当中唯一一个真正的“非专业人士”。恩伯里是现代首位真正的鸡尾酒学家。他对鸡尾酒的成分进行了认真研究，将它们如此分类：基酒（通常是烈酒，必须至少占整杯酒的50%）；修饰剂、柔化剂或增香剂，比如味美思、苦精、果汁、糖、奶油或鸡蛋；以及“额外的特殊调味和增色原料”，亦即他定义中的利口酒和无酒精水果糖浆。

恩伯里教导我们：拉莫斯金菲兹必须摇5分钟才能形成理想的丝滑质感；罗布罗伊必须用佩肖苦精；而“边车这样的鸡尾酒，用三星干邑调制完全足够，尽管用10年陈干邑的效果更佳”。

在他的书出第二版时，恩伯里提到他因在第一版中遗漏了两款酒而受到批评：被他形容为“糟糕透顶”的血腥玛丽和“平平无奇”的莫斯科骡子。至于马天尼，他解释说，虽然大部分鸡尾酒书都表示味美思的用量要占到⅓～½，但“近来人们开始对这种寡淡的马天尼进行强烈抗议，于是仅用味美思洗杯的马天尼制法出现了”。他描述了一款以冰镇过的金酒制作、盛放在挂了一层味美思的鸡尾酒杯里的鸡尾酒。恩伯里对以上两种制法都不满意：他说他个人最爱的比例是7份金酒兑1份味美思。

当恩伯里深入探索鸡尾酒时，许多美国人都在一扎一扎地喝壶装的马天尼，而《花花公子》（*Playboy*）杂志先后邀请了鸡尾酒专家托马斯·马里奥（Thomas Mario）和伊曼纽尔·格林伯格（Emanuel Greenberg）撰稿，把鸡尾酒新闻带给美国各地饮酒作乐的人。

《时尚先生》(*Esquire*)杂志早在1949年就出版了《聚会主人手册》

（*Handbook for Hosts*），详细介绍了一系列鸡尾酒，比如“黑刺李金菲兹”（Sloe Gin Fizz）、“泛美”（Pan American）、“我死而无憾，朋友们”混合饮品（“I Died Game, Boys” Mixture）和“金棒冰”（Ginsicle）——金酒加果汁或单糖浆，倒入装有碎冰的香槟杯。书中有一幅漫画，描绘了一名沮丧的调酒师正摩挲着自己的额头，大声说道：“她点这款酒只是因为它有个可爱的名字。”鸡尾酒世界的轴心正在发生微妙的转移，而烈酒公司进行了长期而努力的游说，只为从中分得一杯羹。

20 世纪 50 年代，金馥（Southern Comfort）推出了一本名为《如何调制 32 款顶级人气酒饮》（*How to Make the 32 Most Popular Drinks*）的手册，让人们使用金馥产品调制金馥曼哈顿和金馥老式鸡尾酒。到了 20 世纪 70 年代，金馥曼哈顿变成了改良曼哈顿，而他们又出版了《欢乐时光调酒术及欢乐时光占星学入门》（*Happy Hour Mixology Plus a Primer of Happy Hour Astrology*），这样人们在酒吧里就有话题可聊了：“哦，你是处女座——品位高雅、善于分析、一丝不苟，而且通常是完美主义者。想要来一杯吗？”即使是路边快餐店都在使用印满鸡尾酒配方的餐垫，以吸引客人在享用烤芝士三明治时搭配一杯杜本内鸡尾酒，或是点一杯薄荷利口酒冰沙，浇在银币烤薄饼上。

歌顿金酒（Gordon's Gin）在 20 世纪 50 年代晚期推出了一本配方手册，里面详细介绍了各种鸡尾酒，包括类似金酒版薄荷茱莉普的“贝利少校”（Major Bailey）和在罗马精益酒店（Hotel Excelsior）很受欢迎的“斯普瑞斯鸡尾酒”（Spriuss Cocktail），后者的配方是金酒、杏味白兰地、橙汁和苦精。这本手册里还有一些外国邮票的黑白照片，歌顿特意提醒读者：“插图中的所有邮票都已停止流通，不可用作邮资。”

20 世纪下半叶的酒吧还步入了追求便利性的误区。没有必要再去榨柠檬汁或青柠汁，因为“甜酸剂”来了——它已经增过甜，可以用来代替柠檬汁或青柠汁。用它调的酒会让你马上回到童年——那味道就像果子露。血腥玛丽？你可以用预先调味的番茄汁，里面含有足够的酱料和香料，存在感十足，但又不会冒犯任何人的味蕾。怎么调制大吉利？很容易——包装盒上有说明。这些预调原料并非全都很糟糕，但没有哪一种能够比得上当年调酒师调制的鸡尾酒。

始于 1965 年的手工鸡尾酒运动要归功于曼哈顿的一个想要寻找艳遇的家伙。“我当时住在第一大道和约克大道之间的 63 街，”艾伦·斯蒂尔曼（Allan Stillman）在 2010 年接受食用地理（Edible Geography）网站采访时说，“那里去 59 街大桥很方便，这意味着你可以迅速出城，所以在周围两三个街区住着很多空姐——而且不知道为什么，那里也聚集着很多模特。基本上，许多单身人士都住在 60 街到 63 街以及约克大道到第三大道一带。在我看来，认识女孩的最佳方式就是开一家酒吧。”

大家必须了解的重要一点，在 20 世纪 60 年代的纽约很少有——可能根本没有——让单身女性觉得舒适的酒吧。那时纽约酒吧大都是接待男性的啤酒吧。因此，当年的空姐和模特都只参加家庭派对。而斯蒂尔曼即将改变这一切：他开了一家叫作“星期五”（TGI Fridays）的酒吧，大门同时朝男性和女性敞开，从而创造了第一家单身人士酒吧——店内氛围就像是鸡尾酒派对。

当然，21 世纪的我们不会把“星期五”看作连锁手工鸡尾酒吧，但情况并非一直如此。正如罗伯特·西蒙森（Robert Simonson）在《真正的鸡尾酒》（*A Proper Drink*）一书中所言，当“星期五”连锁酒吧开始崭露头角时，它们只使用鲜榨果汁调酒，而且新手调酒师的培训计划非常严格。当时如果你想在“星期五”调酒，必须先花差不多一年的时间端盘子、服务客人和做吧台助手，然后你必须记住几百款鸡尾酒配方，并且可以在蒙住眼睛的情况下制作几十款店里的酒。“星期五”的培训水准是一流的，并且迅速把分店开到了英国，那里许多专业调酒师都希望学会“星期五”的调酒方式，从而获得可观的收入。正如你将在这一章稍后的部分中所看到的，这是调酒行业的一个转折点。

尽管20世纪70年代的鸡尾酒选择十分丰富，但马天尼仍然是当仁不让的王者，曼哈顿则紧随其后，正如第一次世界大战前它们在老华尔道夫酒吧的地位一样。禁酒令废除后风靡一时的偏甜鸡尾酒在美国酒吧里仍然很受欢迎。不过，有一款鸡尾酒的风头迅速盖过这些老牌经典酒款，并且在20世纪80年代成了明星酒款。

根据不同的说法，玛格丽特（Margarita，详见第190页）诞生于20世纪三十年代到五十年代，但特其拉直到“摇摆六十年代”才在美国流行开来。那个年代的嬉皮士和想当嬉皮士的人都听说过一则谣言：特其拉可能是一种致幻剂。到了20世纪70年代，所有调酒师都知道如何做出一杯出色的玛格丽特，而且它的人气也越来越高，直到没人真正在乎它是不是有致幻的副作用——它成了一款长盛不衰的鸡尾酒，一款名副其实的经典酒款。

新一代调酒师

到20世纪80年代中期，追求健康的风潮席卷美国，而鸡尾酒行业逐渐凋萎，或许只是在冬眠。新生事物诞生了，它荒腔走板地大声叫喊着，把鸡尾酒行业从藏身的山洞里引了出来：朋克鸡尾酒登场了。从来没有经过高阶专业鸡尾酒培训的年轻调酒师厌倦了制作寡淡的白葡萄汽酒（White Wine Spritzer）、单调的特其拉日出（Tequila Sunrise）和枯燥的长岛冰茶（Long Island Iced Tea），所以他们创造了名字粗鄙、惹人生厌的鸡尾酒。你可以在任意酒吧点上一杯这样的鸡尾酒，而没人会对此大惊小怪。供应各种口味的冰沙鸡尾酒的酒吧似乎在一夜之间遍地开花，但没有几家能够做出调配得当的思乐冰（Slurpie）。在全国各地的校园里，以调味明胶和伏特加（有时是特其拉）做成的果冻酒在还不到法定饮酒年龄的大学生之间风靡。

谁发明了这些酒？似乎没人知道。我的朋友斯达菲·施密特（Stuffy Shmitt）在洛杉矶巴尼小馆（Barney's Beanery）学会了一款叫“艺莱瓯”（Windex）的酒，但他不知道是谁首创的。斯达非还在纽约下东区的某家酒吧外面看到过一块招牌，宣传一款以奈奎尔为基酒的鸡尾酒——但是如果你问他到底是哪家酒吧，他只会对你耸耸肩。没人想过要把朋克鸡尾酒记录下来——没人真的在乎它们来自哪里。在当时的美国酒吧里，人们喜欢在吧台边放声欢笑，也喜欢衣着暴露、推销味道尚可的吸管一口饮的女郎。人们需要这些。

对我而言，这是鸡尾酒世界里非常让人兴奋的一段时期，终于有人再次让饮酒变得有趣了。20 世纪 80 年代的大部分时间里，我们一直被灌输过度饮酒的危害，所以似乎有整整一代消费者成年后都有这么一种观念：只有在不开心的时候才能喝上一杯。我之所以把这一时期的酒饮叫作朋克鸡尾酒,是因为它们就像是朋克乐队的液体版本——它们显然不是很和谐，却一定要让自己的声音被人听到。新一代调酒师对过去如同商场背景一样乏味单调的鸡尾酒发动了一场起义，创造出了属于自己的更喧闹的鸡尾酒。正是这一现象使得潜在的调酒师开始重新思考自己的专业技艺。这些鸡尾酒给了调酒师和消费者在酒吧里变得轻松一些的理由，让专业调酒师再次对调酒产生了兴趣。

在这一切发生的同时，戴尔・德格罗夫刚刚从工作了 6 年的贝弗利山庄贝莱尔酒店（Hotel Bel-Aire）离开，开始为曼哈顿奥罗拉餐厅（Aurora）的老板乔・鲍姆（Joe Baum）工作。德格罗夫从洛杉矶的多名资深调酒师那里学会了经典的调酒风格，但他主要靠自学，最终成为调酒大师。例如，他知道要用干邑、君度和新鲜柠檬汁来调制边车，而非美国白兰地、廉价橙皮利口酒和甜酸剂。鲍姆给了德格罗夫很好的指导，向他推荐了许多经典鸡尾酒书，同时也给了他独立思考的空间。

1987 年，戴尔・德格罗夫接掌了纽约传奇酒吧彩虹屋，一颗明星就此诞生。德格罗夫给我们带来了众多经典鸡尾酒，比如以干邑、君度、樱桃利口酒、柠檬汁和香槟调制而成的“丽思”（The Ritz）和以金酒、柠檬汁、单糖浆和安高天娜苦精调制而成的“菲茨杰拉德”（Fitzgerald）。他不知疲倦地工作，为自己赢得了手工调酒师典范的名声，而这一称号可谓实至名归。他的完美主义作风引起了媒体的关注，最终数以千计的调酒师都将他看作经典调酒风格的标杆。现在他可能是当代最著名的美国调酒师。

我们还应该记住，德格罗夫是奥德丽·桑德斯的导师。桑德斯后来自立门户，在纽约开了佩古俱乐部（The Pegu Club），这是世界上最知名的手工鸡尾酒吧之一。她创造了“金 - 金骡子”（Gin-Gin Mule）和“老古巴”（Old Cuban）这样的美味经典，这两款鸡尾酒后来都风靡全球。德格罗夫和桑德斯对鸡尾酒行业的发展有着很大的贡献。

大约在同一时期，迪克·布拉德塞尔（Dick Bradsell）正在伦敦的吧台后施展魔法。迪克的风格跟德格罗夫截然不同，但他们有着同样的原则：只使用新鲜原料、遵循经典调酒风格、严格遵守职业道德。迪克在伦敦的格鲁乔（Groucho）培训过调酒师——那是一家非常棒的俱乐部，接待过安东尼·布尔丹（Anthony Bourdain）和斯蒂芬·弗雷（Stephen Fry）这样的名人，英国王室的一些成员也来过这里。迪克还在大西洋餐厅的迪克酒吧（Dick’s Bar）工作过：这家以他的名字命名的酒吧是伦敦当时最受欢迎的去处之一，他在那里培训了数以百计的调酒师。尽管他并非伦敦当时唯一的杰出调酒师——还有克里斯·埃德华兹（Chris Edwardes）、尼克·斯特兰奇韦（Nick Strangeway）和道格·安克拉（Doug Ankrah）——但他无疑是业界领军人物。令人悲伤的是，迪克在 2016 年去世了，但他的传奇永存。

当 20 世纪 90 年代到来之时，万事俱备，只欠东风。在美国，戴尔·德格罗夫引起了酒吧界的关注；在英国，迪克·布拉德塞尔和众多手工调酒师并肩伫立，而最后一个细节的完成终于引发了促使手工鸡尾酒革命到来的风暴。早期在大西洋两岸的星期五连锁餐厅接受培训的调酒师们已经磨炼好了技艺，只等新一批手工酒吧开门营业。再想想看，这一切都源于年轻的艾伦·斯蒂尔曼在 1965 年为了认识异性而开的一家酒吧。

信息高速公路

尽管我早在20世纪90年代早期就开始上网了，但互联网直到90年代中期才开始在调酒界流行起来，而也正是在那一时期，罗伯特·赫斯（Robert Hess）联系上了我。他是一名在微软公司工作的电脑极客，喜欢在业余时间研究鸡尾酒。罗伯特开设了一个面向调酒师和鸡尾酒爱好者的在线论坛，他本人的用户名叫作“酒饮男孩”（Drink Boy）。网上讨论鸡尾酒的热度变得越来越高。世界各地的调酒师纷纷发表自己对鸡尾酒话题的观点，比如“皮斯科潘趣”（Pisco Punch）的原始配方、自制单糖浆的糖水比例和汤姆柯林斯的原始基酒——讨论的热度远远超过了人们的想象。

另一位活跃在早期鸡尾酒在线论坛的人物是特德·黑格（Ted Haigh）。这位电影行业平面设计师运用自己的研究技能去寻找各种谜题的答案，比如最早用来制作禁果利口酒的原料——这款利口酒已经从全世界的后吧台消失一段时间了。特德一开始的用户名叫“陈年中的葡萄酒爱好者”（Aging Wino），后来改成了“鸡尾酒博士”（Dr. Cocktail），但不管用户名是什么，他都在美国在线论坛上为我们带来了趣闻和专业资讯。正如互联网对其他行业的影响一样，互联网迅速推动了鸡尾酒社区发展壮大，仅仅因为它把乐于分享知识的调酒师联结在了一起。

你想要一场革命吗

2003年，一场在纽约广场饭店（Plaza Hotel）举办的活动召集了美国手工调酒界的大部分核心成员，还吸引了来自海外的业内人士。日后撰写了《饮！》（*Imbibe*!）一书的戴维·旺德里奇提议“向杰里·托马斯致敬”，而当时纽约慢食运动的领军人物艾伦·卡茨（Allen Katz）把这个提议变成了现实。

活动场地在广场饭店的橡木厅。当晚，戴尔·德格罗夫现场制作了蓝色火焰，奥德丽·桑德斯为来宾提供了汤姆和杰里，戴维·旺德里奇做了一款令人愉悦的阿拉克潘趣（Arrak Punch），“鸡尾酒博士”特德·黑格带来的是白兰地科斯塔，萨莎·佩特拉斯克（Sasha Petraske）做了金黛西（Gin Daisy），罗伯特·赫斯呈现的是日本鸡尾酒（Japanese Cocktail），乔治·帕帕扎基斯（George Papadakis）的曼哈顿棒极了，而我则忙着制作马丁内斯。这场活动大获成功，威廉·格兰姆斯为《纽约时报》撰稿时感叹：“镀金年代回来了。”来自英国的调酒师也参加了这次活动，就我所知，这是21世纪第一场被主流媒体报道的鸡尾酒主题活动。“杰里·托马斯应该会感到骄傲。”格兰姆斯写道。

时隔数年，我受萨泽拉克公司之邀，于2006年第一次参加了伦敦酒吧展。他们请我去展会上给渴望好酒的来宾展示一系列野牛仙踪波本威士忌鸡尾酒的做法。到达现场后，迎接我的是一个大惊喜。在此之前，我在自己的祖国并不怎么出名，但我浑然不知的是，事情已经发生了变化。很多伦敦调酒师一眼就认出了我，而这种对我来说全然陌生的“明星身份”让我目瞪口呆。所有人都告诉我，这要归功于《调酒学》第一版的魔力。

看起来很多调酒师都痴迷于这本书，在一些酒吧里，它甚至成了整个员工团队的必读书目。我的“孩子”学会了走路、说话，并在木板道上大摇大摆地前进。谢谢这个充满爱的世界。

见证了精彩的2006年伦敦酒吧展之后，我意识到鸡尾酒革命已经在英国轰轰烈烈地展开了——但直到很长一段时间之后，我才发现这场运动的种子早在多年前就已种下。不过，那时我最关心的是我们该怎样让它持续下去。事实证明，我不应该担心的。十多年过去了，这场革命仍然声势浩大。这是怎么发生的？

我认为，这是因为大型酒类公司的市场营销专家很快意识到调酒师是他们最好的品牌大使，而这些公司往往财大气粗，所以它们迅速地把大量预算花在了对所有人都有利的地方。它们举办准备了诱人奖品的比赛，邀请世界各地的调酒师飞往充满异域风情的地方一展身手，并且聘请调酒师担任教育者和推广者的角色。

在我看来，如果没有烈酒行业的支持，手工鸡尾酒革命很可能只是昙花一现。调酒师可能经常吐槽那些积极推广自家烈酒产品的大型公司，这么做并没有什么不对——这能让那些公司保持警醒和不断进步的心态。然而，站在我的角度，烈酒行业一直是手工调酒师的推动力量。他们的投入让我们准备好、愿意且有能力按照要求去做。他们为我们的努力提供资助，让我们得以继续试验和完善调酒技术。

该死的连锁反应

一期一会

鸡尾酒革命爆发之后，一些有实力的调酒师在 21 世纪初期开始崭露头角，并在之后对调酒技术产生了颠覆性影响。一个代表性的例子是斯坦尼斯拉夫·凯赫罗玛利·瓦德纳（Stanislav Kaiholomālie Vadrna）。他来自斯洛伐克，在 2005 年参加了我的乡间鸡尾酒课程，并且成了我非常亲近的朋友。我不确定斯坦（斯坦尼斯拉夫的昵称）从我早期的课程里学到了什么，那时课程内容非常基础——它针对的是想成为调酒师的人，而不是想精进技艺的职业调酒师——但斯坦和我之间产生了一些化学反应，我们从那之后就成了调酒师兄弟。不过，他在日本接受的培训对他的调酒风格有着巨大影响。

简言之，一期一会（Ichigo Ichie）的意思是“将每一次相遇都当作一生唯一的一次”。它是“旭日之国”特有的调酒技艺背后的日本哲理之魂。事实上，它对斯坦的影响根深蒂固，以至于 2017 年的某个下午，当我和他在布拉迪斯拉发的时候，他把这句话文在了自己的前臂上。对斯坦来说，它意味着当你在酒吧里遇到一位新客人时，你只有一次机会给他留下好印象（关于这一正念调酒法的更多介绍，详见第 82 页）。我喜欢这个概念。不过，其他一些日式调酒技法也在某种程度上融入了西方调酒界，而硬摇（Hard Shake）可能是其中最有名的。

硬摇是东京银座腾德酒吧（The Tender Bar）的调酒师上田和男（Kazuo Uyeda）发明的。他声称自己是世界上唯一一个能够做到正确硬摇的人，但这并没有阻止其他人去尝试它。硬摇由一系列动作组成，能够让冰和摇酒壶的某些特定部位发生碰撞，形成“天鹅绒般柔滑的泡沫，以消除酒精的刺激感”——这句话来自上田和男的个人网站，2009 年托比·切基尼（Toby Cecchini）在为《纽约时报》撰稿时引用了它。

我同意硬摇能够为鸡尾酒带来柔和、丝滑的质感，但我认为通过大力摇酒也能得到同样的质感。要使出你浑身的力气摇酒。就我个人而言，硬摇的唯一优点——没有对上田和男不敬的意思——在于它极具观赏性。它是戏剧化的。既然调酒在很大程度上是一种表演艺术，那么硬摇自然有它的价值。

我认为，你不可能分辨出上田和男用硬摇法摇制的鸡尾酒和其他调酒师用力摇制（这是我倾向于使用的方法）的鸡尾酒之间的不同之处。我在一个在线论坛上表达了这一观点，伦敦诺姆咨询公司（Nomu Consult Company）董事肯吉·杰西（Kenji Jesse）表示他曾经问过上田和男：“硬摇只是身体和摇酒壶的物理运动，还是必须达到一种心态才能完美掌握这一技法？”后者的回答是这样的：

> 如果硬摇的意义是可以用很大的体力去摇酒，那么我永远比不上年轻的调酒师！硬摇的意义其实在于如何生成细密的气泡：如何让空气将酒分解成细密的气泡，从而让鸡尾酒变得柔和易饮。我认为合理的硬摇技法有很多种。我有我的方式，但它并不是硬摇的唯一方式。我相信，世界上有多少名调酒师，就有多少种硬摇技法。

根据这段话来看，我可以大胆地说一句，当上田和男表示他是唯一一个能够做到硬摇的人时，他没有半分吹嘘的意思。他只是指出没有两个人能够用完全一样的方式摇酒。他的硬摇技法跟调酒师摇酒时的心态有关。如果调酒师把注意力完全放在摇酒壶和鸡尾酒上，那么他就能够做到完美。这是调酒的禅道。

吸引力法则

吸引力法则是一个新的概念。根据这一法则，所有人都有能力把自己向往的东西吸引到生活中来。想要一个桃子？在大脑中想着桃子，它就会出现。当然，吸引力法则并非如此简单，我自己的吸引力法则与之截然不同：向世界展示一门尊重创造力的手艺，充满创造力的人就会被吸引过来。在我看来，鸡尾酒世界变得更具有民主精神，这正是过去 15 年左右所发生的。

如今，在邻家酒吧、爱尔兰酒吧、平价酒吧和其他各种普通小酒吧里调酒跟 20 世纪 70 年代调酒没什么不同，甚至可能跟更早的年代也一样。让我们为此感谢上天。如果没有了供应大杯健力士啤酒和野格一口饮的酒吧，我们的生活就称不上完整——至少对我来说是这样。在食物的世界里也是如此——我们都爱精致美食，但千万别关掉那些供应罐头咸牛肉哈希的小馆子。正如前文所述，变化是生活的调味品。

不过，我们这行还有另一面，当你走进供应新奇酒饮的手工鸡尾酒廊时就能看到：调酒师们会运用分子调酒术技法，用枫木烟熏波本威士忌，还会用到其他类似的 21 世纪酒吧技法。这使得调酒技术在过去 15 年甚至更长的时间里都是向前发展的。从许多方面来讲，调酒技艺已经成了一种平易近人的艺术形式，于是，各种各样的艺术家和创业者都被它所吸引，将自己的才华施展在鸡尾酒世界里。

在我看来，这正是鸡尾酒革命的关键。人们开始关注调酒的艺术，有些行业之外的人——银行家、律师甚至科学家——发现自己被它吸引，如今，这一现象比 19 世纪和 20 世纪更突出。尽管他们可能并没有主动地进行革命，但是鸡尾酒世界缺了他们就会无趣得多。

突破边界

让我们来认识几个曾经有通常意义上的正经工作却改行当了调酒师的人。比如苏格兰调酒师安迪·斯图尔特（Andy Stewart）。安迪当了5年的银行经理，后来回到了他最爱的行业。他说："我怀念在餐饮行业工作的日子，特别是那些每次轮班时碰到的不同的同事和遇到的客人所带来的那种创造力和流动感。"对拥有银行工作经验的安迪来说，在酒吧里做报表和其他跟财务有关的工作相当轻松，但他在办公室的5年里学到的不只是表面的工作经验。"我的客户服务技巧提高了。"他说。在银行工作时，他要跟来自各行各业的人打交道。安迪目前是酒类公司贝里兄弟与拉德（Berry Brothers & Rudd）的业务发展经理，同时也是一位著名调酒师，曾经在提普林酒吧（The Tippling House）和其他苏格兰酒吧工作。

玛吉·马克（Margie Maak）在新泽西州一家金融咨询公司担任副总裁近10年，她也选择了辞职去吧台后工作。"当时我已39岁，很多人都觉得这个改行的决定有点傻……但我终于可以全情投入去做我喜欢的事了，"她说，"我倾听并理解他人的诉说，这会让他们的心情变好。过去我的生活是现在我的很多客人仍然在过的生活，这拉近了我和他们之间的距离。这正是我爱这份工作的理由。"

我最喜欢的改行故事之一是扎克·道伊（Zac Doy）的。他目前在加拿大多伦多经营一家酒吧，此前他是一名优秀的"专攻证券交易的银行家"，坐拥豪宅豪车等成功人士应该拥有的一切。但他并不快乐，他的客户也不快乐。即使他帮他们赚钱了，他们似乎从来没满意过。直到有个晚上，一个朋友让他去吧台后面帮忙。进吧台一小时左右，他为一位女士做了一杯鸡尾酒。她喝了一口，表示这杯酒很棒。"我感觉十分欣慰，两个月之后辞了职，决心做一名全职调酒师。这是7年之前的事了，而我从来没有后悔过。"我觉得有些人是幸运的，因为他们能听从自己的直觉，而扎克正是这么做的。

为了追求吧台后的事业而放弃自己的职场身份并非美国的特有现

象。荷兰人法亚拉·古德（Fjalar Goud）的第一份工作是在德国保时捷公司担任汽车设计师和引擎开发员，他在20年前放下了手中的工具，转而进入酒吧行业。如今他在阿姆斯特丹拥有一家酒吧培训学院，“旨在传播对餐饮行业和调酒的热爱”。法亚拉在酒吧行业的工作包括设计鸡尾酒工作台，他的技术背景在新职业中派上了用场，再加上他在保时捷以目标为导向的工作经验，让他在创业时受益匪浅。

科学家也参与到鸡尾酒革命中来了，从科学家转型为调酒师兼创业者的达西·奥尼尔（Darcy O’Neal）就是一个典型。攻读化学专业4年后，奥尼尔加入了加拿大埃索公司（Esso company），专门研究汽车润滑油。他在这家公司一干就是7年，后来又去了安大略省伦敦市，从事分子病理学和组织学工作。但“酒吧女妖”对达西发出了召唤，而达西听到了她的声音。“结果一切都很顺利，”他说，“我既可以跟对历史和鸡尾酒同样好奇的人互动，又可以时不时地运用我的科学技能。实验室里的所有实验都要求细节精准，而这也延伸到了我的调酒工作中。我从客人那里得到的最佳称赞，是我调制鸡尾酒的水准能始终保持稳定。”

日常生活的尘埃

巴勃罗·毕加索（Pablo Picasso）说过：“艺术的目的是拂去日常生活给心灵蒙上的尘埃。”如果的确如此，那么某些21世纪调酒师在杯中创造的液体艺术无疑让我们的心灵得到了洗涤。

让我们来认识一下纽约艺术家厄多拉斯·比尼科斯（Ektoras Binikos）。他是纽约哈勒姆鸡尾酒廊糖修士（Sugar Monk）的老板之一，也是“艺术遇上酒吧”这一现象的完美范例。根据厄多拉斯的艺术网站（ektorasbinikosstudio.com）的介绍，他是一位拥有电影导演学位的艺术家，擅长“多种媒介，包括油画、素描、装置、视频、摄影和数字艺术”。不过，在他的调酒网站（ebinikosmixology.com）上，厄多拉斯说他认为调酒相当于炼金术。“它是一种微妙的化学，让调酒师能够将基酒转换成高贵的琼浆。”他如此描述道。

在我看来，像这样的杰出大脑对我们这行起到了非常深远的影响。厄多拉斯创作过许多奇特又出色的鸡尾酒，让我们来了解一下其中一款背后的故事。

玛丽娜·阿布拉莫维奇鸡尾酒

玛丽娜·阿布拉莫维奇（Marina Abramović）是一位行为艺术家。她会在舞台上自残，做出种种极端行为，比如躺在“吞噬氧气的火焰之幕”上，差点窒息死亡。2006 年玛丽娜 60 岁生日来临之际，位于曼哈顿的古根海姆博物馆（Guggenheim Museum）邀请厄多拉斯为她的生日派对创作一款鸡尾酒。下面是厄多拉斯提交给博物馆审批的配方。

1½ 盎司米勒金酒（Miller’s Gin）
½ 盎司蒙特内罗配制酒（Amaro Montenegro）
½ 盎司葛缕子利口酒（Kümmel Liqueur）
½ 盎司红色酸葡萄汁
½ 盎司血橙汁（最好是西西里血橙）
½ 盎司柚子汁（冰冻的，不带咸味）
苦精（2 小滴雷根香橙苦精和 2 小滴安高天娜苦精）
2 个金桔
¼ 盎司陈酿 60 年的意大利黑醋（Balsamic Vinegar）
玛丽娜的血（消毒脱水），以粉末形式微量使用 *

* 亦可用玛丽娜的眼泪

用血或者眼泪来调酒？我希望厄多拉斯真的这么做了，遗憾的是，古根海姆的工作人员坚持把这种原料换掉，所以最后用了红辣椒，而不是血或眼泪。但厄多拉斯保证：“玛丽娜把辣椒粉放在她的枕头下睡了七天，好让它吸收她散发的能量。”

早在20世纪70年代，我就跟演员、作家、画家、诗人和其他许多有艺术天赋的人一起工作了，那么我为什么会说厄多拉斯这样的艺术家才是近年来鸡尾酒革命所体现的多元性的主要推动力呢？厄多拉斯以及其他和他一样的调酒师用他们的才华去创造新型鸡尾酒。他在吧台后的工作只是他展示精彩自我的一部分。过去的艺术家调酒师似乎只是为了付房租才一杯接一杯地做“螺丝起子”（Screwdriver）。

最重要的是，我相信，调酒师这个职业对创新的态度已经变得十分开放，从而推动了手工鸡尾酒革命的发展。这正是我们能够达到今天的高度的原因。

你无法从这里到达那里

千万别对调酒师说这句话。如果调酒师想去哪里，他一定会抵达，不管用哪种方式。不过，问题在于我们热爱的这一行正在去往何方？5年之后，我们喝的鸡尾酒会是怎样的？这个问题只有一个答案：我毫无头绪，其他人也一样。但是，如果我们睁大双眼，则可能会瞥见未来这头独角兽从眼前掠过。

当我在2017年8月坐下来思考这个问题的时候，我无意中读到了BillyPenn.com[①]网站上的一篇文章。该文章的标题十分醒目——“这位费城调酒师发明了新的调酒方式”。噢，真的吗？这会很有趣。我想的没错。

斐波那契数列最早出现在公元前几百年的梵文文献中。它是一个颇为简单的数字序列。数列中的每个数字都是前两个数字相加之和。如果我们从数字1开始，那么数列就是这样的：1，1，2，3，5，8，13，21…以此类推。这一数列在向日葵种子和菠萝鳞片的排列中都能观察到（别问我具体是怎样排列的），而且被用于各种高深莫测

① 美国费城的一个新闻网站。——译者注

的——至少对我而言——数学公式中。费城融合美式餐厅“星期五六日”（Friday, Saturday, Sunday）的首席调酒师保罗·麦克唐纳（Paul MacDonald）则将斐波那契数列运用于调酒中。

麦克唐纳的斐波那契鸡尾酒使用了5种原料，比例则遵循斐波那契数列中的前5个数字：1，1，2，3，5。因此，前两种原料的用量是1份，第三种原料的用量是2份，第四种原料的用量是3份，最后一种原料的用量是5份。哎，解释起来真不容易。

我给麦克唐纳发去了询问信息。“关于斐波那契鸡尾酒的平衡理论还不成熟，”他告诉我，“但我找到了几种不同的方式去组合原料以达到平衡。我按照这个配方做的几款鸡尾酒都采用了从下到上的结构，酒的主体部分由加强型葡萄酒构成。”

作为示例，麦克唐纳把他的“火险鸡尾酒”（Fire Insurance Cocktail）的配方发给了我。

火险鸡尾酒

1/4 盎司乌雷叔侄高度朗姆酒（Wray and Nephew Overproof Rum）

1/4 盎司唐西乔托尼科阿玛罗菲洛－吉纳（Don Ciccio Amaro Tonico Ferro–Kina）

1/2 盎司红葡萄酒

3/4 盎司伦敦干金酒（London Dry Gin）

1 1/4 盎司好奇美国佬味美思（Cocchi Americano）

将所有原料搅匀，倒入碟形杯，加一片橙皮卷。

麦克唐纳解释说：“最初灵感来自我想创作的一款酒，原料是5款不同的加强型葡萄酒——光阴似箭金色飞机吉纳餐前酒、珍稀葡萄酒公司纽约马姆齐马德拉酒、刺棘蓟阿玛罗、潘脱米和好奇都灵。我发现这些葡萄酒的风味足够丰富，理论上可以找到一种组合方式，让它们的风味都得以突显。经过大量试验和调整，最后确定下来的组合正好跟斐波那契数列一致。这显然引起了我的兴趣，于是我开始尝试其他组合，看看它们是否适用这个规则。”

持续关注保罗·麦克唐纳吧，他是未来鸡尾酒世界的一颗新星。

所以，朋友们，我在结束这一章时满怀欣慰，因为我知道调酒这一行的未来由许多人的双手守护着：学者的双手、科学家的双手、艺术家的双手、手工艺人的双手，还有调酒师的双手。

调酒师：你有必备的职业素养吗

普通调酒师——且不去管职业道德家对他们的中伤——是充满自尊和自制力的人，是精通一门困难的艺术且深知这一点的人，是拒绝沾惹流氓习气和不卫生习惯的人。简言之，他们是绅士……调酒师是最有尊严、最守法和最清心寡欲的人群之一。他们严格遵守职业道德；他们的工作需要清醒的头脑和稳健的双手；他们必须善于展开流畅的对话；他们不能喝醉或不讲卫生。哪怕是轻微的一点失误，都会很快将他们放逐到小报记者队伍、采蚝船或其他颓丧之人的"西伯利亚"。

——门肯巴尔的摩《太阳晚报》（*Evening Sun*），1911年5月11日

尽管知道如何调制各种优质酒饮是职业调酒师的必备技能，但如果你真的想掌管一方吧台，那么其他素质也是必需的：如何跟客人打交道、如何跟服务生打交道、如何跟老板打交道，以及最重要的——如何在保持专业性的同时让客人感到开心自在，在必要的情况下还要通过互动让他们心情愉悦。

我干过酒吧和餐厅里的几乎所有工作。我管理过一些不错的店，疏通过马桶，做过厨师，洗过盘子，搬过生啤桶，在某些不得已的情况下，食客们不得不忍受我蹩脚的外场服务。不知道为什么，我永远都无法掌握在餐桌边服务客人的诀窍。最重要的是，我调过酒。我爱调酒，我爱2英尺长的及腰红木吧台带来的权威感，我爱掌控全场，

我爱照顾客人的情绪。

并非所有人都适合做调酒师。我在 20 世纪 70 年代早期跟一个家伙共事过。作为服务生，他赚钱非常容易——他是外场最受欢迎的人，但他的愿望是成为一名调酒师。当他终于有机会进入吧台工作时，事情变得一团糟。他的境遇发生了微妙的变化，而唯一的原因是他的职位改变了。当客人发生争执而他不得不进行干预时，我看到他只会借用我在类似情况下说的话。但客人并不会听这位“无所不能”的调酒师的话，双方的冲突比他干预前更加激烈了。成为调酒师后，他的态度中带上了一点狂妄自大，没人喜欢这种自大。如果你是刚入行的新手，你很快就会发现自己是否适合这份工作。如果不是，不要气馁，这并不意味着你一事无成——你可能是世界上最好的服务生。如果你是天生的调酒师，就为此自豪吧，它是一个被人尊重的职业。而能够通过自己热爱的工作谋生是一种幸运——这是世界上每一个头脑健全的人的梦想。

1973 年，当我开始在纽约调酒时，纽约的女调酒师非常少。酒吧老板声称不雇佣女性是有理由的，因为酒吧需要男性搬一箱箱的啤酒，拖装满了冰的垃圾桶和对付不守规矩的客人。但是时代不同了，感谢上帝，虽然曼哈顿的男调酒师还是比女调酒师多，可我们无疑在这方面看到了很大的进步。当然，今天的女调酒师也要搬一箱箱的啤酒，拖装满了冰的垃圾桶和对付不守规矩的客人，而且做得跟男调酒师一样好——只要她们适合干这一行。男性也是一样——如果他们不热爱调酒，他们就无法胜任这份工作。这一行有个经验之谈：无论是男性还是女性，一名好的调酒师能够在任何时间、任何酒吧成功应对任何情况。

关于老板

由于工作场所存在差异，每家酒吧都有自己的规章制度，你可能没有办法采纳本书中的一些建议。尽管我强烈支持某些短期内让酒吧老板亏钱的行为（但长期来看能够为他们积累一笔财富），比如为不满意的客人退款，但酒吧老板可能跟我的意见相左。不要为了听从我的意见而冒被解雇的风险。不过，你可以请你的老板读一下这本书的相关章节并仔细思考，从而引起他的关注。简言之，要在你现任老板允许的前提下采纳书中的建议。如果他不同意我在应对客人和其他情况方面的建议，请记住：给你发工资的人是他，不是我。

职场性骚扰

我想谈一谈当下最值得关注的问题之一：工作场所内的性骚扰。对餐饮业来说，这一问题并不陌生，但我认为目前的大环境给了我们一个很好的机会，去为改变整体社会风气做出重要贡献。如果我们都下定决心努力制止工作场所内的性骚扰，那么我认为我们——和其他所有行业的从业人员一起——就能够杜绝这一现象的发生。至少我们可以试着这么做。

女性和男性需要一起努力才能正视这个问题，并让它成为过去式。保持坚定，做出自己的一份贡献。如果你目睹了不恰当的行为，叫上你的同事一起阻止它。在此，我想向所有人倡议：

- 如果你看到了，请说出来。
- 如果你听到了，请说出来。
- 如果你觉得你受到了骚扰，请大声喊出来。

别犹豫，一定要把任何性骚扰行为暴露于能够使之获得关注的群体面前。如果那意味着要咨询律师，那就去咨询律师。如果我们团结起来，我相信我们可以改变社会，让世界变得更美好。

行动起来吧！

基本原则和指南

我父亲是一位出色的店主，一生中成功经营过3家酒馆。我从他那里学到想要成为好的酒馆主人，必须“跟市政厅时钟一样有很多面”——它所需的素质跟调酒师非常相似。他的意思不是说你不应该保持自我，也不是说在必要时不能说出自己的真实想法，而是指你需要以某种特殊方式去处理情况，以便有个皆大欢喜的结局。这种本领是别人教不了你的。

不管你是职业调酒师还是仅仅在家里为客人调酒，身份并不重要，你的责任是一样的。你要充当酒馆老板的角色。你的职责是让一切都运转顺畅——不仅仅通过调酒，还要通过调节周围的气氛，而这并不总是容易做到。尽管这一章的大部分内容是针对职业调酒师的，但业余调酒爱好者也可以通过学习专业知识有所收获。

你必须仪表整洁、衣着得体，得体的含义取决于你工作的酒吧。大多数经理或老板要么会给你提供一套制服，要么会告诉你应该穿什么，比如黑裤子或黑裙子、白衬衫配黑领结。在某些店里，你可能要穿T恤和牛仔裤。你只需按规定着装，上班时保证衣服、双手和头发都是干净的即可。如果你需要穿围裙——我觉得那看上去很棒——万一有东西洒在上面时一定要及时更换。

大多数客人都是用尊敬的眼光来看待调酒师的，因此，调酒师必须证明自己配得上这个职位，而要做到这一点需要顶尖的人际关系技巧。人际关系技巧并非只涉及对语言的运用，态度的作用也很重要。

你必须从吧台后掌控全场，你还必须是一个仁慈的掌控者，将客人的福祉真正放在心上。如果出于某种情况不得不让一位客人离开酒吧，你必须在完成这项任务时尽量将客人难堪的程度降至最低。发火或任何傲慢的态度都是无用的，尽管有时在面对十分无礼的客人时必须进行斥责。大部分情况下，最好的办法是把那位客人带到一边，解释你为什么要让他离开，并且向他保证他可以改天再来，但前提是他不会再做出同样的行为。你也可以选择跟他的朋友谈谈——挑那个看上去说话最有分量的人，或者是那个最讲道理的。把他带到一边说明情况，然后问他该怎么处理这种情况。大多数人都喜欢充当参谋的角色，而且他们通常会带着自己的朋友离开，从而为你解决难题。

有一句话帮了我无数次："我需要你的帮助。"下次你试图说服某人做某事时，不妨试试用这句话。寻求帮助似乎能够让人们放下戒心，而当你开口让别人帮忙时，大多数人都会乐意帮忙。

撇开棘手的情况不谈，客人从调酒师那里期待得到什么呢？这取决于你工作的酒吧类型，但有些东西是共通的。人们去酒吧通常是为了享受一段开心时光。有时人们约在酒吧谈公事或者跟朋友聊天，在这样的情况下最好不要去打扰他们，除了在必须跟他们交流才能提供优质服务的时候。

不过，在大多数情况下调酒师都有责任去摸清客人的需求，看看他们是想认识其他人、跟调酒师谈天说地、自己一个人若有所思地待着，还是读书或读报纸。调酒师最好熟悉时事和体育，如果有其他特长——这一点并不是必需的——比如擅长讲笑话或变戏法，也可以为客人提供消遣。

在过去，政治和宗教一般是调酒师避免谈论的两个话题，但我并不认为在当下应该完全被禁止，只要调酒师不会公然冒犯客人就好。如果你对某个话题一无所知——就像我对体育这个话题一样——你可以想办法去调侃这个事实。20 世纪 70 年代我做调酒师的时候，正好每次排班都碰上酒吧内的电视播放《周一橄榄球之夜》（*Monday Night Football Game*）。于是，我会让同事告诉我一两句适用于比赛的评论。然后，每当我说出一句似乎非常专业的评论时——比如布拉德肖（Bradshaw）的一个手肘不灵便，居然扔出了这么好的球，是不是？——酒吧的常客都会惊讶地抬起头，然后哄堂大笑。他们知道我根本不懂我在说什么。

同样，我过去是一个动作很快的调酒师，主要因为我条理清晰且知道所有物料的位置，我还训练了自己的左手，让它在右手忙碌的时候能够独立完成一些工作。但我从来不擅长在吧台后做花哨的动作，也从来不敢尝试甩瓶子甚至是用吧勺接住扔在空中的冰块——其他许多调酒师很容易就能做到。为了弥补手眼协调上的不足，我会把冰块扔向空中，然后走开，并不去尝试接住它。这么做效果不错。

你在调酒时会不可避免地无意中听见客人的对话，而这能有效地帮助你找到让某些客人开心的方法。当然，如果他们谈论的是私人话题，你最好别去打扰。如果两位客人正好在聊他们看过的某一部电影，而你正好也看过，那么你可以加入对话，告诉他们你对这部电影的评价或者聊一聊电影里你感兴趣的某位演员。但你需要知道加入对话的恰当时机和什么时候该抽离出来。

忙碌的时候，你必须按照轻重缓急给工作排序：服务生在催你做酒，电话在响，酒吧的新客刚刚进门，而几位常客想点下一轮酒。你该先做什么？这一情况下的黄金准则是，确保所有人都知道，你已经觉察到他们需要你的关注了。告诉客人和服务生你“马上就来”，接起电话（既然电话铃声不会停下来）并且尽量简短地回答——“画家艺廊酒吧，请稍等”——然后根据点单顺序为客人呈上酒饮。如果常客够宽容，那么他们有时会耐心等着你先为新客服务，因为新客人可能因为等得不耐烦而改去其他酒吧。另外，尽管酒吧可能并不要求服务生把一部分小费分给你，但尽快满足他们的要求是你的职责所在——他们也需要赚钱谋生，而你必须努力让收银机里的现金越多越好，从而令老板满意。

不过，刚才的场景只是理论上的。现实中每天的情况都不一样，而一名好的调酒师必须能够对不同的情况做出判断，再采取相应的行动。比如，坐在吧台边的常客已经喝得够多了，而你可能会假装没注意到他们的酒杯空了，希望他们会尽快回家，这样你就无须向他们下逐客令了。一名好的调酒师应该能够得体地应对所有情况。

为了能够快速出酒，吧台后的每一个瓶子和每一样工具都必须放在事先确定好的位置。这样你在做每一杯酒时才知道手该伸向哪里。通常情况下，酒吧的整个调酒师团队会对物料的位置达成共识，但有些调酒师有着特殊的个人习惯，所以你在接管吧台的时候可能会发现某样工具不在你习惯摆放的位置上。为了避免这一情况，你要先彻底检查一遍吧台，再让前一个班次的调酒师离开。

如果你是当天第一个上班的调酒师，一定要在开工时留出宽裕的时间给吧台备货（如有需要），并且冷藏瓶装啤酒、现切装饰，确保开门之前一切井井有条。在日间工作的调酒师通常会购买各种报纸，供客人翻阅。这一做法对我来说效果很好，所以我强烈建议你也这么做。

工作时，你永远都不应该花太多时间跟任何一名服务生聊天。如果你这么做了，那说明你们两个人都不称职。然而，跟服务生维持友好关系也是非常重要的。他们需要你为他们做酒，而你需要他们为你的客人端上食物以及为你拿各种物品，比如，当你突然发现水果不够用了，他们可以从厨房给你拿新的水果。

除了跟服务生搞好关系，你还应该跟老板、经理、主厨、厨房员工、洗碗工、搬运工和其他所有在你身边工作的人愉快相处。这并不意味着你需要跟这些人成为好朋友，但跟他们维持友好关系是必要的。要想把吧台照顾好，你必须具有团队合作精神。

如果你是一名职业调酒师，你十之八九要跟现金打交道。出于这一考虑，你应该记住永远不要让经理或老板之外的人进入吧台。你负责收银，如果你下班时现金少了，你可能需要补足（这在某些州是违法的，但是如果账目一直对不上，那这份工作你很可能也干不了多久了）。工作条理分明的优秀调酒师一般会把收银机里的所有纸币都朝一面放，他们还会主动看管客人留在吧台上的现金。在我看来，如果有人钱被偷了，调酒师应该用他小费杯里的钱来补偿。

保持在吧台里来回走动，这主要是为了确保吧台清洁整齐，且没有现金留在上面，这还能确保每一位客人都有机会跟你交流，这是非常重要的。调酒师必须时刻留意客人的酒杯，当酒杯的酒变少的时候问他们是不是需要再来一杯。调酒师还必须耳听八方，确保人们的谈话是友好的，而且没有客人在骚扰别的客人。要记住，尽管那位坐在吧台一头的女士的酒杯里还有一多半酒，而且她看起来完全不需要你的服务，但实际上她可能想看一下酒单或者问你洗手间在哪里，所以你需要尽可能多走近她几次，当然，也包括吧台边的每一位客人。

小心谨慎是优秀调酒师必备的另一个特质。客人往往会把连自己最好的朋友都不想分享的秘密告诉调酒师，而调酒师务必严格保守这些秘密。神父和医生受法律保护，可以拒绝有关部门关于提供教区居民和病人信息的要求，而调酒师也应该受到类似的法律保护。如果有人打电话找坐在吧台或桌台的某位客人，调酒师应该让他稍等一下，告诉他自己要先去看看这位客人是不是在酒吧里，再去问一下客人是否愿意接听电话。此外，如果一位客人告诉你某个晚上他没有来过酒吧，他是对的——他没有来过（当然，除非执法部门牵涉进来）。

在某些州，酒吧提供返利优惠是合法的，许多酒吧都会这么做。比如，调酒师每卖出 3 杯酒就可以提供 1 杯免费的酒。调酒师千万不能滥用这个特权送出太多免费的酒，尤其是送给那些给小费很大方的客人。这是很多人都会犯的错误，因为这会让某些客人相信他们已经“收买”了你，而这在以后会给你带来麻烦。话说回来，你在送客人酒时应该明确告知他们这杯酒是免费的，因为这么做通常会让你当晚的小费杯里多出一两美元。

如果有人想送杯酒给坐在吧台或桌台的某位客人，你应该征询一下后者的意见，看看他是否想接受，除非你对双方非常熟悉。有的人并不想对请客的人有所亏欠。他们可能不想被迫还这个人情，或者请客的人意有所图，用这杯酒来向自己看中的对象发出邀请。

避免客人被不感兴趣的人搭讪是调酒师的责任，而你只能通过观察身体语言或倾听谈话来做到这一点。如果那个强行搭讪的客人去了洗手间、点唱机旁或其他任何听不到你声音的地方，利用这个机会问一下他搭讪的对象是否需要你插手。否则，你将不得不把那位讨人厌的客人从吧台叫到一个可以私下谈话的地方，去解决这个问题。适合所有情形的准则基本上不存在。我在这里能给出的唯一建议是你不应该在其他客人面前接触那位强行搭讪的客人，而且你最好先告诉一位同事你准备要做的事，以防发生争端时你需要人帮忙。

同时还要记住，你代表了酒吧的管理层和老板，所以你应该准备好去执行他们设立的任何规定。如果他们不想为衣衫不整的人服务，那么你显然不应该向衣衫不整的人提供服务。你需要去感知管理层希望打造一家怎样的酒吧，并竭尽所能去实现它。比如，如果你是在一家邻家酒吧调酒，你可能要用一种轻松随意的方式去迎接客人，比如直接称呼他们的名字。然而，如果是在高级餐厅，当一位客人走近吧台时，你可能必须说“晚上好，先生”或“晚上好，女士”。

很多人被调酒师这份工作吸引的原因，是每天都可以近距离接触酒。不要掉进这个陷阱。尽管不喝酒的调酒师是最理想的，但我相信告诉调酒师在工作时要滴酒不沾是一种徒劳。根据经验，在 8 小时长的轮班中，饮酒绝对不应该超过 2 杯，前提是管理层允许工作时饮酒。我不支持完全禁止调酒师在吧台后饮酒，因为只要调酒师想喝，总能找到机会。如果他必须等到经理看不见的时候才喝，那么他很可能会迅速干掉一个特其拉一口饮。被允许工作时小酌的调酒师倾向于慢慢喝掉一杯啤酒。

简言之，一名好的调酒师应该是自己轮船的掌舵手、营造气氛的大师、交际高手。北极的夏日有多长，他就有多诚实。他应该和档案管理员一样富有条理，和冬至一样准时，和资深图书管理员一样爱整洁。无论面对何种情况，他都能做到亲切友善，令人如沐春风，他做决定的速度应该和证券交易所大厅的经纪人一样快。他是谨慎的代名词，孤独者的朋友（哪怕是在工作时段），以及能够给出合理建议的咨询师。理想情况下，他还需要会一点读心术。永远不要忘记：调酒师的举止很可能比他的调酒技巧重要得多。

---

3 个聪明的调酒师

调酒师需要拥有许多特质，其中有些很难，甚至不可能用语言概括，只能通过一些人如何在吧台后应对不同情况的故事来说明。下面我就要讲述 3 个这样的故事，希望它们能够说明一些让好的调酒师变成杰出调酒师的个人特质。

案例研究 1

让我们先来看看无可置疑的鸡尾酒大师——戴尔·德格罗夫的故事。20 世纪 90 年代当他掌管纽约彩虹屋时，我见过许多次他在吧台后工作的样子。

身处彩虹屋漫步酒吧的戴尔犹如一首移动的诗歌。他的身体是流畅的，他的技法是经典的，他的举止与周围的环境完美契合。当他站在吧台后（身边通常有其他调酒师辅助），所有人的视线总是被他吸引。当然，他的鸡尾酒也总是完美的。

现在让我们把镜头切换到 2002 年 2 月 22 日在比梅尔曼酒吧（Bemelman's Bar）工作的戴尔。酒吧里挤满了人。这是酒吧重新装修后举办的一系列开业派对之一。戴尔是酒吧的顾问，他推荐了“酒饮女神”奥德丽·桑德斯出任酒水总监。当晚奥德丽负责外场，戴尔负责调酒，而跟他一起工作的老员工并不习惯酒吧这么忙。我在离吧台几码[1]的地方观察着戴尔。

戴尔一直低头忙着调酒。他不和任何人做目光接触，直到他准备好为下一位客人服务。他的速度很快，好家伙，他真的太快了。他并不是在自己工作了多年的吧台，所以他的手并不会自动伸向他需要的下一种原料。当他把酒做好呈给客人时，最关键的那一刻来了。戴尔看着客人的眼睛，短短的几秒钟仿佛变成了从容不迫的永恒瞬间。鸡尾酒是完美的，而当他加上锦上添花的最后一步时——通常是他标志性的燃烧橙皮——客人已经完全被他征服。然后，他会去招呼下一位排队的客人。我以前从没见过戴尔在如此大的压力下工作。他是一位完美、老练的大师级调酒师。无论是在他有空闲跟客人轻松聊上几句

① 1 码≈0.9144 米。——译者注

的时候，还是在酒吧挤满了人的时候，他都游刃有余。

案例研究 2

2002 年初，我来到了曼哈顿 14 街一家名叫“乡下白痴”（Village Idiot）的酒吧，准备在这里消磨掉跟某人见面前的 45 分钟。我之前听说过这家酒吧，所以想来一探究竟。

吧台后站着一位迷人的金发女郎，看上去 25 岁左右，穿着低腰牛仔裤和紧身背心。点唱机大声播放着乡村音乐和西部音乐，所以我不得不冲她大喊，说我要一杯“加苦精的”曼哈顿。我总是这么点单，因为 21 世纪的调酒师基本上都不知道曼哈顿应该加苦精。

调酒师开始倒波本威士忌，中途停下来对我说：“我们没有苦精。”“好吧，”我说，“不加苦精也行。”然后她告诉我，她知道不加苦精的曼哈顿不是那么好喝——这说明她对鸡尾酒还是有所了解的。但是，当她把剩下的波本威士忌倒入调酒杯后，她告诉我酒吧也“没有味美思”。我说那我就要波本威士忌加冰，她表示其实那就是我一开始想喝的。

两分钟之后，我身边的两位男客人点了一口饮，于是调酒师开始加冰制作，并且在吧台上放了 3 个一口饮杯——她决定加入他们。然后，属于她的高光时刻到来了：滤酒时她没有用过滤器，而是让酒流过她的手指进入杯中。接着她跟客人碰了个杯，把酒一饮而尽。

这位调酒师的专业程度不输其他任何我见过的在吧台后工作的人。“乡下白痴”的精髓就在这里。她是这家酒吧的完美代言人。

案例研究 3

我是在 20 世纪 90 年代早期认识诺曼·布科夫策尔的，他在位于纽约中央公园南的丽思卡尔顿酒店担任调酒师。打动我的不只是他的调酒技巧，还有他的热情好客和他管理酒吧的能力——就好像他在指挥一支交响乐团一样。我对诺曼只有一处不满，那就是他坚持称呼我为“里根先生”。不管是谁，这么做都是不对的。

我恳求诺曼直呼我的名字，他总是满口答应：“好的，里根先生，下次我会记住的。”每次这么说的时候，他的脸上还带着调皮的笑容。后来，诺曼解释说大家都知道他能够记住所有客人的名字，但是如果他不得不记住每个人的姓和名，工作量就会翻番，所以我让步了。

如果我没有在6个月后介绍罗伊·菲纳莫雷（Roy Finamore，他是本书第一版的编辑）给诺曼认识，一切本该相安无事。跟其他数以千计的人一样,罗伊也被诺曼的风趣和调酒技巧迷住了。几个月后，听说诺曼开始在酒吧里用“罗伊”来称呼他，我不由得勃然大怒。于是，我特意去了一趟诺曼的酒吧。

“我听说罗伊·菲纳莫雷现在是这儿的常客。”

“没错，里根先生，他每个星期都会来三四次。”

“那么你怎么称呼他，诺曼？”

“我叫他罗伊。”

“为什么呢，诺曼？”

他把身体从吧台后探出来，直到我们的鼻子快挨在一起了。

“只是为了气你。”

诺曼花了几个月的时间才设好这个局。在我看来，正在跟我对视的是曼哈顿最棒的调酒师。

一些经验之谈

调酒师必须学会的准则只有一条：没有什么是一成不变的。每个情境都不一样，不同的客人需要用不同的方法对待，而好的调酒师应该对所有情境做出准确的评估并恰当地应对。在下面这些情境中，我会针对如何处理某些特殊情况给出一些建议，但这些建议不是每次都有用，因为实际情况是千变万化的。我只能告诉你一些以我亲身经历证明实用的诀窍。

早到酒吧总是有好处的

如果你不可避免地要迟到了，一定要尽快通知经理。如果你打电话解释了迟到的理由并告知预计到达时间，经理知道该怎么应对。相反，如果你不联系经理，他可能会打电话让其他调酒师来顶班，而你会丢掉这份工作。沟通是所有与调酒相关的事务的关键。在规定上班的时间前到酒吧有很多好处。

我属于“有备而来”的那一类调酒师。如果我的排班是在白天，我会在酒吧开门前至少 15 分钟把吧台整理好，这让我有时间坐下来喝杯咖啡，在开始忙碌的工作之前放松一会儿。如果是晚上调酒，我会在进入吧台之前先“感受”一下当晚的人群。提前做好准备大有裨益。

我在 20 世纪 70 年代认识的一位调酒师有个很好的习惯：他会在每天晚上轮班前半小时到达酒吧。他会清点一下现金，确保负责白班的调酒师整理好了吧台，然后他会加入几位客人当中，请他们喝一杯，再去吧台后工作。结果证明这是一个了不起的策略。他通常只请酒吧里给小费最大方的客人喝酒，客人在接受了他的款待之后会心甘情愿地多待一会儿。他们会觉得自己很特别，因为调酒师在工作时段之外也想和他们打交道。就这样，他的粉丝群日益壮大。

如果你觉得客人喝多了，你很有可能是对的

噢，关于这个问题，我刚开始调酒的时候不知道错了多少次。当然，那是在20世纪70年代——人们对过度饮酒的态度还没有那么严苛，而且我是在曼哈顿，大部分人并不会开车去酒吧。不过，在如今这个开明的时代，你绝对不能卖酒给酩酊大醉的客人。事实上，卖酒给微

醺的人也可能出问题——小心谨慎总是没错的。

客人永远是对的——第一次的时候

这条建议意味着有时你不得不放下自己的自尊，但笑到最后的总是你。想象一下这个场景：有个家伙投诉说，他的汉堡肉烤过头了，他点的是三分熟。你看了一眼汉堡，发现肉的内部是明亮的粉红色，完全没有烤过头的痕迹。这个家伙是错的，但你真的想挑起一场争论吗？毕竟，这只是一个汉堡。你应该这么做：告诉客人你会为他重新点一个汉堡，并且说明你点的汉堡是一分熟的。向他说明厨师做的三分熟汉堡一直是他看到的样子，所以，如果下次他还在你的酒吧里点三分熟汉堡，他应该清楚了解这一点。如果客人是第一次这么做，那绝对不要说他错了；相反，你可以怪厨师、怪老板，在万不得已的情况下还可以怪猫，但永远不要跟客人争论。

如果这个家伙在一周之后再耍同样的花招，那么是时候采取行动了。你有两种选择，你应该根据这位客人对酒吧造成的损害来做出决定。如果他大声抱怨，告诉他身边的每个人这里的厨师糟透了或者调酒师很差劲，那么你必须立刻让他离开。要像童子军那样：时刻准备着。从收银机或你的小费杯里拿出现金，准备好把他买汉堡和最后一杯酒的钱还给他。现在，试着让他离开吧台边的高脚凳，到出酒区去，或者从吧台后走出来，告诉他你想私下和他说几句话。这么做的时候有一点很重要：确保这位客人没有在其他人面前丢脸，否则他会为了挽回面子而觉得有必要大闹一场。向他解释这家酒吧显然不适合他（而非他不适合这家酒吧），把钱塞进他的手里并且告诉他汉堡和最后一杯酒由酒吧请客，然后请他离开。记住，你可能不是第一个在酒吧里向他下逐客令的人，所以他很可能会迅速从你面前消失。

另一个选择是等到这个人自己离开。试着把他带到其他客人听不见你们谈话的地方，把你的想法告诉他：既然他对你的酒吧不满意，那么他就不应该再光顾。如果他反驳说他想再来，你必须坚定地告诉他，你会拒绝再次为他服务。不管你采取哪种策略，一定要确保其他同事在你身边，以防这位客人闹事或使用暴力。

如何对待给小费吝啬的客人

给小费吝啬的客人真的会让人火冒三丈。你叫他们先生，叫她们女士，确保在恰当的时候送他们一杯酒，你推荐他们选的马赢了贝尔蒙特赛马会，但到了付账单的时候，他们给你的小费少得可怜。怎样才能让他们改掉这个坏毛病呢？好吧，我不建议你把饮料洒在他们最好的西装上，尽管我知道有调酒师这么干过。你应该记住，即便这些毫无责任心的人没有让你的口袋里多一个子儿，但他们仍然把辛苦赚来的钱花在了你的酒吧，而这些收入会让你的老板开心。反过来，你的老板会让你继续做这份工作，而酒吧也会继续开门营业。这是一种长远考虑，它比每 6 个月就四处寻找新工作好得多。

你应该这样对待给小费吝啬的客人：就像你对待其他任何人一样。他们也许会改变，也许不会，归根结底，收小费这件事是有得有失的。有人不给你小费，有人因为你给他倒了一杯啤酒而给你 5 美元。当一天的工作结束时，一切都是持平的。

如何处理自己不愿接受的邀请

我调酒时认识了一些跟自己很投缘的人，其中一些还成了我真正的朋友。但这种事情并不会经常发生。不幸的是，很多去酒吧的人都想做调酒师的好朋友，这可能会导致一些尴尬局面。此外，那些邀请你去他们的乡间别墅用晚餐或过周末的人通常没什么朋友，而且出现这种情况不是没有理由的。当然，你可以定一个规矩——不跟客人交际，但一定要告知老板和其他员工，因为客人肯定会问起。给一周的每一天分配一个特定的理由可能是最好的：星期六？抱歉，我请了人来家里吃饭。下周三？不行，那是我的瑜伽之夜。下下个周四？让我回家看一下日程再回复你。

真相是没有什么真正的好办法让这些人远离你。记住，锲而不舍的那些人——也就是听不懂暗示的人——可能是极其需要陪伴的孤独灵魂。善待他们，温和地拒绝他们，他们需要一点关爱。如何对待令人讨厌的客人的搭讪？时刻戴着婚戒——不管你是已婚还是单身。

不忙的时候该做些什么

擦拭酒瓶和酒杯；给老板写关于改善服务或酒水种类的备忘录，比如客人点过而酒吧没有的烈酒、啤酒或葡萄酒；清点备用库存；切鸡尾酒装饰；制作血腥玛丽混合原料；清洗烈酒瓶的酒嘴。简言之，确保你已经尽可能为吧台的下一个轮班的人做好准备（如果你不这么做，苦果还得你自己尝）。不忙的时候，你不应该做的事：读报纸或书，坐在后吧台或吧台高脚凳上（我见过有人这么干），打电话，喝酒。

如何确保新客再次光临

你应该逐一去赢得每位新客的信赖，所以每次有这种机会的时候，你都要额外付出努力。如果有人是第一次光临，你可以问问他是谁，和他交谈并了解一下他有哪些兴趣。如果你觉得他可能会跟某位常客聊得来，你还可以介绍他们认识。

如果客人问你离酒吧最近的纺织品商店在哪里，不要说你不知道，相反，问一下同事或酒吧里的其他客人。如果你有时间，可以打电话查询一下。

如果你在一家时髦酒廊工作，而客人是刚到这个街区的，你可以向他们推荐附近的其他酒吧和餐厅：最近的体育酒吧、最棒的中餐馆、最棒的比萨店。他们不会每晚都来你的酒吧，但如果你帮助他们熟悉新环境，他们一定会记得你和你为他们做的一切。如果你认识在你推荐的餐厅工作的调酒师，把这些调酒师的名字告诉客人，再加一句："跟他们说是我推荐你去的。"其他调酒师肯定会还你这个人情。

你还可以向他们推荐附近最好的干洗店、酒类专卖店、锁匠和提供其他各种服务的门店。要相信，这些新客多半会再次光临你的酒吧。

如何引导客人入座

酒吧的客人通常会自己选择想坐的位子，但是如果你有机会介绍两个兴趣或性格相近的人认识，你可以说："坐这儿吧，我想介绍一个人给你认识。"有一次某位调酒师对我说了这样的话，但其实他不是想介绍任何人给我认识，而是想确保我不会跟吧台另一头的无趣客人坐在一起。我永远忘不了他的好意。

如何应对不满的客人

只要可以，一定不要让客人心怀不满地离开。如果有人投诉说酒不够烈，往他的杯子里加一点酒，同时说明以后你只能给他标准量的烈酒。即使他可能不会再光临，他可能也不会到处说酒吧的坏话。无论情况如何，你应该尽力安抚不满的客人，而不是让他们更生气，即使这意味着你自己会丢面子。关于更多如何应对不满的客人的建议，请翻到第 88 页。

如何处理现金

没人想在找零或合计账单时被指责算错账了，但出错是难免的。在这种情况下，你必须以最谨慎的方式对待。如果有人在吧台付现金（无论是客人还是服务生），从他的手里接过钱，然后大声说出他应该付的金额和他给你的金额："应付 15 美元 50 美分，您给了我 20 美元，先生。"这样的话，你们双方都认同经手的金额，在打开收银机之前你也给了客人一个表达异议的机会。把找零递给客人时，你要清楚地说出金额："您付了 20 美元，找零 4 美元 50 美分，先生。"

骗子喜欢玩一个老花招，电影《致命赌局》（*The Grifters*）中就有这样的桥段，而我本人不止一次遇到类似情况——客人会在空中挥舞着一张 20 美元纸币，引起你的注意，但是当你把酒调好之后，他会给你一张 10 美元的纸币。因为你之前看到过的是 20 美元纸币，所以你可能会按 20 美元面额给他找零。如果你按 10 美元面额给他找零，骗子会说：“我给了你 20 美元，还记得吗？”这种情况下，你十有八九会损失 10 美元。如果你按照我上面说的建议行事，骗子就不会得逞。

还有一种骗局，骗子会走进一家生意繁忙的酒吧，直奔吧台要一份酒单。然后，他会把酒单当作盾牌，在客人忙着聊天、你忙着做酒的时候把吧台上的钱偷走。留意那些没点酒只是看酒单的人。大多数时候，他们只是想先研究一下酒单的潜在客人，但有时也可能是小偷。

当有人提出要挂单（在离开酒吧时一起买单，而不是每点一杯酒就买单）时，最好问他要一张信用卡，然后把卡放在吧台后面，等他离开时再还给他。你工作的酒吧应该对此有相应规定——可以问问经理。不过，这么做有时会带来一个问题：最后买单的时候，客人可能会对账单金额提出异议。或许他们忘了自己给吧台边的几个朋友买了酒，或许他们只是没有意识到自己喝了 4 杯玛格丽特，而不是 3 杯。无论如何，这样的情况应该酌情处理。

你可以跟他一起回溯当晚的情况，试着提及能够唤起他记忆的具体事件：“记得吗，大概半小时前比尔和简来了，然后你请他们喝了酒”或者“你刚到的时候点了一杯酒，吃汉堡的时候又点了一杯，跟艾丽丝聊天时点了第三杯，然后我刚给你上了第四杯”。如果他们还是有异议，先跟经理汇报一下或者按酒吧规定行事。不过，我认为最好还是顺着客人的意思，但下不为例。我有一次就碰到了这样的情况，而且那位客人十分生气，于是我提出为他免单，但是以后他每点一杯酒就必须立刻买单。最后他同意支付账单。我并不建议你每次都采取这个策略，虽然有时它会很有效。如果你选择妥协，让客人在关于几杯酒的争论里“获胜”，那么当你下次为他服务的时候，每次上酒前必须告知他已经喝了几杯了，“这是您点的第三杯”，以此类推。

正念调酒指南

几乎所有人都可以学会精确、快速地调酒，这是最不重要的。我一直相信吧台后的成功源自调酒师有能力去理解客人，共情客人的悲欢，让他觉得他需要的是调酒师作为一个人而非一个服务者的价值。

——莫里尔·科迪（Morrill Cody）
《就是这里了：调酒师吉米的回忆录》
（*This Must Be the Place: Memoirs of Jimmie the Barman*），1937 年

你可能经常听到人们使用“正念”（Mindfulness）这个词。它跟佛教有关，很多人都会进行正念练习。事实上，相当多的调酒师是正念大师，尽管他们自己并不知道这一点。我并不打算成为一名有资质认证的正念老师，我只是想分享自己近年来学到的一些经验，帮助世界各地的调酒师找到适合自己的练习方式——既在吧台后，也在日常生活中。

我是在创办正念工作坊时想到把正念融入调酒师工作中的 。我第一次意识到，既然调酒师经常要在近乎混乱的环境中工作，要一直跟客人、服务生、厨房员工、老板、运货员和其他许许多多的人沟通，那么任何在吧台后工作的人都会觉得它是有益的。我在许多地方给调酒师做过正念练习讲座：俄罗斯莫斯科、英国伦敦、法国巴黎和黎巴嫩贝鲁特，还有我在纽约哈得孙河谷举办的乡间鸡尾酒工作坊和美国其他城市。我在过去几年里获得的反馈都是非常正面的。我确信，地球上的每个人都能够从正念练习中获益，不管他的工作是什么，而且我相信，它对从事调酒行业的人真的非常有效。

在我看来，正念就像量身定做的套装。上衣必须有翻领，但翻领多宽由你来决定；下半身必须是长裤，但裤脚留多长是你的自由。同理，每个人都可以在追求正念的道路上做出适合自己的选择。看一看你有哪些选项，选择让你觉得最舒服的那一项。我相信，做一

点正念练习好过完全不练。正念练习并不容易做，如果你决定开始练习，那么你要知道自己可能永远都无法达到开悟的境界，但那并不重要。重要的是，不管别人对你说什么，都不要把事情看得太严重。我们要让自己开心，而如果你过于严肃，那可就开心不起来了！

就调酒而言，正念指的是在工作时去完全觉知你正在做的事情、客人的全部渴望及需求等你周围的一切事物。一名经过正念训练的调酒师既相信自己的直觉，又能保持为客人服务的初心。他首先关注的是他面前的客人在做什么、说什么，或者是他正在做的酒，同时他也知道吧台另一头乃至整个餐厅里的情况。他需要密切留意酒吧里的气氛，而且观察那些可能会影响吧台或餐厅气氛的事件、行为或人。一名经过正念训练的调酒师会关注客人的个人偏好，并且为每位客人调制相应的酒。他会把私事留在大门外，因为他知道，如果自己一直想着刚跟姐姐吵过架或者考虑明天上午的单车课之前要做哪些事情，那么他是无法充分关注客人的。

运用你的直觉

你还记得上一次你的直觉告诉你应该给客人做另一杯酒，但你还是做了他点的那杯酒吗？你后悔那么做了，对吗？你是否曾经走进一对正在吵架的夫妇的房间，尽管他们“突然改变了态度”，假装一切都没发生过，但是你仍然能感觉到空气里的紧张感？你是否曾经感应到某人的视线，而转头的时候发现真的有人在盯着你看？如果你对以上任意一个问题的回答是肯定的，那么我们可以达成一致意见——直觉肯定是存在的，尽管不可能对它进行测量。比如，如果你觉得某个人喝多了，在为他服务时就要运用你的这种感觉，拒绝再让他点酒——比起再递给他一杯酒，这么做会让你感觉好得多。如果这位客人生气了，你们可能会发生一点争执，但如果他继续喝下去，局面会变得更糟糕。

你可以不时地把目光投向吧台边的每一位客人和你视线之内桌

台边的客人，试着花时间去认真观察他们的状态。你不但会发现需要你服务的客人，还会收集到能帮助你了解酒吧和餐厅情况的线索。人的身体语言是相当容易读懂的，你要相信自己可以通过对现场的感应来避免各种问题发生。这种感应可能不像你走进一间刚刚发生过激烈争论的房间时那么强烈，但它们仍然存在，而且要捕捉它们并不是太难。

在运用直觉的同时，你还可以通过自己的观察力去跟客人共情，从而为他们提供更好的服务。有时，要做到这一点非常容易。两位正在讨论新业务经理招聘事宜的女士来酒吧是为了谈公事；而那位要给酒吧里所有人买一轮酒，为自己刚出生的孩子举杯的男士是为了庆祝。可是，其他客人呢？他们为什么会在今晚来酒吧？如果能发现他们来酒吧的动机，那你就可以用合适的方式去接待他们，为他们提供一场个性化的体验。你应该确保那两位女客人不受打扰——你自己不会跟她们闲聊，同时也会防止其他客人来跟她们搭讪。如果那位初为人父的客人给酒吧里所有人买了一轮酒后，你面带微笑地送他一杯优质干邑，同时向他贺喜，他会爱死你的。

通过去除杂念，正念练习能够帮助你更好地感知自己的直觉和同理心，从而听见内心的声音。你必须与自己建立连接，觉知你的想法，不去评判他人，并且谨慎地选择自己跟别人说话的方式。如果你想收获正念练习的全部好处，就要像对待酒吧里的客人一样去对待洗碗工，要以同样的方式去对待街上的流浪汉。将正念融入生活会让人获得一种满足。不过，即使你发现这么做很难也无须苦恼。放轻松，按照下面的建议去做，你很可能会发现自己的付出终将有所回报。

直觉是什么？它是来自内心的教育。努力学好自己的功课吧。

安静而神奇的10分钟

鸡尾酒时刻是蓝紫色的时刻，是安静而神奇的时刻。当人们的举止变得优雅、重拾活力，且森林边缘的阴影变深时，我们相信，如果看得足够仔细，我们随时可能见到独角兽。

——伯纳德·德沃托（Bernard DeVoto），《鸡尾酒时刻》（*The Hour*），1948年

1973年，我刚开始在纽约调酒时很怕客人。我只是一个来自英格兰西北部海滨度假胜地的小镇青年，而纽约人看上去气势十足。纽约人如此自信，他们的步伐比英国酒馆里的客人快很多，而我正是离开了英国，来到“大苹果城”开始新生活的。当然，一旦他们意识到我在他们面前有点自惭形秽，他们会抓住每个机会利用这一点来打趣我。

我在纽约工作的第一家酒吧是位于上东区的“德雷克之鼓”（Drake's Drum）。每天晚上我去上班的时候都很紧张，因为我要跟客人互动，掌控吧台。就这样，几个星期过去了，我觉得不能再惧怕自己的工作了。于是，我开始每天提前一小时到达酒吧。我在一张桌子边坐下，点好晚餐，并且坚持不让任何人加入。我一边安静地吃晚餐，一边让自己镇定下来，以便在走进吧台时准备好面对人群。吃完晚餐之后，我会继续坐着独自感受酒吧的氛围，并且告诉自己：我会度过一个很棒的夜晚。

实际上，我在做的正是冥想和坚定自己的目标，尽管当时我并没有意识到这一点。我只知道它起作用了。客人不再让我感到惧怕，而我也因此获得了他们的尊重。很快，我爱上了成为吧台后焦点的感觉。尽管客人仍然会打趣我（现在还是如此，我喜欢他们这么做），但他们的初衷是友好的，我也会配合他们，在合适的时候回几句嘴。

为了练习正念，不妨花一点时间——5～10分钟应该足够了——独自安静坐下来，为即将到来的夜晚定下你的目标。如果你不能在

工作的酒吧里这么做，那就在离开家之前做。你可以把冥想的时间设定为 5 分钟、10 分钟或 15 分钟，或者你也可以不设定时长，让思绪决定何时该回归现实世界。你无须采用盘莲花坐姿，舒适的坐姿会让冥想变得更容易。闭上双眼，关注你的呼吸，觉知你的身体和周边环境。感觉吸进鼻孔的空气是凉爽的，从嘴巴或鼻孔呼出的空气是温热的。心中默念："吸气，呼气。"

当你的思绪飘忽不定——这肯定会发生——你会开始烦躁："该死，今天是星期四，这意味着那个浑蛋萨姆会到酒吧来。"试着不要一直去想这件事。让这个念头在脑海中化成一团雾，直到消失。然后重复："吸气，呼气。"要知道所有人的大脑在冥想时都会开小差，重点是要把它带回当下这一刻。

在你睁开双眼后，确定你今晚去酒吧上班的目的是什么。想赚钱是没错的，而如果你把重点放在帮助他人、为在吧台前与你互动的每个人都带去一点阳光，那么这个目的自然会达成。

冥想（或静坐）并非为酒吧工作做准备的唯一方式。如果你理解不了这一概念，其他准备方式可能会适合你。当我在酒吧独自为当天第一个轮班做准备的时候，我发现，用合适的音量播放合适的歌单能够帮助我集中精力。对我而言，听音量大点的音乐也是一种冥想的方式：音乐屏蔽了我脑海中时刻不停的对话，让我能把精力集中在即将到来的忙碌夜晚上。

通过正念练习，你很快就会发现自己能够更好地应对工作中遇到的一切情况。你将以同理心去对待可能会引起麻烦的客人，你将更友好地对待你的同事，甚至你会理解老板为什么总是如此消极（他只是不太懂正念，对吗？）。冥想练习——无论采用何种方式——和定下一个正向的目标将让你受益匪浅。通过正念练习，你会在短

时间内看到工作和生活皆有所改善。

体贴入微式沟通

沟通是调酒师工作中不可或缺的一部分。当我们和其他人互动时，建立起真正的连接十分重要。要记住，沟通是一条双行道，而倾听跟表达一样重要。经历过正念训练的人会认真倾听别人对他们说的话，并且会确保对方知道自己在倾听。

当你跟客人交谈时，即使只是为了点单，你也应该在他对你说话时看着他的眼睛。即使客人看着别的地方，你也要注视他的眼睛。通常而言，当客人察觉到你的视线时，他会把头转过来看着你。当他意识到你把注意力全部放在他身上时，你和这位客人的关系在当下会变得紧密。

你还要注意跟同事沟通的方式——不仅仅是调酒师，还有老板、服务生、厨师和洗碗工。当你跟同事打招呼时，如果时间允许一定要看着他们的眼睛，问问他们今天过得怎么样，然后等待他们的回答。倾听别人的回答是正念练习的一部分。还有一点也很重要：在许多情况下，领最低时薪的人可能会觉得自己在工作场所是隐形的。他们的付出经常会被视为理所当然，几乎没有人会留意到他们。经历过正念训练的调酒师会花时间和这些人交流，而后者通常会立刻用表情表达：谢谢你注意到了我。

用心和同事打交道的调酒师通常会营造出健康的工作环境。这种用心很快会在同事中散播开来，最终建成一个彼此关怀的团队。这样的行为还会带来实际的、互惠性的好处。在调酒师手忙脚乱的时候，说不定同事会帮忙，比如服务生去拿冰，洗碗工去仓库拿柠檬，厨师去切柠檬皮卷。

关注愤怒

世界上每个人都会经历愤怒，要么是自己发怒，要么是别人冲自己发怒，要么看着别人发怒。不管你的工作内容是什么，这都是确定无疑的，而在酒吧环境中遭遇愤怒场景的概率要比不供应含酒精饮品的咖啡馆更高。从我的经历来看，愤怒可能基于恐惧。一个人对另一个人发火，原因可能是他害怕自己在某种情形下显得软弱。这种担忧可能没错，但这没什么值得害怕的。客人可能会在这个特定的场合占上风，如果你让他觉得自己赢了，场面可能会缓和下来，问题自然会得到化解。比如，假设你因为某位客人没有给你小费而生气，你的愤怒可能源自对不受尊重的恐惧，而非对身无分文的恐惧。毕竟你的小费数目在每周工作结束时很可能是持平的。此外，如果你遏制住了自己的怒气，那会怎样？你不会再感到愤怒。不愤怒的感觉很棒。

当有人故意惹我们生气时，我们不用怒火去回击会让对方不知所措。如果下次某个自大的浑蛋像对待他的男仆那样对待你，不妨把自己当作吉夫斯（Jeeves），把他当作伍斯特（Wooster）[①]，看看他会如何反应。永远不要忘记，对别人发火并不会伤他分毫，只会伤害你自己。

即使你能控制自己不发火，你肯定也会在工作中遇到愤怒的客人，而你必须学会如何应对他人的怒火。当有人不小心把酒泼在另一个人身上时，后者往往会非常生气。这样的情况可能会导致肢体冲突，但如果你了解愤怒源自恐惧——就像我之前说的那样，你会明白他之所以生气是为了让自己看上去不像傻瓜。于是，你会发现这种情况很容易应对。“对不起，两位，这样的事情每天晚上都会发生。如果我出干洗费，我们可以把这件事忘掉吗？”这样的措辞能够起到神奇的效果。另外，幽默感的效果也很神奇。我认识的一个曼哈顿

① 吉夫斯和伍斯特是小说《万能管家》中的人物，前者是后者的男仆。——译者注

调酒师会拿起一根香蕉，对准剑拔弩张的两个人，说：“不要让我用这个。”在这样滑稽的情形之下，谁能忍住不笑呢？每次你发现有人生气时，先问一下自己：“这个人在害怕什么？”一旦找到答案，就能轻松地化解类似的局面。

最后，要想远离愤怒有一个秘诀，为了掌握这一秘诀，你只要懂得这一点：正如愤怒源自恐惧，快乐源自爱。如果你在处理酒吧里的任何情况时都能看透令人不快的表面，懂得爱可以战胜一切，那么你就能找到较为圆满的解决方式。

调酒理论

鸡尾酒有一种独特的魔力，让它比其他任何酒都更高级。热爱喝鸡尾酒的人不应该和普通醉鬼混在一起。

——《生活年代》（*The Living Age*），第 155 卷，1882 年

名字代表着什么

2000 年春季，电视节目《危险边缘》（*Jeopardy!*）的一名参赛选手声称他发明了辣酱。还好，他只是开玩笑而已。这名选手是爱好烹饪的业余厨师。有一天，他用心地把几样食材搭配在了一起，包括香料、肉、豆子和其他一些他能找到的可食用原料，他认为自己发明了一道风味浓郁的炖菜。他把妻子叫进厨房，让她尝了尝自己的新发明。妻子的反应是："好吃，但这就是辣酱啊。"鸡尾酒和混合饮品的故事也是如此。

在不那么久远的过去，鸡尾酒世界诞生了许多新发明。同样的酒可能顶着不同的名号在美国不同的地区流行，而你在不同时间向不同调酒师点的同一款鸡尾酒经常会以不同的原料制作。"性感沙滩"就是一个很好的例子。尽管如今它的人气比不上 20 世纪 80 年代了，但它仍然是每一位称职的调酒师必须掌握的鸡尾酒之一。不过，他们真的掌握了吗？我曾经查过文档，想看看自己多年来收集了多少性感沙滩配方，结果找到了多达 22 个不同的版本。

在我看来，性感沙滩其实就是用伏特加、桃子利口酒、橙汁

和蔓越莓汁做成的高球。它是一款相当简单的酒，在它最流行的时候，人们点它可能是因为它的名字，而非它的品质。但在美国各地的调酒师发给我的配方中，我发现有人用西瓜利口酒、覆盆子利口酒，甚至是苏格兰威士忌来做这款酒。哪个配方才是正确的？我们不可能找到答案。

只有当一款新发明的诞生过程被完整记录下来时，我们才能确定它的原始配方是怎样的，即便如此，在2000英里[①]外可能也有一位调酒师在同一时间想到了同样的配方。它可能有一个不同的名字，但酒是一样的。“血橙鸡尾酒”（Blood Orange Cocktail）就是一个很好的例子：它是在20世纪90年代早期某款橙味伏特加上市时诞生的。一个名叫约翰·西蒙斯（John Simmons）的曼哈顿调酒师认为这款伏特加跟金巴利很搭，就用这两种原料做了一款酒。西蒙斯把自己发明的配方告诉了鲍勃·卡米隆（Bob Camillone）——当时卡米隆在进口金巴利的公司工作，他把这个配方告诉了金巴利的品牌经理莫莉·林奇（Molly Lynch），但林奇早已想出同样的配方。这并不奇怪：金巴利和橙汁是绝配，那么它当然也是橙味伏特加的天生好搭档。

怎样才能把新配方确切地记录下来呢？在我看来，其实什么也不用做。这样会有问题吗？呃，没有。我们将不得不接受这个事实：我们可能永远都无法知道许多鸡尾酒的发明者是谁或原始配方里有哪些原料。

达到平衡

所有种类的混合饮品都应易于入口。大多数鸡尾酒以烈酒为基酒，因此需要再加入酒精度较低或不含酒精的原料，降低整杯酒的烈度以让它更易入口。大多数情况下，基酒——无论是金酒、伏特加、威士忌，还是其他相对高烈度的蒸馏酒——占鸡尾酒的50%以上，

① 1英里相当于1.61千米。——译者注

而调酒师必须去抚慰它的“灵魂”才能使酒饮达到平衡。其他原料则各式各样：葡萄酒、利口酒、果汁、乳制品、软饮料，甚至还有水。

调酒在许多方面都跟烹饪很像，它并不是一门精密科学。例如，你在做蛋糕时必须按照配方精确量取原料，否则面团可能发不起来，或者太脆、太湿、太干，甚至干脆变成一个灾难。烹饪的其他方面也必须严格地遵照配方去做，比如做面糊时面粉和黄油的比例。有时你在厨房里会有自由发挥的空间。例如，如果你知道饭桌边的人喜欢超辣或味道浓郁的菜式，可以在什锦饭里加入辣椒。

调酒师跟主打酱料、汤类或炖菜的厨师很像——他们应该对配方进行各种试验。有些人喜欢喝只加 1 滴味美思的马天尼；有的人喜欢喝偏湿的马天尼，也就是味美思的用量和金酒一样。谁又能决定“锈钉”（Rusty Nail）到底该用多少杜林标呢？曾几何时，这款酒是用 1∶1 的苏格兰威士忌和杜林标来做的，但是减少后者的用量会让整杯酒优雅得多——4∶1 是一个不错的比例。你不同意？很好，我们有了一个充满希望的开始。

在本书收录的鸡尾酒和混合饮品配方中，原料用量只是指导性的。严格按照配方说明去制作，你会得到一杯平衡度极佳的酒饮。但是，如果你喜欢酒里的金酒用量多一点，你完全可以跟随自己的心意去做，但要适度。

平衡是任何鸡尾酒或混合饮品最重要的一个方面。举个例子，虽然我们可以给罗布罗伊的做法制订一套指南，但这款酒还是会根据以下条件而呈现出不同的面貌。

①**你用的是哪一款苏格兰威士忌？**不同品牌的苏格兰威士忌之间存在着巨大差异。以口感柔和的调配型威士忌和口感鲜明的艾莱岛单一麦芽威士忌（带有浓重烟熏特质和明显的碘酒味）为例：前者需要较少的甜味美思就能达到整杯酒的平衡。

②**你用的是哪一款甜味美思？**有些味美思的酒体比其他味美思轻盈得多，不同品牌的香料风味浓郁程度也可能大不相同。

③**你会在罗布罗伊里加苦精吗？**如果答案是肯定的，你会用安

高天娜、佩肖还是橙味苦精？每种苦精都会给鸡尾酒带来微妙的特质，但有些苏格兰威士忌的风味是如此复杂，以至于完全没必要使用苦精。

类似的选项适用于几乎所有你能想到的鸡尾酒。尽管遵循指南（比如本书中的配方）是必要的，但一名好的调酒师在制作任何鸡尾酒时都会考虑到所有方面。

那么，当你搜寻某款鸡尾酒的正确制作方法时，应该听谁的？就像烹饪一样，你应该先根据标准配方来做这款酒。尝一下它的味道，如果你觉得平衡度很好，可以继续采用这个配方，前提是每次都要用同样的原料。你必须主动去熟悉各种不同的烈酒，这样经过多年积累，你就能够在必要时对酒的比例做出调整，从而让每杯鸡尾酒都达到平衡。

厨师从烹饪学校毕业时具备了良好的基础知识，有能力制作许多不同的菜式，但他要经过多年历练才能凭直觉在某道料理中多放一点辣椒粉，因为这款辣椒粉是他新买的牌子，不像常用的牌子那么辣。

确保做好鸡尾酒的最佳方法，是在开始调制之前尝一下各种原料的味道。只要有可能，先在杯中倒一点基酒，再把配方中的其他液体原料分别倒入不同的杯子里。现在，用一根吸管在第一个杯子里蘸一下，然后用手指抵住吸管顶部，捏下吸管以吸起一点酒液；松开手指，让酒液滴落在舌头上。对每种混入不同原料的杯子重复同样的步骤，直到你清楚了解每个单独的元素会给鸡尾酒带来什么，然后你会惊讶地发现制作一杯平衡的鸡尾酒是多么容易。

如今，很多调酒师还会尝一下做好的酒的味道——先用吸管尝味，再把酒呈给客人。这让你有机会确保你调的酒没有问题，有必要的话还能做出相应的调整。厨师难道不先尝一下酱料的味道就把它倒在料理上吗？如果他觉得有必要，他不会再加一点盐吗？

个人口味

调酒师有责任考虑每位客人的口味。有些人喜欢偏甜的酒，有些人喜欢极酸的酒。调酒师必须养成一个习惯：先找出客人的口味偏好，再给他们做酒。如果有人点了一杯曼哈顿，调酒师可以礼貌地问一下他希望用怎样的方式来调这杯酒。如果客人不确定这句话的意思，调酒师应该向他解释酒里的每一种成分，并在此过程中给出建议。

你可以先问一下客人想用哪款威士忌来做这杯酒，再描述一下这款酒，并向客人推荐合适的味美思比例，以使鸡尾酒达到平衡。告诉客人你推荐在酒里加苦精，以增添深度和丰富性。如果客人喜欢偏甜的酒，你还可以建议加一茶匙或更多马拉斯奇诺樱桃汁，尽管经典配方里并没有这种原料。如果这是客人想要的，你就应该做给他。我的一位朋友最近就这么做了，效果极佳。他服务的客人声称她点的曼哈顿是她在酒吧里喝过的最棒的——此前只有她丈夫才能做出完全符合她口味的曼哈顿。

千万不要以为你读完这本书就能自动成为一名世界级调酒师，你只是有了很好的知识储备去应对吧台后的工作。剩下的就交给时间吧！

原料

最好的鸡尾酒和混合饮品要用最好的原料调制，但那并不意味着你只能用最贵的原料。许多平价产品——尤其是没有铺天盖地做广告的那些——可能品质都很高。

令许多酒饮行业人士惊愕的是，我在 20 世纪 90 年代早期就开始用苏格兰单一麦芽威士忌调酒了。单一麦芽威士忌的价格很高，但它们的鲜明风味能够让一杯出色的鸡尾酒（比如罗布罗伊）变成世界级杰作。不过，这得有个限度。1998 年，一瓶 40 年鲍莫尔单一麦芽威士忌的零售价是每瓶 7000 美元。我有勇气用它来调罗布罗伊吗？老实说，只要有人买单，我非常乐意一试。但通常来说，尽管我推荐调酒时使用品质最好的原料，但我很可能会选择使用每瓶价格在 30 ~ 50 美元的酒，而不是那些超过 100 美元的酒。

坚持高品质这一原则适用于鸡尾酒中的所有原料，而不仅仅是含酒精原料，尽可能使用新鲜水果也很重要。此外，确保你用的香料是新鲜的，你的鸡尾酒装饰是现切的，而且酒中的其他所有原料都是最好的。

结语

或许你开始意识到，要成为一名优秀的调酒师，你还有很长的路要走。别气馁，只要你遵照本书的指引勤加练习，并且掌握那些最受欢迎的鸡尾酒的调制方法，你就能在相对短的时间里做出好的鸡尾酒。

你很快就会发现，在任何一家酒吧里需要制作的鸡尾酒绝大部分只是简单的高球（比如苏格兰威士忌加苏打水），还有马天尼、曼哈顿、玛格丽特和其他很容易学会的人气酒饮。此外，每一家酒吧还有自己的特色鸡尾酒，比如酒吧招牌酒饮或其他只能在那家酒吧喝到的奇怪酒饮。大多数调酒师都会告诉你，在任何酒吧只要掌握几十款鸡尾酒的调制方法基本上就够用了。如果客人点了一杯调酒师从来没听说过的鸡尾酒，真正职业的做法是问一下客人这杯酒该怎么做或查阅优秀的配方书。即使是最成功的厨师也会在第一次做某道菜前查阅烹饪书，如果他们有一段时间没做过某款酱料，他们也会重新查一下配方，确保所用的原料是正确的。

有些近年开业的酒吧会把它们所有的鸡尾酒配方保存在收银系统的电子数据库中。如果调酒师拿不准某位客人点的酒，他们可以很轻松地检索到配方，而客人完全不会发现他们在查阅配方。这只是科技进步为调酒行业带来的好处之一。

若你想知道入职某家酒吧后等待自己的是什么，一个好办法是去那家酒吧，观察客人经常点的酒有哪些。坐在靠近服务区的位子上，这样你不仅能看到酒吧客人点了哪些酒，还能看到服务生要的酒是什么。观察吧台后的调酒师是如何制作鸡尾酒的，熟悉一下这家酒吧的调酒风格。如果你不确定具体配方，可以主动发问——你可能会发现值班调酒师很乐意跟你分享这些知识。

你还应该做好犯错的准备，并且从错误中吸取教训，就像其他任何工作一样。1973 年，我从英格兰搬到纽约，会做的酒只有简单的金汤力。于是，我花了整整一个月的时间观察其他调酒师是如何工作的，然后才开始找工作。即便如此，在我最终进入吧台工作后，我还是犯了好些错误。比如，如果你在英格兰点威士忌，调酒师会给你上苏格兰威士忌，所以每当有人点威士忌酸酒时，我都用苏格兰威士忌来做。我这么干了一段时间，直到一名女服务生指出，我才知道做错了。没错，即便客人都没注意到。或者他们注意到了，只是没有告诉我。

在走进吧台之前，你需要的只是学会运用酒吧的调酒用具、对几十款经典鸡尾酒的掌握和良好的工作态度。有了这些特质，加上对成为调酒师的渴望，你就拥有了一个很好的开始。

调酒技巧

那时的调酒师是艺术家与科学家的结合体，受到政治家、银行家和其他行业翘楚的尊崇。知道应该在曼哈顿酷乐（Manhattan Cooler）里加几滴柠檬汁可不是什么小成就。这让身穿白外套的调酒师和酒吧常客之间产生了伟大的友谊。知道最高法院法官最爱的鸡尾酒比例的调酒师，可以从法官那里获得恩惠，而后者也不会受到弹劾。

——亨利·科林斯·布朗,《黄金九十年代》，1928 年

只要用心，任何人都可以做出一杯好的鸡尾酒。你只需选用最好的原料，按照正确比例，用规定的方法去混合它们。没有哪一种调酒方法——除了硬摇，我猜——需要花太长时间去学习或操作。然而，你需要花时间才能成为一名行动迅速的调酒师。任何调酒新手从一开始就应该知道，想提高速度只能通过练习，要了解吧台后每一瓶酒和每一样工具的确切位置。

有些调酒师在工作时十分优雅。他们的动作恰如行云流水，有时还会用吧勺把一个冰块扔向空中，然后把调酒杯伸到背后去接它。不过，我曾经在伦敦见到一名风格完全相反的调酒师：他的身体在调酒时变得机械呆板，动作生硬，让我联想到无声电影中的人物。我本人算不上优雅的调酒师，不过我也不会在调酒时变成发条玩具。我没花多少时间就学会了如何在吧台后做得既精准又快速。

无论你的调酒动作是怎样的，都要试着去形成自己的风格并保持

始终如一。让客人因为你与众不同的某个点而记住你。我只见过前文提到的伦敦调酒师一次，那是在20世纪90年代中期，在那之后我告诉过无数人，如果他们去伦敦一定要去夸格里诺酒吧（Quaglino's Bar），看看那位调酒师还在不在——看他调酒是一种快乐。

本章介绍的技巧——如何拿摇酒壶和其他详细的调酒方法——仅仅是指导性的，个人风格对一名优秀的调酒师来说比这重要得多。牢记详细说明，比如一杯酒应该搅拌或摇多长时间，但请自由地探索你的个人风格，比如怎样拿波士顿摇酒壶——只要它适合你，而且不会让酒洒在地上。

装饰

你将在下一节中学习如何制作装饰，但在正式开始调酒之前，你应该了解某些装饰其实也是原料。青柠角和柠檬角以及其他任何柑橘类水果皮卷（从青柠、柠檬、橙子和其他类似水果上切下来的一长条果皮）就是这样的“原料装饰”。我见过许多次调酒师只是把青柠角或柠檬角固定在杯沿上，把往酒里挤汁的工作交给客人，而客人的手指会因此变得黏糊糊的。更糟糕的是，有些调酒师只是把柠檬皮卷往酒里一扔，没有做扭转它的动作，结果想要享受柠檬皮芳香的客人只得从鸡尾酒里把它捞出来。

当你往金汤力这样的鸡尾酒里加青柠角时，必须先把青柠角的汁挤进酒里。做法是用拇指和食指捏住水果角，将它置于酒的上方。用另一只手做遮挡，围住酒杯靠外的那一边，以防果汁飞溅到客人脸上。现在只需将果汁挤出，将水果角放入杯中，加一根吸管并稍微搅拌一下，使果汁融入整杯酒里。

柑橘类水果皮卷——带一点白色海绵层、有一定厚实感的长条形柑橘果皮——能够为任何鸡尾酒提供柑橘皮油，而且点燃皮油还能增添一丝视觉效果。为鸡尾酒添加果皮卷的正确方法是将有颜色的那一面朝下，置于酒杯的上方。用拇指和食指捏住果皮的两头，一头顺时针扭转，另一头逆时针扭转，让皮油喷射到酒液表面。接下来，将果皮有颜色的那一面在杯沿抹一圈，让剩余的皮油留在杯沿上，然后将果皮放入酒中。

不知出于何种原因，许多调酒师都很不喜欢将果皮在杯沿抹一圈，有些调酒师还会拒绝在挤出皮油后将果皮放入酒中。我是上述做法的坚定支持者，因为这么做能够让杯沿带有清新柑橘风味，而漂浮在酒液表面的果皮能够为整杯酒的视觉效果大大加分。

如果你想点燃皮油（皮油在接触酒液之前会焦糖化，赋予整杯酒更丰富的口感），需要稍加练习。首先，当你切果皮卷时——我喜欢用水果刀，而不是蔬菜削皮器，这样能保留足够多的海绵层，让果皮卷有一定的厚实感——要尽可能切得宽些。橙子这种个头的水果是最合适的，你很容易就可以切下接近 1 英寸[①] 宽的果皮。把果皮卷放在容易拿到的位置，点燃火柴并靠近酒液表面。另一只手拿起果皮卷，根据果皮的长度，用拇指和其他两根或三根手指抓住果皮的两边（当然，果皮的表面应该朝向酒液）。现在把果皮卷置于火柴上方，挤压以释放皮油。当皮油穿过火焰喷射到酒液表面时，你就会看到果皮卷发出的火花。

如何装饰杯沿

很少有调酒师知道该如何正确地在杯沿蘸上糖（比如在调制边车时）、盐（在调制玛格丽特时）或其他干原料，如可可粉（在调制巧克力马天尼时）。糟糕的装饰杯沿技法会让我发疯。在用上述原料装饰杯沿时，确保干原料只蘸在酒杯的外沿。举个例子，如果盐蘸在了酒杯内壁上，它就会在酒液倒入时溶进酒里，这样酒里就多了一样配方里没有的原料。

要正确地装饰杯沿，必须先润湿杯沿。这可以通过两种方法实现，而这两种方法都需要用到浅底小碟。第一种方法——我的最爱——是

① 1 英寸 =2.54 厘米。——译者注

取一角相应的柑橘类水果（比如玛格丽特用青柠、边车用柠檬），将果肉部分靠在杯沿上，轻轻挤压水果，令少许果汁渗出，然后将水果角沿着杯沿抹一圈，直到整圈杯沿都变得湿润。一只手握住杯底，另一只手与之垂直作为支撑。把酒杯靠在提供支撑的那只手的食指上，让杯沿以 45° 角朝下。将杯沿放在干原料的表面转动，直到整圈杯沿都蘸满。如果你不赶时间，可以用餐巾擦去不小心沾在杯沿下方的干原料——最理想的效果是干原料沿着杯口外缘形成一道约 0.25 英寸宽的直线。

第二种方法的不同之处仅在于如何润湿杯沿：将鸡尾酒里的一种原料倒入小碟，然后用酒杯蘸取。比如，橙皮利口酒适用于边车和玛格丽特。如果鸡尾酒含有任意一种利口酒，那就选择利口酒而非烈酒，这样干原料会更容易附着。诚然，这两种方式都会让少许液体进入酒杯内部，但它的量可以忽略不计，而其他替代方式过于烦琐，完全不实用。

如果你预计要制作大量杯沿有装饰的鸡尾酒，最好在客人光临之前把酒杯准备好。这么做有一个额外的好处：干原料有足够的时间风干，从而牢固地附着在酒杯上。不过，无论你怎么做，千万不能把湿酒杯口朝下放进小碟里，让杯沿的外面和里面都蘸上干原料。我可能会看着你哦。

其他新奇的酒杯装饰

我本人并不会在装饰上花过多心思——坦白讲，我对此并不擅长，我更愿意把时间花在用心制作鸡尾酒、确保酒饮口感平衡上。然而，那些精于此道的调酒师总是让我印象深刻。比如，我曾经见过一名调酒师用果皮刨——它更多地用于厨房而非酒吧——切下一条极长极细的螺旋状柠檬皮卷。他把柠檬皮卷的一头放进酒里，然后把它在酒杯外壁绕了几圈，直到另一头落在酒杯底座，真是漂亮极了（他调的酒也很棒）。

你可能还会在某些古老的鸡尾酒书上看到另一种酒杯装饰：用削皮刀切下一条较宽的螺旋状柠檬皮卷，插入酒杯并调整位置，让它环绕着盖住酒杯内壁。以我的经验来看，这种做法只适用于非常细长的酒杯，比如郁金香形香槟杯，否则螺旋状柠檬皮卷会掉落在杯底。

先放什么原料

调制鸡尾酒或混合饮品时应该先放什么原料？关于这个问题，有一条经验法则：“越便宜的越先放。”背后的逻辑是如果不小心多倒了某种原料，浪费的成本会少些。然而，你只要稍微想一想，就会发现这条法则并不是万能的。比如，你绝对不会先把汤力水倒进高球杯，再倒金酒或伏特加。不管做哪款酒，我认为都应该先放基酒，这样调酒师能够“感觉到”其他原料的用量。因此，假设要做一杯边车，我会先放白兰地，然后放橙皮利口酒，最后放柠檬汁——这跟价格决定顺序的法则完全相反。

有些原料会有新鲜度的问题，而你对此必须格外留心。番茄汁、果汁、牛奶、半对半奶油、奶油和鸡蛋都有明确的保质期，你应该在把它们放进酒里之前测试一下。只靠嗅觉很难判断果汁是否过了理想状态，建议在使用之前摇一摇果汁容器并观察——如果果汁起泡了，那肯定不能用了。

如果你选择使用生蛋，应该把蛋液打在单独的容器里，而不是直接打进调酒杯。这样你在用之前就可以检查一下鸡蛋的新鲜度了。

精准倒酒

有些调酒师凭目测倒酒，也就是说，他们会在倒酒时看着酒杯，根据液体的深度来决定何时停止倒酒。这种测量方式并不准确，因为它取决于酒杯的大小，更重要的是取决于冰块的大小。如果用的是小冰块或碎冰，要达到特定深度所需的液体量会比用大冰块少。如果用的是大冰块，那么冰块在杯中的位置很重要：如果为了防止冰块掉落而用某种特殊的方式把冰块抵在一起，那么需要倒入大量液体才能达到理想的深度。

我见过奥德丽·桑德斯目测倒酒，她把酒倒入空的调酒杯，而且她知道调酒杯的哪个位置对应着多少液体量。这么做完全没问题，但我在学调酒时，没有人这样教过我。如果也没有人教过你，那么我还是建议你采用下面的方法。

量酒器和其他计量工具当然非常精确，适用于大部分鸡尾酒。就我个人而言，我喜欢非常美式的自由倒酒系统——调酒师在不用计量工具的情况下自主判断倒多少原料。自由倒酒能够让调酒师将炫技成分融入倒酒过程，让他可以去“感觉”整杯酒——在我看来，这是练就高超调酒技术的唯一方式。此外，对不加冰的鸡尾酒而言，没有什么比看到调酒师把摇酒壶或调酒杯里的最后一滴酒倒出来，刚好把马天尼杯装满更棒的了。这表明精准是调酒技巧的一部分。

在学习自由倒酒之前,你应该先了解一下混合饮品中的隐藏原料:水。当你用摇酒壶或调酒杯以正确的手法制作酒饮时，做出来的鸡尾酒中有 1/4 是冰块融化成的水。这些水是必要的原料，因为它会降低鸡尾酒的酒精度，令酒更容易入口。

要掌握自由倒酒技巧，你应该先用一个装了酒嘴的水瓶来练习。拿瓶子的时候，一定要用食指或拇指固定住酒嘴的底部，这是一种安全预防措施。如果酒嘴有点松，它可能会从瓶子里掉出来。即使你知道这个酒嘴跟瓶子是严丝合缝的，你也一定要养成这样拿瓶子的习惯，如此才会有备无患。

将水从瓶子里倒入计量工具，比如容量为 1½ 盎司的量酒器。倒酒时在心中默默计数，并在量酒器倒满时停止，记下你数到了几，那是你的“一单位计数”。每个人的计数速度都不一样，所以你不能跟别人说数到 4 就是完美的一单位——每位调酒师都应该有自己的单位计数。你必须用量酒器或其他计量单位不同的工具来练习，直到你能够自信地通过默默计数来准确倒出任意量的酒。

如果你是一名职业调酒师，酒吧经理应该会向你说明一单位酒的分量是多少。通常而言，应该是 $1\frac{1}{2}$ 盎司左右。不过，大多数调酒师在实际工作中都会往高球杯里倒入 2 盎司烈酒，用鸡尾酒杯盛放的酒则会根据相应配方来决定。不同鸡尾酒杯的容量各不相同，你应该主动去熟悉你在酒吧或家里用的酒杯，并且确定一个“计数”，让做出来的酒正好满杯。

要做出分量完美的鸡尾酒，最难的部分是你通常需要用到 3 种或更多种原料，并且在倒酒时要考虑到原料之间的平衡。与此同时，这些原料在摇匀或搅匀后，分量必须足够装满你的鸡尾酒杯。你调酒时我不在旁边，怎么可能教会你呢？我做不到。我只能告诉你，如果你具备成为专业调酒师的素质，你会惊讶地发现自己很快就能掌握这一技巧。

但是，不要把鸡尾酒倒至杯沿。为什么要让客人在把酒送到嘴边时经受不把酒洒出来的考验呢？如果酒是坐在桌台边的客人点的，服务生在送酒时尽量不要让酒晃到酒杯外面，否则托盘会变得一团糟，而且服务生和客人的手指都会变得黏糊糊的。

对加冰的鸡尾酒而言，倒入酒里的烈酒分量各有不同。除非你用的是超级大的酒杯，否则鸡尾酒应该倒至杯沿下方约 0.5 英寸的位置。

如何上酒

所有酒饮都应该用干净铮亮的酒杯盛放，放在杯垫或餐巾纸上，以吸收来自酒杯的化水。如果一瓶啤酒无法全部倒入酒杯或者客人想要自己倒酒，那么啤酒瓶也应该配上杯垫。调酒师通常在吧台的小槽上制作酒饮，然后呈给客人，但是在制作马天尼这样不加冰的鸡尾酒时，调酒师会先把酒杯放在客人面前，再把酒液滤进去。

让客人看到调酒的过程是非常重要的，所以不要在他的视线之外调酒。理想情况下，你应该站在客人面前调制他点的酒，确保他能够看见你用到的所有产品的酒标——要么在你倒酒之前，要么在你倒酒的过程中。这样的话，客人就知道你用的正是他要求的产品，而且他还能欣赏到整个调酒过程。

如果一杯酒需要附上吸管或其他不可食用的装饰，诸如塑料美人鱼之类的，你需要注意客人什么时候把它们从酒杯里拿出来并放在吧台上，然后立刻把它们收走。你还应该留意杯垫和餐巾纸。如果来自酒杯的化水把杯垫或餐巾纸打湿了或者客人端酒时洒了一点酒液，立刻将湿杯垫或餐巾纸收走并换上新的。

家庭调酒师也应该遵循这些规则，尽管在没有吧台的情况下，很难直接在客人面前调酒。不过，其他所有规则在家中为客人调酒时也同样重要。

温度

鸡尾酒的温度是在摇酒或搅拌时需要考虑的另一个重要因素。要达到适宜的温度，摇酒所需的时间大概是搅拌的一半。根据经验法则，摇酒的时间在 10 ~ 15 秒，搅拌的时间在 20 ~ 30 秒。

请注意，这一法则并未经过科学实验证实，也并不适用于每杯酒。我隆重推荐戴夫・阿诺德（Dave Arnold）：他是纽约知名酒吧“布克和达克斯”（Booker and Dax）的主理人（遗憾的是，这家酒吧在 2016 年停业了，但“布克和达克斯”这个名字以“食品科学发展公司”的形式延续了下来）。需要特别说明的是，阿诺德一直在钻研此类问题。如果你希望找到详细的解释，可以参考他的研究成果。作为延伸阅读，你可以买一本阿诺德撰写的书——《液体的智慧：调制完美鸡尾酒的科学与艺术》（*Liquid Intelligence: The Art & Science of the Perfect Cocktail*）。你会发现这本书物超所值。

你可能听过这种说法：为了避免“碰伤”金酒，金酒马天尼应该搅拌，而不是摇晃。这是一种错误的观念——金酒不会被“碰伤”。

其实，所谓的“碰伤”很可能是一种低温造成的混浊现象——某些物体在温度过低的情况下会变得混浊。马天尼曾经是用等比例的金酒和干味美思调制的，而味美思在冰冻的情况下会产生这样的混浊现象。除了对外观有影响，混浊的马天尼并没有什么问题。

技巧展示对调酒师来说非常重要，酒客们也很喜欢看冰块在调酒杯里上下移动和旋转的样子，因此，我推荐大家在制作搅拌类鸡尾酒时首选调酒杯。

如何冰冻酒杯

不加冰的冰凉鸡尾酒应该倒入事先冰冻过的酒杯，要做到这一点，最便捷也是最好的方法，是把酒杯放入冰箱或冰柜保存。如果没有足够的空间，还有其他几种方法可以选择。一种方法是把杯口朝下放入或埋进碎冰堆里，这种方法仅适用于放得下合适容器的酒吧。理想的情况是碎冰应该装在带排水装置的容器里，否则冰融化会带来新的问题。如果条件不允许，可以用潘趣碗或类似的容器代替。但要注意，必须及时将容器里的水排出，不要放太多碎冰，否则会很难处理。

最常用的提前冰冻酒杯的方法，是在酒杯里装满冰和水，然后把酒杯放在一旁待用，再开始调酒。我的建议是尽可能把装满冰的酒杯放在水槽里，将冷水注入杯中，直到水从杯子里溢出来——附着在酒杯外壁的冷水有助于酒杯快速降温。当然，在把酒倒入酒杯之前，必须将杯中的冰和水倒干净。抓住酒杯底座或杯脚，用力甩动酒杯几秒钟，让冰水从酒杯外沿溢出；倒空酒杯后，继续用力甩动，甩干残留的水。以正确手法冰冻的酒杯，其外壁应该会结霜。

如何直调鸡尾酒

螺丝起子、威士忌苏打和金汤力这样的鸡尾酒都以高球杯盛放，被称为直调鸡尾酒。直调高球的方法很简单：在杯中装满冰，倒入原料（先倒烈酒），用吸管搅拌几次，如有需要再加装饰，附上吸管端上桌。如果装饰是柑橘类水果角或果皮卷，应该在搅拌前加入；如果是橙圈这样的观赏性装饰，则应先搅拌再放装饰。

大多数人在喝高球的时候会用吸管再搅拌几次，然后把吸管放在一旁，开始享用杯中酒。现在，你洁净闪亮的吧台上多了一根湿哒哒的吸管——不要让它留在那儿，立刻把它收走。不过，有些客人会坚持把用过的吸管留着，这样他们就知道自己喝了多少杯。在这种情况下，你只能顺着客人的意思，但你可以把用过的吸管放在杯垫上，这样看起来不会那么乱。家庭调酒师也应该留意用过的吸管——它们会出现在房间的各个角落里——并且尽可能迅速地把它们清理掉。

“教父”（Godfather，用苏格兰威士忌和杏仁利口酒调制）这样的鸡尾酒通常会在酒杯里直调，然后直接呈给客人，但加冰搅拌后滤入装有冰块的老式杯中会让它们的味道好得多。这一方法能确保酒液在倒入酒杯前足够冰，而且杯中的冰块不会化得那么快。

如何过滤鸡尾酒

尽管有些摇酒壶自带过滤器，但我在制作搅拌类鸡尾酒时喜欢用波士顿摇酒壶搭配带弹簧的霍桑过滤器或标准茱莉普过滤器，这样看上去专业得多。霍桑过滤器适用于摇酒壶的金属听，茱莉普过滤器则适用于调酒杯。按照本书中介绍的方式调完酒后，将过滤器放在金属听或调酒杯的开口处，用食指紧紧按住过滤器顶端，以起到固定作用，然后将酒滤入酒杯。把酒倒完后，猛地转动一下调酒杯，再回正，这样剩余的酒就不会滴在吧台上。

有些调酒师喜欢在打开波士顿摇酒壶之后把它水平置于酒杯上方，将摇好的酒液直接滤入杯中——这种方法跟威廉·施密特在19世纪90年代的做法很像。他不用摇酒壶，而是把两个高脚杯合在一起，“上下颠倒五六次”，然后用双手把它们尽可能举高，让酒液滴入“华丽的高脚杯”中。如果你想用波士顿摇酒壶来复刻这一做法，要把金属听和调酒杯稍微拉开一点，让酒液从缝隙中流出。我喜欢这种带有炫技性的方法，但是得给所有想掌握它的人一条建议：先用水练习，直到你能熟练操作为止。

搅拌还是摇晃

大多数调酒师都认为，含有鸡蛋、果汁、奶油利口酒（如百利甜酒）或乳制品（奶油、半对半奶油、牛奶）的鸡尾酒一般要摇晃，而清澈的鸡尾酒（比如经典的马天尼或曼哈顿）通常要搅拌。有些鸡尾酒需要摇晃的理由很明显，比如，跟搅拌相比，摇晃能够更轻易地将烈酒和重奶油或果汁混合在一起，而用烈酒和味美思调制的马天尼和曼哈顿只需搅拌就能轻松混合。不过要记住，这个规则是有例外的，有些酒吧会特意背离经典做法，以彰显自己的风格。

我喜欢用上述经典方法来制作摇晃类鸡尾酒，但对搅拌类鸡尾酒而言，我允许有一些例外。比如，史丁格是一款清澈的鸡尾酒（用白兰地和白薄荷利口酒调制），通常做法是摇晃而非搅拌。我很高兴看到一款特定鸡尾酒有了属于自己的准则，所以我在调制史丁格时也会使用摇酒壶。不过，我认为经典的金酒马天尼应该搅拌，尽管有些经典配方书中说明要摇晃。但有些客人会专门点摇匀的马天尼，他们的愿望是你应当服从的命令。

如何搅拌鸡尾酒

在按照配方制作搅拌类鸡尾酒之前，一定要准备好一个冰冻过或装有冰块的酒杯（如果鸡尾酒需要加冰饮用的话）。若你愿意，可以在摇酒壶里搅拌鸡尾酒，但我喜欢用波士顿摇酒壶的调酒杯来搅拌。如果你选择用马天尼扎壶来搅拌，你会发现它附带一根长长的玻璃棒——在我看来，它是优质吧勺美观却不实用的替代品。

标准吧勺的螺纹柄并非只为了美观，它还具有实用功能。要正确搅拌，必须先用拇指、食指及中指握住吧勺柄的螺纹部分。将吧勺伸入调酒杯，转动手指——先朝着远离你身体的方向，再朝着靠近你身体的方向——让吧勺来回旋转，同时在杯中上下拉动吧勺。这听上去很难，其实并非如此。搅拌 20 ~ 30 秒，让酒液温度降至 28 ~ 38 ℉[①]，同时让冰块融化，以使酒更易入口。冰凉的鸡尾酒中有 1/4 是冰块化的水——这是一个理想的比例。

如何摇晃鸡尾酒

我要再次表示，尽管我喜欢全金属摇酒壶的外观，但我更喜欢使用构造简单的波士顿摇酒壶：两个杯状体——一个是金属听，一个是玻璃调酒杯。不知道为什么，我觉得用波士顿摇酒壶的调酒师很专业。它是一种严肃的工具。要调制鸡尾酒，你必须准备好调鸡尾酒时要用的杯子，然后在摇酒壶的玻璃杯里装入约 2/3 的冰。倒入鸡尾酒原料，将摇酒壶的金属听盖在调酒杯上，在金属听底部猛敲一下，确保两个部分严密贴合，不会有液体漏出来。

经典的摇酒壶操作手法是用两个拇指分别按在波士顿摇酒壶两个部分的底部，同时两根小指相交置于中部——这种握法很不舒服，至少对我来说如此。我认为你应该用自己觉得最舒服的方式来拿摇酒壶，只要在摇酒过程中保持两个部分严密贴合即可。不过，在摇酒时一定要把摇酒壶的玻璃杯朝向后吧台、金属听朝向客人。万一在摇酒过程中摇酒壶松开了，玻璃杯会掉在你身后，而不是飞向客人。

要将酒液冷却至最佳温度，即 28 ~ 38 ℉，只需摇 10 ~ 15 秒即可。然后，将摇酒壶的金属听置于下方并拿好，用掌根在两个部分相交的地方猛拍一下，这会破坏摇酒壶严密贴合的状态，让你能够将玻璃杯

① 摄氏度 =（华氏度 -32 ℉）÷1.8。——译者注

从金属听上拿开。在打开摇酒壶时，一定要把金属听置于下方——如果把玻璃杯置于下方，猛拍摇酒壶时可能会有酒液从杯口洒出，弄湿你的手和玻璃杯，让玻璃杯有滑到地上的风险。确保金属听在下方就不会有这种风险。如果你无法通过拍打将摇酒壶打开——即使是最熟练的调酒师偶尔也会碰到这种情况——将金属听的同一个部位在吧台边缘或其他坚硬物体表面猛地碰一下。有些人担心这个动作会磕碎玻璃杯，但我至今都没见过这样的事发生。我喜欢先将酒液从金属听转移到玻璃杯中，再倒入酒杯中——这将为客人带去良好的视觉享受。

如何翻滚或拉制鸡尾酒

我听说过这种被称为“翻滚”（Rocking）或“拉制”（Rolling）的技法：它使原料在混合过程中不会混入太多气体。“鸡尾酒之王”戴尔·德格罗夫将这一技法叫作“拉制”，并且建议用它制作血腥玛丽，以避免太多空气进入番茄汁中。想要翻滚或拉制鸡尾酒，只需在波士顿摇酒壶的玻璃杯中装入⅔的冰，再倒入原料。接着，反复将原料在玻璃杯和金属听之间来回倒。想要充分混合血腥玛丽的原料，需要将这个动作重复6次左右，最后将酒液留在玻璃杯中，滤入装满冰块的酒杯即可。

如何捣压鸡尾酒

捣压指的是一种用捣棒挤压原料（通常是在杯底）使其混合的技法。捣棒是一种短短的木杵，形状类似棒球棍，一头圆一头扁。混合原料要用扁的那一头。

老式鸡尾酒可能是最流行的捣压类鸡尾酒，但用这一技法制作其他鸡尾酒也会产生很好的效果。比如在制作汤姆柯林斯或威士忌酸酒时，你可以将柠檬角和砂糖一起捣压。砂糖和柠檬皮之间会产生摩擦，使得最后做出来的鸡尾酒口感清新得多。用青柠角和砂糖捣压出来的凯匹林纳也是如此。

尽管捣压这个动作用加厚的勺子也能完成，但我还是强烈建议使用专门的捣棒。就像霍桑或茱莉普过滤器以及波士顿摇酒壶一样，我认为用木捣棒捣压展示了调酒师的专业度。捣压过程最好在客人面前的吧台上进行，它是调酒师吧台表演艺术的一部分。

捣压原料时，一定要选择能够承受捣压力度的坚固酒杯。不带杯脚的双层老式杯效果就很不错，前提是你做的鸡尾酒正好要用到这种酒杯。假如你做的是威士忌酸酒或汤姆柯林斯，你需要先在调酒杯里捣压相应原料并制作整杯酒，然后将酒液滤入酒杯。

如果捣压过程需要用到糖，需要少许液体才能使之溶化。这种液体可以是被捣压的水果渗出的汁液，也可以是几大滴苦精。捣压时要尽全力——用捣棒有力地反复挤压水果角，直到最后一滴果汁被挤出来，然后在液体中碾压糖，直到糖完全溶化。

我见过另一种捣压的方法，而且只在一座城市见过——西雅图，所以我把它叫作“西雅图捣压”。不过，我相信其他城市的某些调酒师一定也用过这种方法。在进行西雅图捣压时，你必须先在调酒杯中装入⅔的冰，然后倒入鸡尾酒或混合饮品的所有原料。接着，一只手握住酒杯顶部，另一只手将捣棒从大拇指和食指之间的位置插入酒杯。接着，上下提拉捣棒，令酒液充分混合，滤入酒杯。

西雅图捣压的过程有点混乱，而且不是那么卫生，因为操作时酒液会溅在手掌上。如果不用手紧紧握住酒杯，形成密封状态，酒液也许还会从酒杯里洒出来。然而，这种方法有一个优点：它会捣压出一些极小的冰碴，而这些冰碴在过滤之后仍然会留在酒里。对不加冰的鸡尾酒而言，冰碴会漂浮在酒液上，看上去就像闪亮的小星星——颇具视觉吸引力。

如何制作分层鸡尾酒

分层鸡尾酒一般被称为彩虹酒。这一类鸡尾酒的制作是调酒师炫目技艺的至高体现。通常分层做法是将利口酒、烈酒，甚至是奶油或果汁顺着小勺子或吧勺的背部慢慢倒入，让液体轻柔地落在之前倒入的液体上，形成新的一层。你可以用其他物体来代替勺子，我第一次见有人这么做是在1993年的新奥尔良，调酒师莱恩·泽尔曼（Lane Zellman）在制作原创鸡尾酒AWOL时用一颗马拉斯奇诺樱桃来倒入原料。操作时，他用手捏着樱桃梗，让酒液顺其流入杯中，视觉效果非常有趣。

为了确定哪些原料能够浮在另一些原料之上，你应该对鸡尾酒每一种成分的密度有所了解。不过，要做到这一点挺难的，因为许多不同的厂商都在生产利口酒（比如白薄荷利口酒），因配方不同，两款利口酒的密度可能并不相同。

话说回来，只要你知道一款烈酒或利口酒的质感，要判断出哪些原料会浮在其他原料的上层还是颇为简单的。比如，黑加仑利口酒、香蕉利口酒、薄荷利口酒和可可利口酒都是相当厚重、黏稠的利口酒，根据常理，橙皮利口酒、樱桃白兰地和黑刺李金酒这样较为轻盈的酒液会浮在它们上面。白兰地、威士忌、朗姆酒、特其拉、伏特加和金酒通常会浮在几乎所有利口酒上，因为前者不含糖，酒体更轻盈。红石榴糖浆这样的厚重糖浆一般能够承受大多数利口酒的重量，所以应该考虑把它作为最先倒入酒杯的原料。

如何点燃鸡尾酒

要小心，要非常小心！点燃鸡尾酒是一种高风险行为。如果点燃后酒洒在你手上，火焰就会蔓延到你手上；如果酒洒在了别人身上，酒吧里就会出现一个人形火炬。制作燃烧鸡尾酒时，你应该在手边备好灭火器并且确保自己知道它的使用方法，再开始展示你点燃鸡尾酒的技巧。

熊熊火焰并非制作这一类鸡尾酒时唯一要担心的。如果酒液燃烧时间过长，杯沿会变得很烫，而且这样的状态会保持相当长一段时间。

如果有人坚持要点一杯燃烧鸡尾酒，你必须告知他这个风险，并且建议他喝之前先用手指感知一下杯沿的温度——如果手指放在杯沿上而不被烫伤，才可以开始喝这杯酒。

适合在饮用前点燃的酒饮有好几种。比如，桑布卡这样的纯利口酒经常会点燃饮用，有时彩虹酒的顶层酒液也会被点燃。有些鸡尾酒——僵尸就是一个很好的例子——酒液表面会有一层高酒精度烈酒，比如151朗姆酒，这类鸡尾酒也适合用来点燃，从而给客人留下深刻印象。要点燃鸡尾酒，你只需将点着的火柴触碰酒液表面，直到酒被点着。让酒液燃烧10秒左右，然后用小碟子盖住酒杯，火就会熄灭。如果客人想自己把火吹灭也是可以的，但用小碟子盖住会更有效率。调酒师永远都不应该替客人吹灭酒上的火焰，这么做不卫生。

如何用搅拌机制作鸡尾酒

用搅拌机制作冰沙鸡尾酒看上去颇为容易，但如果你希望做出的鸡尾酒质地丝滑、用吸管就能轻松吸到嘴里，那么制作过程可能比你想象的麻烦一些。如果你手头没有冰沙机，那就必须用搅拌机来制作冰沙鸡尾酒。最好专门买一台动力强劲、机身稳固的商用搅拌机，因为碎冰会给搅拌机的发动机带来很大压力。

将冰块和鸡尾酒原料放入搅拌机，固定好上方的容杯，让搅拌机高速（许多商用搅拌机只有一个挡位）运转20～30秒。关掉搅拌机，等刀片静止下来，然后打开盖子，用吧勺充分搅拌里面的原料。盖好盖子，再次启动搅拌机，重复上面的步骤。你可能需要搅拌不止一次，才能做出一杯完美的冰沙鸡尾酒，但结果是值得的。

在用搅拌机制作冰沙鸡尾酒时，你还应该利用你的耳朵。随着冰块被打碎并融入酒里，搅拌机工作的声音会发生变化，这时你就应该关掉搅拌机，检查一下鸡尾酒的质地了。

制作某款冰沙鸡尾酒所需的冰块量跟酒杯的容量成正比，所以，如果你拿不准冰块的用量，只需先在酒杯中直调这款酒，然后全部倒入搅拌机。这样做出来的冰沙鸡尾酒会正好将酒杯填满，并且会在顶层形成一个稍稍凸出的圆顶，非常美观。

如果你准备用菠萝、桃子或草莓这样的水果来制作冰沙鸡尾酒，那么要先把它们切成合适的小块再放入搅拌机。草莓去蒂，切成两半；菠萝、桃子和其他水果应该切成1英寸见方的小块。当然，核果要去核，新鲜菠萝要去芯。

如何浸渍烈酒

浸渍蒸馏烈酒在过去10年非常流行，浸渍其实是一种非常古老的技法。根据著名食品科学家雪莉·科里尔（Shirley Corriher）的解释，乙醇（也就是酒精）跟任何原料结合都能加强后者的风味。“我们为什么会用伏特加来做伏特加直通粉？”她举例道。毕竟伏特加本身是没有风味的，那它怎么可能加强一道料理的风味呢？

乳制品和水也能“夺取”风味，让风味分散在整道料理中，并在某种程度上增强风味，但科里尔表示，这两者加在一起的效果也比不上酒精。因此，我们最好记住高酒精度烈酒的浸渍效果要好于低酒精度烈酒，而且你可以在浸渍结束后将做好的风味烈酒稀释到适合饮用的酒精度——用瓶装水、单糖浆，甚至是果汁都可以。

我喜欢用中性烈酒而非伏特加来浸渍。中性烈酒的酒精度高达95°，不管往里面加什么原料，风味似乎都能被萃取出来。然而，它并非在美国各个州都有售（我必须去康涅狄格州或新泽西州才能买到）。如果你所在的地方没有中性烈酒出售，可以用75°伏特加（它在美国全境都是合法的）替代。

要浸渍烈酒，必须先准备一个带密封盖的罐子，其大小必须能够容得下你会用到的烈酒和水果（或其他任何你选择的原料），且顶部留有空余，让你能够不时地摇动罐子。准备好原料（详见下页列表），把它们和烈酒一起倒入罐子，紧紧地旋好盖子，用力摇一摇。现在，

不同浸渍原料的准备方法

原料	每 750 毫升烈酒的用量	准备方法
杏子	4 ~ 5 颗	清洗干净；去核，切成 1 英寸见方的小块；去不去皮均可
灯笼椒	1 ~ 2 个	清洗干净；去掉头尾，切成 6 ~ 8 片，去籽
滨库或安妮女王樱桃	1 磅[①]	清洗干净；用捣棒捣压，保留樱桃核并压碎
咖啡豆	6 ~ 8 盎司	用坚固的大号刀刀背碾压咖啡豆
新鲜草本	1 ~ 2 把	清洗干净后晾干；粗切
西柚皮卷	4 ~ 6 个西柚	清洗干净；小心去皮，确保不会切到带苦味的白色海绵层
辣椒	1 个	清洗干净；戴好手套，去掉头尾，切成 4 片，去籽
柠檬皮卷	12 个柠檬	清洗干净；小心去皮，确保不会切到带苦味的白色海绵层
青柠皮卷	12 个青柠	清洗干净；小心去皮，确保不会切到带苦味的白色海绵层
橙皮	6 ~ 8 个橙子	清洗干净；小心去皮，确保不会切到带苦味的白色海绵层
桃子	3 ~ 4 个	清洗干净；去核，切成 1 英寸见方的小块；去不去皮均可
菠萝	1 个	去掉头尾；削皮去芯，然后将果肉切成 1 英寸见方的小块
李子	6 颗	在热水中迅速漂洗一遍；去皮去核，切成 4 瓣
草莓	1 磅	清洗干净；去蒂，对半切开
番茄	1 磅	在热水中迅速漂洗一遍；去皮，切成 4 瓣，去籽

① 1 磅 ≈ 0.45 千克。——译者注

把罐子保存在阴凉的地方，每天至少检查1次——最好是2～3次，每次都把它拿起来用力摇一摇。

你应该定期品尝浸渍的烈酒——首个24小时之后，每天至少尝1次。如果浸渍的是辣椒或其他风味浓郁的原料，每天应该至少尝2次，因为它们的味道很容易充斥在整杯酒中。

根据使用原料和烈酒酒精度的不同，浸渍烈酒所需的时间在2～5天不等。第7天之后，任何原料都几乎不可能再萃取出风味了。

浸渍结束之后，用湿的双层粗棉布过滤，最好是过滤到另一个大罐子里。浸渍烈酒的主要问题在于浸渍原料中的微小颗粒会残留在烈酒里，有时很难去除。因此，最好将滤出的酒液静置1天左右，让那些颗粒沉淀到罐子底部。然后，小心地将酒液倒入杯中，将沉淀物留在罐子底部，就像倒一瓶陈年波特酒那样。

如果你是用高酒精度烈酒来浸渍，那就需要对浸渍好的酒液进行稀释，把它的烈度降到适合饮用的程度。用瓶装纯净水来稀释就可以——我建议使用波兰泉（Poland Spring），因为这个牌子的纯净水基本上不带任何味道。如果你想把浸渍烈酒的酒精度降到特定的数值，那就要做一些数学运算。1升75.5°的酒中含有75.5厘升[①]酒精。现在需要把这款酒的酒精度降到50°，也就是说，1升酒中含有50厘升酒精，那么需要在酒里加51厘升水，才能达到想要的酒精度。

我不建议你把浸渍烈酒的酒精度降到50°以下。酒精度50°是一个分水岭：在这之上，浸渍烈酒通常会保持清澈，一旦稀释到50°以下，浸渍烈酒在冷冻后会变得混浊。

许多浸渍烈酒在使用前都需要加糖。意大利柠檬利口酒就是一个很好的例子：它以柠檬皮卷浸渍而成，需要增甜才易于入口。用来增甜的糖可以用单糖浆：将1杯[②]砂糖和1杯热水混合，中火加热，

① 1厘升=10毫升。——译者注

② 这里1杯约为150毫升。——译者注

其间不断搅拌，直到砂糖溶化，液体变得透明。静待糖浆冷却至室温，加入浸渍烈酒。

你还可以在浸渍烈酒中加蜂蜜，但要少量多次添加，以防它盖过其他原料的风味。另一种给浸渍烈酒增甜的方法是添加利口酒，同样，注意不要一次性加入太多。

油脂浸洗

我相信，用含脂肪产品（比如培根，甚至牛奶）来浸渍鸡尾酒的技法是埃本·弗里曼（Eben Freeman）在 2007 年发明的，当时他在纽约泰勒酒吧（Tailor）工作。他本人是在前一年从纽约餐厅 WD-50 的厨师萨姆·梅森（Sam Mason）那里学到油脂浸洗技术的。这家餐厅被誉为“分子烹饪的圣殿”。再往前追溯，我们应该指出梅森是从香水制作师那里找到灵感的，后者会用油脂浸洗来萃取那些很难用其他方式得到的芳香物质。

油脂浸洗是一种相对容易的技法，因为你只需将相应的原料（比如培根油、火腿油、爆米花甚至黄油）放入烈酒中浸泡 1 小时左右——前半小时需要摇晃几次，后半小时静置。接着将容器放入冰柜中储存几小时，然后用咖啡滤纸过滤固体物。这种做法出自《液体的智慧：调制完美鸡尾酒的科学与艺术》。阿诺德表示，如果你用的是无法在冰柜中凝固的油脂（比如橄榄油），可以用肉汁过滤器来分离油脂和烈酒。

酒吧基础：
装饰、软饮料和补充原料

在调酒杯中放入一半的优质冰块；倒入 3 大滴树胶糖浆、2 大滴樱桃利口酒、1/4 个柠檬的汁液、2 大滴佩肖苦精或安高天娜苦精和 45 毫升白兰地，混合均匀。取一个大小接近高级苏玳杯或波尔多红酒杯的柠檬，一次性削下 3/4 的柠檬皮，贴着酒杯内壁放入。然后用一片柠檬润湿杯沿，再将杯沿在细砂糖中蘸一下，这会产生一种类似结霜的视觉效果。将混合好的酒液滤入这个酒杯中，以水果装饰，上桌。

——乔治·卡普勒，《现代美国酒饮：如何调制与呈现各种酒饮》，1895 年

下面列出和介绍的产品是调酒这门手艺不可或缺的一部分。它们能够将一杯平平无奇的酒变成杰作，无论是通过增加整杯酒的深度、个性和独特细节，还是仅仅作为赏心悦目的装饰。对调酒师来说，熟悉这些产品是极其重要的：你必须了解它们的外观和口感，知道它们适合搭配哪些原料以及是哪些鸡尾酒的必备成分。

苦精

在这一章列出的所有产品中，苦精是最重要的，而且我要高兴地告诉大家，现在市面上的苦精种类多到让人眼花缭乱。只需 2 滴苦精就能让大多数鸡尾酒发生极大的变化，赋予它们新一层的维

苦精（详见第 117 页）

安高天娜苦精

佩肖苦精

橙味苦精

戴尔·德格罗夫的多香果芳香苦精

其他苦精

咸鲜味产品（详见第 123 页）

蛤蜊汁和牛肉清汤

番茄汁

番茄水

辣根酱

辣酱

伍斯特沙司（Worcestershire Sauce）

甜味剂（详见第 124 页）

单糖浆

单糖浆变种

红石榴糖浆

青柠糖浆

接骨木花糖浆

杏仁糖浆

其他风味糖浆

椰奶

蛋和乳制品（详见第 128 页）

蛋

生蛋的调味

牛奶、奶油和黄油

果汁（详见第 131 页）

橙汁、橘汁和西柚汁

蔓越莓汁

菠萝汁

酸角汁

其他果汁和果浆

各种补充性原料（详见第 133 页）

干原料

橙花水

明胶

食用色素

茶叶（详见第 133 页）

汽水（详见第 134 页）

装饰（详见第 134 页）

柠檬角和青柠角

柠檬皮卷、青柠皮卷和橙皮卷

水果圈

菠萝装饰

马拉斯奇诺樱桃

芹菜

新鲜草本植物

橄榄及其他咸鲜味装饰

巧克力糖浆、脆皮、碎屑和粉

其他各种装饰

度——我觉得大家都应该了解这一点。

适合直接饮用的苦精（比如菲奈特布兰卡）在意大利通常作为餐后酒饮用，因为人们相信它们有助于消化。但这里提到的大部分苦精都不适宜直接饮用，也就是说，它们并不应该用来纯饮或加冰饮用。非直接饮用的苦精大多用来给鸡尾酒和混合饮品增强风味。这些苦精的酒精度通常相当高——介于 70° ~ 90° ——所以保质期很长，在不冷藏的情况下可以保存 12 个月。

安高天娜苦精

1820 年，约翰·戈特利布·本杰明·西格特（Johann Gottlieb Benjamin Siegert）医生来到委内瑞拉的安戈斯图拉港口，加入了西蒙·玻利瓦尔（Simón Bolívar）将军的阵营，旨在将委内瑞拉从西班牙的殖民统治中解放出来。此前，他在普鲁士军队中服役，还曾在 1815 年滑铁卢战役中救治过伤员。1821 年，玻利瓦尔将军成功解放了委内瑞拉，挥师前往厄瓜多尔、秘鲁和哥伦比亚，继续自己的反殖民统治行动。西格特医生则留在了安戈斯图拉（1846 年更名为玻利瓦尔城）。他开始研究当地的土生草本植物，以确定它们是否可以作为药用植物。1824 年之前，他已经研发出了一款叫作“芳香苦精”的补药，且进行了商业推广。现在，这款产品叫作安高天娜苦精，在特立尼达生产，是世界上最著名的鸡尾酒苦精。

根据安高天娜公司的说法，这款苦精在诞生后不久就闻名世界，成了当时轮船上的必备品，它被用来治疗晕船、发热和坏血病。不过，这款苦精的配方一直以来都严格保密。

如果没有安高天娜苦精，许多鸡尾酒都将变得单调，但只要加上 1 ~ 3 大滴，鸡尾酒就会变得复杂、层次丰富。创意调酒师应该时刻考虑是否可以把安高天娜加入一款新鸡尾酒中，尤其是那些以棕色烈酒为基酒的，比如威士忌或白兰地。安高天娜跟其他烈酒搭配的效果也非常出色。如果你在香草冰激凌上滴一点安高天娜，你就会明白它是多么百搭。

调酒师还应该知道，安高天娜苦精能够止嗝：在一块柠檬角上蘸满砂糖，然后洒上安高天娜苦精，让打嗝的人咬一下这块柠檬角。不过，你应该清楚安高天娜苦精的酒精度是45°，以防遇上客人严格戒酒的情况。

你可以在大多数超市买到安高天娜苦精，也可以在特色食品和饮料店买到它。但是如果你买不到它或者想详细了解安高天娜公司，可以访问 www.angostura.com。

佩肖苦精

在所有鸡尾酒苦精中，佩肖的地位仅次于安高天娜。它是萨泽拉克的必需原料，而且能够在许多鸡尾酒中代替安高天娜，尤其是曼哈顿这样的鸡尾酒。最后做出来的酒不会跟用安高天娜做的完全一样，但佩肖能带来它特有的细微妙处，并提升酒的复杂度。

1795 年，安托万·阿米迪·佩肖（Antoine Amedie Peychaud）为了逃离 1790 年在法属圣多明各（如今的海地）爆发的海地革命而来到美国的新奥尔良。他的儿子小安托万·阿米迪·佩肖在 1813 年呱呱坠地。25 年之后，小佩肖在法国区皇家街 123 号开了一家药剂店。

小佩肖继承了父亲带到新奥尔良的家族秘方，把白兰地和苦精混合在一起，当作补剂出售。1850 年前后，同样的酒在新奥尔良萨泽拉克咖啡馆也开始供应。到了 19 世纪 60 年代后期，佩肖加入这家咖啡馆工作，咖啡馆老板托马斯·H. 汉迪（Thomas H. Handy）开始将这款苦精推向市场。1869 年，佩肖苦精在德国博览会上荣获金奖。

佩肖苦精在网上和大多数城市的酒类商店都有售，更多信息可以访问 www.sazerac.com。

橙味苦精

橙味苦精曾经是干马天尼必不可少的原料，它在禁酒令颁布之后便失宠了。现在，它们“杀”回来了。这一类苦精在金酒干马天尼中的表现非常出色，同时也被用于调制其他一些鸡尾酒。

我本人研发的里根6号橙味苦精（Regan’s Orange Bitters No.6）已经在市场上销售十多年了，仍然十分受欢迎。有人按照1∶1的比例把我的苦精和菲氏兄弟（Fee Brothers）橙味苦精混合在一起——在某些小圈子里，这个版本被叫作纽约橙味苦精或菲根橙味苦精——也得到不少好评。

安高天娜公司也生产一款独特的橙味苦精，里面带有一点橙子海绵层的苦味，非常有趣。另外，比特储斯（Bitter Truth）的版本也很出色。事实上，现在的苦精公司非常多，其中许多都生产橙味苦精。你应该多多品尝，找出最适合你的那一款，并且记住，不同版本的苦精适合的鸡尾酒也不一样。

戴尔·德格罗夫的多香果芳香苦精

这款苦精由著名调酒师戴尔·德格罗夫和著名苦艾酒蒸馏师T. A. 布鲁（T. A. Breaux）联手推出，具有绝妙的多香果主调，并隐隐透出大茴香和其他草本植物的香气，能够为许多鸡尾酒增添一种明显的风味。

我喜欢用它来调制曼哈顿。戴尔还推荐将它用于经典鸡尾酒，比如老式鸡尾酒、“止痛药”（Painkiller）和萨泽拉克的调制。试试在“椰林飘香”（Piña Colada）里加上几滴吧，然后你就欲罢不能了。

其他苦精

如今市面上有几百种风味的苦精：芹菜、蒲公英和牛蒡；柠檬苦精；巧克力苦精……你几乎可以在网上搜索到任何你想要的风味。主要的苦精生产商包括比特安德（Bitter End）、比特曼（Bittermans）、比特储斯、亚当博士（Dr. Adam Elmegirab）、菲氏兄弟、赫拉（Hella）和好斗（Scrappys），而它们只是众多苦精生产商中极小的一部分而已。

里根5号橙味苦精

这个配方是我根据小查尔斯·亨利·贝克所著的《绅士伴侣第2册：异域酒饮之书》（*The Gentleman's Companion, volume 2: Exotic Drink Book*）中的指引创作的。制作过程需要4周，而且请注意：这款苦精的酒精含量非常高，所以应该稀释后再使用。它适合少量用于鸡尾酒和混合饮品的制作。

8盎司干橙皮，要切得非常细（详见附注）

1茶匙小豆蔻（Cardamom Seeds），要去除外皮

½茶匙葛缕子

1茶匙芫荽籽（Coriander Seeds）

1茶匙苦木片（Quassia Chips）

½茶匙金鸡纳树皮粉（Powdered Cinchona Bark）

¼茶匙龙胆根（Gentian）

2杯谷物烈酒

4½杯水

1杯砂糖

附注：金鸡纳树皮粉、干橙皮、龙胆根和苦木片可以在网上买到。

将橙皮、小豆蔻、葛缕子、芫荽籽、苦木片、金鸡纳树皮粉、龙胆根、谷物烈酒和半杯水倒入容量为半加仑的梅森罐（Mason Jar），压实原料，让酒精和水没过原料。将罐子密封好。

每天用力摇一次罐子，连续14天。

将罐子放在一边，用粗棉布过滤酒液。抓住粗棉布的两头，形成一个小布袋，用力挤压布袋里的原料，尽可能多地将酒液挤出来。将固体原料放入坚固的碗或研钵中；将酒液倒入干净的梅森罐中，密封保存。

用研杵或加厚的勺子捣压干原料，直到压碎。

将固体原料放入平底不粘锅中，倒入3½杯水，没过原料。

中高火加热至沸腾，盖上锅盖，转小火煨 10 分钟。然后关火，静待冷却，其间不要揭开锅盖（约 1 小时）。

将固体原料和水倒入最初使用的装过酒液的梅森罐中，并盖紧盖子。让液体浸渍 7 天，每天用力摇晃一次罐子。

用粗棉布过滤梅森罐里的水。固体原料丢弃不用，将水加入之前浸渍好的烈酒中。

将糖放入小号不粘锅，中高火加热。不断搅拌，直至糖化为液态，颜色变成深棕色。关火，冷却 2 分钟。

将糖倒入烈酒中。此时糖可能已经凝结了，但它很快就会溶化。

让烈酒静置 7 天。撇去浮在表面的杂质，然后小心地将清澈酒液倒出，注意不要把罐底的沉淀物倒出来。

量一下做好的苦精，应该是 12 盎司。加入最后半杯水（或做出来的苦精的一半量），充分摇匀。

将苦精倒入苦精瓶（或带有滴管的瓶子）。室温保存，保质期长达一年。

咸鲜味产品

蛤蜊汁和牛肉清汤

这些可饮用原料可被用来制作多款咸鲜味鸡尾酒，比如“血腥凯撒”（Bloody Caesar）和“公牛子弹”（Bull Shot）。为避免浪费，你应该买小瓶装或小罐装。这两种产品打开后都应该冷藏保存。

番茄汁

番茄汁是我最大的敌人之一，我实在受不了它的质感。因此，我对调制血腥玛丽并不在行。不过，我信服的人向我保证，大多数有声誉的番茄汁品牌都适用于调酒。

番茄水

尽管我不是番茄汁的粉丝，但我很喜欢番茄水——它是非常棒的鸡尾酒原料。要自制番茄水，只需选取风味浓郁的番茄并将其切成大块，用湿润的双层粗棉布将番茄汁液挤出。番茄水可以用来制作各种咸鲜味鸡尾酒。

辣根酱

辣根酱被用来调制血腥玛丽这样的咸鲜味鸡尾酒。建议购买小罐装，打开后冷藏保存。

辣酱

尽管吧台后最常见的是常规瓶装的塔瓦斯科辣酱（Tabasco），但其实这个品牌还出其他不同风味，比如大蒜味和启波特雷辣椒味。另外，市面上还有许多不同品牌的辣酱可选。不妨用这些风味的辣酱来打造与众不同的血腥玛丽或创作跟某种菜系相关联的鸡尾酒，比如墨西哥菜。

伍斯特沙司

瓶装伍斯特沙司会被用在血腥玛丽这样的咸鲜味鸡尾酒中，吧台后应该常备。

甜味剂

单糖浆

制作单糖浆的正确糖水比例是多少？调酒师们一直对这个问题争论不休。实际上，糖水比例并没那么重要。我用的比例是 1 ∶ 1，我知道这样做出来的单糖浆的甜度。因此，对于一杯酒中要用多少量才能使之和酸味成分（比如柠檬汁）保持平衡，我心中有数。你可以增加糖的比例，这样，在用单糖浆调酒时需要加入的水就变少了。当你慢慢习惯使用这种按照自己的比例制作的单糖浆调酒时，终会熟练地调出味道平衡的酒。

我建议将单糖浆放入干净的瓶子里冷藏保存。使用时装上酒嘴，方便快速倒出。

按 1 ∶ 1 比例制作，$1/4$ 盎司单糖浆的甜度相当于 1 茶匙砂糖的甜度。

可做出 $1\frac{1}{2}$ 杯的量

1 杯砂糖

1 杯水

将这两种原料倒入平底锅，中火加热，时不时搅拌一下，直至糖溶化。静待糖浆冷却至室温，然后倒入干净的瓶子里保存。

尽管细砂糖在温度较低的液体中也可以溶化，但我还是喜欢用单糖浆，因为它能够迅速均匀地融入鸡尾酒和混合饮品中。糖粉中含有微量能够防止凝结的玉米淀粉，所以它并不能代替单糖浆。不过，在某些特定鸡尾酒的制作中，我推荐使用砂糖。

在调制凯匹林纳这样的鸡尾酒时，青柠角应该和砂糖一起捣压，直到砂糖完全溶化。在这一过程中，粗糙的糖粒会和青柠皮产生摩擦，将青柠的精油释放到酒中。各种含有青柠汁或柠檬汁的鸡尾酒都可以采用这种做法——它会给汤姆柯林斯这样的酒增添一层额外的维度。

糖粉并不适合用来制作单糖浆，却可以用作装饰，比如在制作茱莉普时撒在薄荷嫩枝上。黄糖带有浓郁的糖蜜特质，是调制爱尔兰咖啡和许多其他热饮的好选择。

其他两种甜味剂——蜂蜜和枫糖浆——有时也会出现在鸡尾酒配方中，但我觉得它们太甜了。如果不是非常小心地控制用量，它们就会很容易掩盖鸡尾酒的其他微妙风味。

单糖浆变种

从旺德里奇于 2007 年出版的《饮！》一书中，我们了解到下面的单糖浆变种，而这些变种又催生了各种绝妙风味的糖浆。它们的制作方法跟之前介绍的单糖浆制法一样，每一种都能为鸡尾酒带来不同的微妙风味。

浓郁单糖浆：2 杯砂糖溶解在 1 杯热水中。

分离砂糖 / 德梅拉拉 / 黄糖单糖浆：1 杯分离砂糖 / 德梅拉拉蔗糖 / 黄糖溶解在 1 杯热水中。

浓郁分离砂糖 / 德梅拉拉 / 黄糖单糖浆：2 杯分离砂糖 / 德梅拉拉蔗糖 / 黄糖溶解在 1 杯热水中。

蜂蜜单糖浆：1 杯蜂蜜溶解在 1 杯热水中。

龙舌兰单糖浆：1 杯龙舌兰花蜜溶解在 1 杯热水中。

草本单糖浆：将约 1 杯新鲜草本汁液加入上面提到的任意一款糖浆中，在糖开始溶化时就加入。快速搅拌一下，静待糖浆冷却至室温，用湿润的双层粗棉布过滤即可。

红石榴糖浆

真正的红石榴糖浆是用石榴汁做的，所以要检查一下产品标签，确保在配料表中能找到“石榴”这个词。安高天娜公司有一款以石榴为原料的无酒精红石榴糖浆，而雅关（Jacquin's）和布兰（Boulaine）的红石榴利口酒的酒精度极低（分别为 2.5° 和 2°），它们都是以石榴为原料制作的。

杰弗里·莫根塔勒（Jeffrey Morgenthaler）在《酒吧之书》（*Bar Book*）——调酒师必备的调酒技巧指南——中分享过一个简单、易操作的配方。以下配方是在莫根塔勒的配方基础上发展而来的，具体如下。

红石榴糖浆

可做出 3 杯的量

2 杯新鲜石榴汁，或石榴红牌石榴汁

2 杯粗糖

2 盎司石榴糖蜜

1 茶匙橙花水

将石榴汁倒入平底不粘锅中加热，然后倒入粗糖、石榴糖蜜和橙花水，时不时搅拌一下，令糖溶化。注意不要让糖浆沸腾。糖一旦溶化，立刻关火，静待糖浆冷却至室温。

将红石榴糖浆倒入瓶中，冷藏保存，保质期约 1 个月。

青柠糖浆

1867 年，劳克林·罗斯（Lauchlin Rose）开始在苏格兰爱丁堡商业化生产增甜青柠汁，这在历史上是首次。罗斯也为自己发明的无须添加酒精就能保存柠檬汁的方法申请了专利。同年，英国皇家海军和英国商船的所有船只都规定，船员的每日配给必须包括青柠汁。很快，罗斯的青柠汁就全球闻名。

增甜青柠汁不应用于调制那些含有新鲜青柠汁的鸡尾酒，但它是某些鸡尾酒不可或缺的一部分，比如“螺丝锥”（Gimlet）和“拉格青柠”（Lager and Lime）。调酒师可以尝试用青柠糖浆来增甜，比如代替红石榴糖浆或单糖浆，从而创造出新的鸡尾酒。

你可能注意到有些瓶装青柠汁会变色：随着时间推移，它们会变成黄棕色，这是氧化作用造成的。对大多数酒吧而言，这不是什么问题，因为增甜青柠汁用得很快，还来不及氧化就被用完了。不过，如果是家用的——安高天娜公司再次成了救星——安高天娜生产的调味青柠汁是一款不会氧化变色的增甜产品。

接骨木花糖浆

这一类糖浆通常可以在德国特色食品店买到，也可以从网上购买。

杏仁糖浆

这是一种带有坚果味和柑橘果味的甜味糖浆，以杏仁和橙花水调味，主要用于调制热带风格鸡尾酒。通常在特色食品店有售。

其他风味糖浆

许多配方，比如三叶草俱乐部、炮铜蓝色、僵尸，都会用到各种风味糖浆，比如覆盆子糖浆和肉桂糖浆。这些糖浆通常可以在特色食品店买到，也可以从莫林公司官网（www.monin.com）订购。根据我的经验，这是家很不错的公司。

椰奶

罐装椰奶非常厚重黏稠，可用于调制椰林飘香这样的鸡尾酒。开罐前应该用力摇一摇，即便如此，你也需要经常对椰奶进行搅拌，直到浮在表层的油跟椰奶融合在一起。

蛋和乳制品

蛋

只有很少的酒会用到生蛋，但如果没有生蛋清，你就没法制作皮斯科酸酒、拉莫斯金菲兹和蛋奶酒。尽管生蛋被沙门菌感染的情况非常少见，但你一定要把它作为一个考量因素。在有些州，供应生蛋给客人食用是违法的，所以你要查一下当地的法律规定。市面上能买到经过巴氏杀菌处理的生蛋，美国食品药品监督管理局也批准它们用于生食或非全熟食用。

在用蛋清、蛋黄或整只蛋调酒时，你需要多费点功夫才能达到想要的质感。为了充分融合所有原料（通常称为乳化），你可以采用不止一种技法和工具。

干摇法适用于任何含有蛋的配方。这一技法是我从布鲁克林“袖带和纽扣”（Cuff and Buttons）酒吧的查德·所罗门（Chad Solomon）那里学到的。将蛋和其他原料倒入摇酒壶，不加冰摇 5 ~ 10 秒，要用力摇才能达到理想的效果。然后，加冰再摇 10 ~ 15 秒。这个方法之所以有效，是因为蛋在室温下比在低温下更容易乳化。

有些调酒师会把霍桑过滤器的不锈钢圈取下来，放入摇酒壶里一起干摇。这么做似乎会产生摇晃和打发的双重效果，从而令蛋更快乳化。

你还可以用打奶泡器（一种插电或电池供电的手持打奶泡工具，通常用于制作卡布奇诺这样的饮品）来乳化含有蛋的鸡尾酒。同理，你应该在加冰前在摇酒壶中进行蛋的乳化处理。我们认为，这一技法的首创者是被称为“创意天才”、常驻西雅图的加拿大调酒师杰米·布德罗（Jamie Boudreau）。

我还见过调酒师用打蛋器来达到同样的效果。在某年的帝亚吉欧世界调酒大赛决赛上，一名叫马克西姆·赫尔特（Maxime Hoerth）的法国调酒师就是用打蛋器在小号搅拌碗中打发酒液的，看上去非常优雅，法式范儿十足。打发完之后，他将酒液倒入摇酒壶，加冰冷却后过滤。

如果你选择用生蛋，应该把蛋打到一个专门的容器里，而非直接打进调酒杯，并且应该先检查一下蛋液的新鲜度，再开始调酒。你还可以在打蛋之前检查一下整只蛋是否新鲜：把蛋放入装有水的碗中，如果它浮起来了或是呈直立状态，而非沉入碗底，那么这只蛋已经不新鲜了。

沙门菌 一篇2008年刊登于《旧金山纪事报》（*San Francisco Chronicle*）、由辛迪·李（Cindy Lee）执笔的文章引用了加利福尼亚大学伯克利分校食品微生物学家及名誉教授乔治·昌（George Chang）的话，称“针对来自现代蛋厂的无破损干净鸡蛋的研究显示，检测出含有沙门菌的鸡蛋不足1%”，而因食用鸡蛋造成的沙门菌食物中毒风险“可能甚至低于生吃沙拉的中毒风险”。这篇文章继续写道，因食用蛋清造成的中毒风险甚至更低。旧金山公共卫生部首席卫生检查员及食源性传染病暴发调查主管劳伦斯·庞（Lawrence Pong）表示：“蛋清是碱性的，而沙门菌菌落无法在碱性环境中生存。”

生蛋的调味

生蛋有时会散发出一种气味，让一些人无法忍受。我为《旧金山纪事报》撰稿时的编辑乔恩·博内（Jon Bonné）曾经分享过一条经验：只要加一两滴苦精就能很好地掩盖这种令人不快的味道。在撰写本书时，我相信他正在尝试用蛋清和橙味苦精制作玛格丽特。我在伦敦的调酒师朋友汉娜·兰菲尔（Hannah Lanfear）告诉我，她用柑橘果皮卷来掩盖酸酒中令人不快的气味。

你还可以在调酒前先给蛋清调味，从而去掉异味。比如你打算做一杯拉莫斯金菲兹，那就可以考虑用橙皮来给蛋清调味。英格兰沃里克郡凯尼尔沃斯酒店（Kenilworth Hotel）的酒吧经理罗伯特·伍德（Robert Wood）和常驻阿伯丁的调酒师兼苦精生产商亚当·阿尔梅吉拉伯（Adam Elmegirab）也建议我给生蛋调味。亚当认为这种做法可能源自意大利人：他们用松露给生蛋调味。蛋壳多孔，所以只需把蛋储存在草本植物或茶叶中，也可以用柠檬皮盖住蛋，如此就能轻松透过蛋壳调味了。只过一天，你就会发现蛋的味道改变了。我还从鸡尾酒博主弗雷德·亚姆（Fred Yarm）那里学到了一种方法，用在柠檬油中浸泡过的布盖住鸡蛋也能很好地提升风味。

牛奶、奶油和黄油

对配方中有牛奶、奶油或半对半奶油的鸡尾酒来说，这 3 种原料可以相互替代使用。不过，如果你选择用奶油，最后做出来的酒当然会更厚重，且具有令人愉悦的顺滑质感。你应该在使用乳制品前检查一下它们的新鲜度。

如果你想用鲜奶油，那么重奶油是最容易打发至理想质感的。尽管有人喜欢把奶油打发至形成尖角，但我喜欢在奶油变厚却仍然可以倒出来的时候停止打发。这样奶油可以漂浮在酒液表面，变成酒的一部分，而非要用勺子舀着吃的食物。

黄油可用于调制热黄油朗姆酒。黄油应一直保持冷藏，而且调酒时必须用不加盐的黄油，除非配方明确说明要用咸黄油。

果汁

调酒时应该尽量使用新鲜果汁，尤其是青柠汁和柠檬汁。许多酒吧会用所谓的“甜酸剂”来代替这两种果汁，但我发现它太甜了，更别提没有一种甜酸剂能够同时代替两种不同的果汁了。不过，用不了多久，肯定会有公司推出好用的产品，帮助调酒师节省时间。但目前，如果你的果汁用量大到实在没办法自己榨汁，那就应该去找能够供应冷藏新鲜果汁的公司。

如果你工作的酒吧生意很忙，不妨提前给新鲜柠檬汁和青柠汁增甜：¾ 盎司单糖浆兑 1 盎司新鲜青柠汁或柠檬汁，是不错的比例。你可以尝试各种不同的比例，直到找到适合你的比例，但我强烈建议你不要加太多糖浆，因为这会使鸡尾酒的味道失衡。你可以在单杯鸡尾酒中多加一点甜味剂，以满足个别客人的需求。

橙汁、橘汁和西柚汁

同理，在用橙汁、橘汁和西柚汁调酒时，新鲜果汁是最好的，冷藏新鲜果汁次之。如今，有些盒装果汁品牌的品质比 5 年前提升了很多，所以，如果你只能买到这样的果汁，我并不反对用它们来调酒。

蔓越莓汁

如果你看一下瓶装或罐装蔓越莓汁的标签，你会注意到它们通常都是“调和蔓越莓汁”。这是因为纯蔓越莓汁味道太苦，无法直接饮用，必须增甜后才能在家中或酒吧里使用。大部分调和蔓越莓汁产品都可以用来调酒。

菠萝汁

和蔓越莓汁一样，我发现大多数罐装菠萝汁产品都可以用来调酒。

酸角汁

这种酸酸甜甜的热带果汁在许多特色食品店都有售，尤其是主营亚洲食品的商店。它很容易盖过鸡尾酒中的其他风味，所以要少量多次添加。

其他果汁和果浆

其他许多果汁和果浆——木瓜、杧果、番石榴、苹果、桃子和各种水果——也能在市面上买到，而且品种似乎与日俱增。尽管新鲜的永远是最好的，但大部分这样的产品也可以用于调酒。在打开装有果浆的容器前一定要用力摇一摇，因为这些产品在摆上货架之前可能就已经沉淀分层了。

各种补充性原料

干原料

在制作边车、玛格丽特、巧克力马天尼和血腥玛丽等鸡尾酒时，砂糖、粗盐、可可粉、欧德贝海鲜调味料和其他干原料经常被裹蘸在整圈杯沿上。这些原料平时应该在密封容器中储存，但在营业时段，最好把它们放在吧台后的小碟子里，便于取用。

橙花水

很少有鸡尾酒会用到橙花水，我能马上想到的只有拉莫斯金菲兹。这种散发着精致花香的原料以橙花制成，在特色食品商店很容易买到。

明胶

在我看来，原味明胶是制作果冻酒的唯一选择（详见第182、268、331页）。

食用色素

食用色素在大部分食品商店的烘焙区有售，在吧台后很少用到，但是如果你想制作果冻酒，那么你需要它们。你可以用白橙皮利口酒加蓝色食用色素来代替蓝橙皮利口酒，但一定要小心地少量多次添加，直到达到你想要的蓝色为止。

茶叶

当下茶叶正在成为一种日渐流行的鸡尾酒原料，而且没有其他原料能够代替它的调酒效果。市面上的茶叶种类非常多，调酒师在创作新配方时可以利用这一点。我对用茶调酒做过一些试验，建议你在泡茶时泡得比日常饮用的浓一点。你应该提前把茶泡好，让它有足够的时间冷却至室温。

汽水

谢天谢地，直接从汽水机“喷枪”里出来的汽水如今在酒吧里越来越少见了，现在有各种优质瓶装汽水可选。优秀酒吧会常备最好的汽水品牌，而且会选择小容量瓶装款，包括柠檬青柠汽水、可乐、干姜水、姜汁啤酒、苏打水、汤力水和一系列经常用到的新奇口味汽水，就像常备果汁一样。如果你用的是这样的小瓶装汽水，可以先往酒里倒入少许汽水，然后把瓶子放在旁边的餐巾纸或杯垫上，让客人根据自身喜好加入酒中。

根汁啤酒、沙士、桦树啤酒和其他各种辛辣味汽水很容易就能买到，它们是对基本款汽水的很好补充。其他大多数汽水对很多成年人来说太甜了，最多只能喝一杯。

有一款汽水不但非常适合用来调制无酒精鸡尾酒，而且加冰饮用也十分清爽怡人，那就是圣培露无酒精苦味汽水。它的味道很像金巴利。圣培露公司还生产风味复杂的柠檬汽水和橙子汽水。以上 3 款汽水都能够在意大利特色食品商店买到。供应圣培露瓶装水的批发商应该能向酒吧和餐厅供应这些产品。

还有一款汽水也值得一提，那就是苦柠檬汽水，它在美国很少见到。苦柠檬汽水其实就是柠檬味道的汤力水，搭配金酒或伏特加的效果极佳。自制方法很简单：在普通汤力水中加入新鲜柠檬汁，然后用少许单糖浆调节甜度，以满足不同口味需求。

装饰

水果装饰对调酒师来说非常重要，一定要尽可能地用新鲜的水果。没有什么比看到调酒师为鸡尾酒现切柠檬皮卷更让我心情愉悦了，但在生意繁忙的酒吧里并不总能做到这一点。绝大部分调酒师在营业前就把装饰准备好了，他们会尽量准确地预估用量，准备好当天或当晚的装饰。

如果用湿纸巾盖住，有些装饰，比如柠檬皮卷可以保存到第二天使用。调酒师必须在第二天检查一下它们是否仍然新鲜，是否可用于调酒。

顾名思义，装饰是能够让鸡尾酒看上去更美观的额外原料。有些装饰本身也是鸡尾酒的原料，所以新鲜度再次成了考量因素之一。例如，柑橘水果角从切开的那一刻起就开始损失果汁，所以一旦发现它们不能用了，就要换掉。判断方法很简单：拿一个柑橘水果角挤汁，看看能挤出多少果汁（¼ 个青柠应该含有 ¼ 盎司果汁）。

柠檬角和青柠角

我喜欢用大号的柠檬角和青柠角。柠檬或青柠大小不同，切出来的水果角数量不同，但大多数青柠切出来的青柠角不会超过 4 个，最多不超过 6 个，而柠檬通常可以切成 6 ~ 8 个柠檬角。

要制作柠檬角和青柠角，必须先用锋利的水果刀把柠檬和青柠两头切掉，然后根据你想要的形状，纵向或横向地将其切成两半。因为两种水果大小不同，我一般会横向切青柠，纵向切柠檬。现在，把切好的两半切成大小相同的瓣状，记住大小很重要。切好的柠檬角和青柠角应该分别能挤出 ¼ 盎司果汁。根据经验，这相当于 ¼ 个青柠或 ⅙ 个柠檬所含的果汁量。

纵向切成两半的柠檬能够再切成长而细的柠檬角，便于挤汁。横向切成两半的青柠则能再切成矮而扁的青柠角，同样可以轻松用于调酒。

柠檬皮卷、青柠皮卷和橙皮卷

柑橘果皮卷的切法有很多种，我的观点是越大越好。它们的作用是为鸡尾酒增添果皮精油（详见第 98 ~ 99 页），而果皮越大，进入酒里的精油就越多。

要制作柑橘果皮卷，先把柑橘水果的蒂切下来，当成一个底座，然后底座朝下把水果立起来，小心地切下条状果皮。果皮的宽度取决于水果的大小和形状，尽可能地把果皮切得宽些。果皮下的白色海绵层要保留一部分，但一定不要切到果肉。同理，每片果皮的长度取决于水果的大小，但应该尽量切长些，短的果皮并不实用。

你还可以旋转着切果皮，让切下来的果皮呈螺旋状，但这样的果皮用起来相当困难。不过，如果你想用螺旋状果皮覆盖酒杯内壁，那应该提前把酒杯准备好，而且要选择偏细的酒杯，比如笛形香槟杯。

水果圈

最常见的切成圆形的装饰是橙子，但有时青柠和柠檬也会这么切。不过，橙圈是可以吃的，相比之下青柠圈和柠檬圈很少有人会吃。青柠圈和柠檬圈并不能代替青柠角和柠檬角使用，因为它们很难挤汁，无法达到与后者一样的效果，但它们的视觉效果很棒。

橙圈经常会被切成两半使用。调酒师应该根据橙子和酒杯的大小做出判断：是一整个橙圈还是半个橙圈更适合你面前的这杯鸡尾酒。

要制作水果圈，你必须先切掉水果的两头，而且要切得足够深，令果肉露出。然后稳稳地按住水果，切成 1/4 英寸厚的圆片。如果你要用完整的水果圈，需要从果皮到水果圈的圆心划一刀，然后把它卡在杯沿上。如果你要用半个水果圈，需要从水果圈的圆心到白色海绵层划一刀，让它可以挂在杯壁上。

菠萝装饰

菠萝是美味的可食用装饰，但它很难处理。你要根据菠萝的成熟度来决定把它切成什么形状，而这又决定着最后做出来的装饰有多坚挺。较硬的菠萝可以切成长条，而较成熟的、偏软的菠萝最好切成大块或方块。你还可以用饼干模具来制作各种形状的菠萝装饰。如果你想这么做，无须事先给菠萝去皮。你只需把菠萝切成 1/2 英寸厚的圆片，然后用饼干模具压出装饰，注意避开坚硬的菠萝芯。

制作菠萝长条或方块时，你需要先把菠萝的头尾切掉，然后刀口朝下，去皮。留在果肉表面的黑点要用水果刀全部挖掉。接下来，沿着菠萝的侧边切片（约 1/2 英寸厚），直到切到坚硬的菠萝芯。现在，你可以把切下来的菠萝片切成长条了。如有需要，可以根据酒杯大小把它们切成合适的长度。如果你要做的是菠萝块装饰，那就直接把菠萝切成 1/2 英寸见方的方块，然后穿在牙签或鸡尾酒签上，便于客人取用。

马拉斯奇诺樱桃

谢天谢地，那种带着杏仁味，经过巴氏杀菌处理，用氧化钙、糖、食用色素和调味剂做出来的老式马拉斯奇诺樱桃罐头正在离我们远去。

自制马拉斯奇诺樱桃在 21 世纪的鸡尾酒吧里要常见得多。最简单的自制方法是购入冷藏去核黑樱桃，把它们放入梅森罐，加入优质樱桃利口酒，使之没过黑樱桃，密封放入冰箱冷藏，1 个月后即可使用。感谢达拉斯风车酒廊（The Windmill Lounge）的路易斯·欧文斯（Louise Owens）教给我这个方法。当然，你不必局限于樱桃利口酒风味的樱桃，可以用白兰地、波本威士忌或其他任何烈酒、利口酒来浸泡黑樱桃，以用于调制特别的鸡尾酒。

芹菜

芹菜茎——彻底清洗摘择且通常要切短以放进酒杯——是很好的血腥玛丽装饰。不过，一定要确保芹菜够脆、够新鲜。如果你需要把芹菜展示出来，最好把它们存放在底部有一些冰水的容器中。

新鲜草本植物

迷迭香、百里香、芫荽、鼠尾草、罗勒和薄荷这样的草本植物能达到非常成功的装饰效果，但调酒师必须注意使草本植物的香气和鸡尾酒和谐搭配。比如，迷迭香和百里香适合搭配以金酒调制的鸡尾酒；芫荽和血腥玛丽是好搭档；而薄荷通常用于调制莫吉多（一款以朗姆酒为基酒的长饮），当然还有薄荷茱莉普。新鲜草本植物最好用底部有冰水的容器存放。

橄榄及其他咸鲜味装饰

不同品种的橄榄，大小各不相同，且去核后可以用多种其他原料填充，比如杏仁、蓝芝士、甜椒和凤尾鱼。橄榄通常用来装饰干马天尼，而马天尼爱好者通常有自己的口味偏好，许多客人对橄榄的选择很挑剔。最安全的办法是使用盐水浸泡的普通去核橄榄，你最好也准备一些有馅的橄榄，以给客人更多选择。

如果你想让自己的橄榄更有特色，可以自制“盐水”：在干味美思中加入新鲜草本植物，比如罗勒、百里香或迷迭香，在炉子上小火煮 5 分钟左右，然后盖上盖子，静待冷却至室温。把橄榄罐子里的盐水倒掉，用做好的草本植物味美思代替即可。

刺山柑也是很好的马天尼装饰，我甚至见过用普通刺山柑装饰的马天尼，但最常见的其他马天尼装饰是珍珠洋葱（同样用盐水浸泡过）——它让马天尼变成了吉布森。在使用任何此类浆果形状的装饰时，唯一一条经验法则是必须使用单数。加 1 颗橄榄是标准做法，3 颗可以接受，但 2 颗绝对不行。我认为这源自古老的迷信，但找不到可信的出处。巧合的是，用咖啡豆装饰桑布卡时，这条准则也适用。

我还见过一些用酸豆角、泡秋葵、迷你泡番茄，甚至切成小块的泡佛手瓜装饰的马天尼配方。装饰并无定规，选择你喜欢的可食用原料即可。

巧克力糖浆、脆皮、碎屑和粉

大多数巧克力糖浆和巧克力碎屑产品都可以用来调酒，我还见过一个配方，它甚至用到了巧克力魔力脆皮——这是斯味可公司

（Smuckers）旗下的一款产品，冷冻后会变硬。巧克力粉有时也会用作装饰，而且做法很简单：只需用冰巧克力现磨粉就可以。不过，如果你在营业前就把巧克力粉磨好了，要把它冷藏保存。

其他各种装饰

几乎所有能够增强鸡尾酒美观性的可食用原料都可以为调酒师所用。“好时之抱”或“好时之吻”可以用来装饰清澈的巧克力马天尼，彩色糖屑可以蘸在涂有巧克力糖浆的杯沿，而迷你拐杖糖若用在节庆主题鸡尾酒里肯定看上去棒极了。

整株丁香通常用在热托蒂这样的热鸡尾酒里：作为装饰，其主要用途是为鸡尾酒增添氛围。肉桂棒、糖渍姜和香草豆也可以用作装饰，奇异果、草莓、香蕉和无数其他水果作为装饰也是可以接受的，前提是它们跟鸡尾酒的风味相配。奇异果和香蕉应该去皮切片，草莓要去蒂，然后在这些水果上切一道“槽口”，让它们能够卡在杯沿上。

有一种做法在大约100年前就已经不流行了，那就是在鸡尾酒（尤其是用碎冰做的鸡尾酒）上堆满浆果和小片水果，比如草莓和香蕉。曾经，这样的鸡尾酒在一流酒吧都能喝到，而且还会附上小勺，方便客人吃上面的水果。我真希望这种做法能够在美国酒吧重新流行起来。

工具和容器

液泵、木槌、过滤袋或纸、手摇曲柄钻、测酒仪、螺丝锥、桶塞锤、抽酒用的橡胶管、取酒样筒、温度计、热水壶、柠檬榨汁器、量酒器、压软木塞机、香槟龙头、糖蜜壶、明信片、细颈坛、痰盂、用来清洗瓶子的小杯烈酒、铁路指南。

——哈里·约翰逊，摘自1900年版《新编改良调酒师手册》（*New and Improved Bartender's Manual of How to Mix Drinks*）中的“酒吧所需器具大全”一章

调酒师手边必须常备合适的工具才能调制出各种各样的鸡尾酒，而且他必须知道如何正确使用酒吧设备。不过，调酒师完全可以在调酒时融入个人风格。我曾经见过一名调酒师用两个金属听来调酒，而不是用一个玻璃杯和一个金属听（这是波士顿摇酒壶的常规配置）。这两个金属听来自不同的生产商，其中一个口子要比另一个大一点，因此组合在一起效果很不错，全金属摇酒壶在调酒师的手中看上去很时髦。原来，这家酒吧没有给波士顿摇酒壶订购合适的玻璃杯，所以调酒师就自由发挥了一把。即便后来合适的玻璃杯到货了，他也决定继续使用两个金属听。这没什么不对，这展示了调酒师的表现力和想象力。下面是开一家合格的酒吧所需设备清单。

鸡尾酒和混合饮品制作

下面列出的是调酒专用的标准工具，它们已经在吧台后被传承了

100 多年了。如今，调酒师还会使用各种化学烧杯和世界各地不同公司生产的华丽的调酒杯。这是一种能够让调酒师在吧台后看上去与众不同的不错的方式。

波士顿摇酒壶：它由两部分组成——一个容量通常为 16 盎司的玻璃调酒杯和一个稍微大一点的平底金属听。在制作加冰搅拌式的鸡尾酒时，玻璃杯可以单独使用；在制作摇晃式鸡尾酒时，两个部分要一起使用，金属听要盖在玻璃杯上。

吧勺：带螺纹柄和浅底勺头的长柄勺，用于搅拌鸡尾酒，起到冷却和稀释的作用。

霍桑过滤器：一种顶部平滑、有孔的金属工具，外缘围有一圈连续的金属丝，起到固定过滤器的作用。手柄短，顶部和侧边带有 2 个或 4 个凸出的“大拇指”，这是为了让它和波士顿摇酒壶紧密贴合。霍桑过滤器的作用是过滤波士顿摇酒壶金属听里的酒液。

茱莉普过滤器：一种有孔的汤匙形过滤器，用于过滤玻璃调酒杯里的酒液。

马天尼扎壶：玻璃马天尼扎壶如今很少有人用了。它的外观通常高而优雅；壶嘴非常尖，这是为了防止冰落入酒杯中；一般还会附带一根玻璃棒，用于搅拌鸡尾酒。

鸡尾酒摇酒壶：这种金属摇酒壶有一个紧紧贴合的顶盖，顶盖下方是跟金属听合为一体的过滤器。鸡尾酒摇酒壶设计优雅，无论在家中还是吧台后都可以使用。

短摇酒壶：波士顿摇酒壶的金属听的迷你版本。使用时要把它盖在一个玻璃杯上——通常是老式杯，其作用是把玻璃杯中的酒液摇匀。我发现这样的工具没什么实际功用。

电动搅拌机：用于制作冰沙鸡尾酒、碎冰和果泥。动力强劲的搅拌机对酒吧来说是必备的，因为制作碎冰需要很大的力度和锋利的搅拌刀片。要用搅拌机制作出质感丝滑的冰沙鸡尾酒，你必须搭配吧勺使用。

装饰制作

砧板：木头或塑料小砧板是制作水果装饰的必备工具，可以轻松置于吧台后。

削皮刀：小巧锋利的削皮刀是制作水果装饰时一定会用到的工具。

捣棒：用来在酒杯或调酒杯中捣碎和混合原料的木杵，要用扁的那一头。

刨丝器：一种小巧的金属刨丝工具，使用时置于鸡尾酒上方，以便原料（如肉豆蔻）落入酒中。

酒瓶、罐头的开启和储存工具

开瓶器：大多数酒吧在吧台后安装了专业开瓶器，下方配有一个专门用来装瓶盖的容器。如果没有，调酒师应该在手边备好一个袖珍开瓶器。

罐头刀：金属罐头刀有两个用处。一头可以在罐头上戳洞，以便倒出罐头里的液体，另一头可以用来开瓶。

葡萄酒开瓶器：葡萄酒开瓶器有各种不同的型号可选。双翼式开瓶器可以轻松适配瓶颈，转入软木塞时双翼是张开的，将双翼压下就能拔出软木塞。海马开瓶器需要先将螺旋钻插入软木塞，然后不停地顺时针旋转翼形螺帽形状的把手，将软木塞拔出。兔型开瓶器用法简便，强烈推荐——它有两个易于操作的把手，而且软木塞能够很容易地从螺旋钻上取下。老酒开瓶器的使用方法是将两片薄薄的刀片插入软木塞和酒瓶之间，牢牢夹住软木塞，然后把软木塞从酒瓶中拔出。我发现这种开瓶器的使用效果不怎么好。海马刀是一种袖珍折刀般的工具，可以轻松放进口袋里。它的刀片能够割开酒瓶顶部的锡箔，螺旋钻能够钻入软木塞，卡位能够卡在瓶嘴上，只需将手柄往上拉就能将软木塞拔出。我强烈建议职业调酒师使用这种葡萄酒开瓶器。

香槟密封塞：这种带弹簧的小工具可紧紧夹在打开了的香槟或起

泡酒瓶口上，起到密封的作用，防止气泡流失，是调酒师的必备工具。

榨汁器和果汁容器

柑橘类水果榨汁器：柑橘类水果榨汁器有两种基本型号。一种是典型的玻璃或塑料榨汁器，带一个尖尖的圆锥体，把水果放在圆锥体上挤压出汁。环绕着圆锥体的凹槽用来收集果汁；凹槽里的小突起用来防止水果中的籽掉进果汁里，但它们的效果不怎么好。另一种是木头榨汁器，它是一种顶端带尖头圆锥体的手柄，在吧台后使用看上去非常专业。这种工具应该搭配过滤器使用，以滤掉水果中的籽。

杠杆榨汁机：这种专业的工具放在吧台上看起来棒极了，而且榨汁的效率非常高。使用时，将水果放在多孔的金属圆锥体上，然后把杠杆往下压，一个金属帽会把水果压向圆锥体，而果汁会流入玻璃杯或其他容器中。如果你想准备好一天的果汁用量，强烈推荐使用这种榨汁机。我会搭配过滤器使用，以滤掉水果中的籽和大部分果肉。

电动榨汁机：电动榨汁机的设计类似玻璃材质的柑橘类水果榨汁器。它们的圆锥体会不停地转动，据说能够让榨汁变得更容易，但你仍然需要使出很大力气才能把果汁榨出来。我觉得电动榨汁机的效果并不好。

扎壶和卡拉夫瓶：玻璃扎壶和卡拉夫瓶可以用来储存和供应果汁。

果汁瓶：这些容量为 1 升的塑料果汁瓶带有可拆卸瓶颈，并且附带瓶嘴，用起来很方便。瓶颈拆下来后，可以用螺旋盖把瓶子盖紧。瓶嘴和螺旋盖有多种颜色可选，你可以用不同的颜色来给果汁做标记。

冰的储存、处理和使用

冰桶：金属冰桶是为客人提供冰葡萄酒时必须用到的。为了让冰块用起来方便，建议选择尺寸较小且内部有孔的冰桶，这样融化的冰水会滴入容器底部，跟冰分离开来。这样的冰桶在家庭酒吧中很有用，但专业酒吧并不需要，因为后者通常会把冰储存在水槽里。

碎冰工具：你可以把冰包裹在不起毛的茶巾里，用橡胶棒甚至是擀面杖敲碎，你也可以选择电动或手摇碎冰机。手摇碎冰机可能难以操作，而很多电动碎冰机运转起来噪声很大，所以调酒师应该在酒吧开门营业之前就把碎冰准备好。

冰铲和冰夹：金属冰铲能够让你轻松快速地将冰块铲入杯中，而冰夹每次只能夹取一枚冰块。不过，在小型高端酒吧和家庭酒吧里，用冰夹更为优雅。

测量工具

量酒器：大多数金属量酒器由两个圆锥体组成，通过尖头连接在一起。一个圆锥体的容量为 1 盎司，另一个圆锥体的容量为 1½ 盎司。在需要精准测量的情况下，使用量酒器的视觉效果是非常吸引人的。

量勺：有时你需要一套金属或塑料量勺来量取干原料，比如当一杯咸鲜味鸡尾酒需要用到 ¼ 茶匙盐的时候。

定量酒嘴：有些酒嘴会附带测量装置，确保调酒师每次倒出的酒液不会超过某个特定的量（通常是 1½ 盎司），只有把瓶身拿正才能重新开始倒酒。我很讨厌这样的装置，它们的存在是对调酒师的侮辱。

苦精瓶：商业苦精品牌都带有一种叫作“滴嘴”的装置，确保从瓶子里只能倒出少量苦精。古董苦精瓶非常美观，可以通过不同渠道买到。商业苦精瓶在彻底清洗并去除纸标后，可以用来装苦艾酒、法国廊酒，以及其他仅需少量使用、风味浓郁的原料。当然，古董苦精瓶也可以这么用，带滴管的小瓶子也可以——滴管在网上很容易买到。

快速倒酒酒嘴：紧紧装在瓶颈里的金属（推荐）或塑料（强烈不推荐）酒嘴能够让倒酒变得快速高效。不同酒瓶的瓶颈尺寸并不统一，所以酒嘴可能很难装进某些酒瓶里，而装在另一些酒瓶里又太松了。酒嘴的喷管粗细也各有不同——较粗的出酒速度更快，通常被称为“加利福尼亚酒嘴”。每家酒吧都应该选择一个特定大小和品牌的酒嘴，这样调酒师才能知道倒酒的速度如何。另外，从视觉上来说，所有酒瓶都装有同样风格的酒嘴会令人感到愉悦。用来装青柠汁、柠檬汁和单糖浆的瓶子也应该装上酒嘴——这些原料通常只需少量使用。

酒饮呈现

吸棒或搅拌棒：这些短而细的吸棒和搅拌棒（中间没有孔）通常用于高球和加冰饮用的鸡尾酒的制作。它们应该放在吧台上或吧台后，方便调酒师取用。

吸管：酒吧应该常备不同粗细和长度的吸管，用于冰冻鸡尾酒、茱莉普和其他许多酒饮。

餐巾纸和杯垫：餐巾纸或具备一定厚度的纸板杯垫可以放在酒杯下，以吸收化水和洒出来的酒液。

鸡尾酒签：一种短而尖的签子，通常用竹子或塑料制成，用来刺穿装饰，一般放在酒杯上面。

酒杯

调酒师必须特别注意保持酒杯的清洁。无论是递给客人供他们自己倒酒的酒杯，还是调酒师用来调酒的酒杯，都应该一尘不染。

——哈里·约翰逊，《新编改良调酒师手册》，1900 年

不管是在酒吧还是在家里，要制作各种不同的鸡尾酒就需要配备不同风格和大小的酒杯。在购买酒杯之前，你应该想一想哪些鸡尾酒在任何酒吧都有供应。为了方便和节省成本，你不妨用同一种风格的酒杯来装多款不同的鸡尾酒。比如，如果你不打算供应飓风鸡尾酒，那就没必要买飓风杯；但是如果你想供应飓风，可以考虑用飓风杯来装所有冰沙类鸡尾酒，甚至是其他热带风格的鸡尾酒，比如种植者潘趣。

你应该检查一下吧台后用来储存酒杯的空间有多大——有些酒杯可能很高，没办法放进架子。你还应该检查一下啤酒龙头和排水槽之间的空间，确保酒杯能放进去。我可以用我的个人经历告诉你，啤酒杯放不进去很烦人。下面列出了各种不同风格的酒杯及其容量，不过要注意，市面上的酒杯有着各种各样的形状和大小，估计只要费点劲儿就能找到任意大小和形状的酒杯。

适用于烈酒和加强型葡萄酒

白兰地杯
5 ~ 8 盎司

甜酒杯
2 ~ 3 盎司

雪莉酒杯
3 ~ 4 盎司

一口饮杯
1 ~ 2 盎司

伏特加杯
1 ~ 3 盎司

适用于葡萄酒

笛形香槟杯
6 ~ 8 盎司

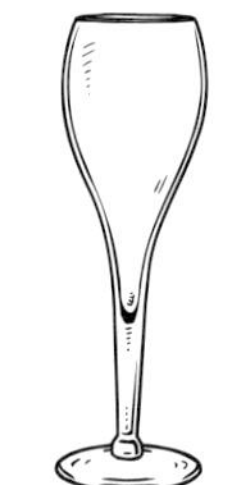
郁金香形香槟杯
6 ~ 8 盎司

碟形香槟杯
6 ~ 8 盎司

红葡萄酒杯
8 ~ 12 盎司

白葡萄酒杯
8 ~ 12 盎司

适用于啤酒

啤酒杯
10 ~ 16 盎司

英式啤酒杯
20 盎司

调酒杯
（亦可用来装啤酒）
16 盎司

皮尔森杯
10 ~ 14 盎司

适用于鸡尾酒和混合饮品

鸡尾酒杯或马天尼杯
4 ~ 8 盎司

柯林斯杯
8 ~ 12 盎司

高球杯
8 ~ 10 盎司

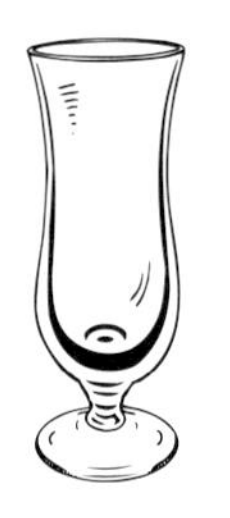

飓风杯
14 ~ 20 盎司

爱尔兰咖啡杯
8 ~ 10 盎司

老式杯、双重老式杯或洛克杯
4 ~ 8 盎司

彩虹酒杯
2 ~ 4 盎司

酸酒杯
3 ~ 6 盎司

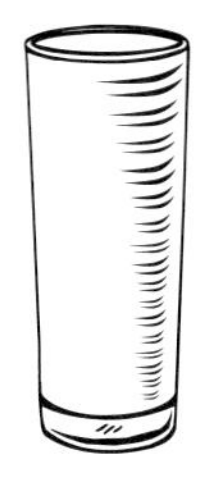

僵尸杯
10 ~ 12 盎司

系出同源：
鸡尾酒和混合饮品家族

我曾经整理过其他作者对酒饮的描述，在这一过程中，我开始试着对酒饮家族进行定义。我仔细研读了托马斯、约翰逊、恩伯里和格兰姆斯的著作，并且征询了其他鸡尾酒专家的意见——特德·黑格是我最常咨询的人。我会看一下鸡尾酒的定义，然后根据一款酒必须用到的原料判定它属于哪个特定的鸡尾酒家族。

启发我创造鸡尾酒新家族的人也是特德·黑格。他指出玛格丽特只不过是边车的变体（却毫不逊色）：它们都是用基酒、柑橘类果汁和橙味利口酒调制而成的——前者是用特其拉、青柠汁和橙味利口酒调制，后者是用白兰地、柠檬汁和橙味利口酒调制。肯定还有其他鸡尾酒遵循了同样的规则，我想。事实证明，我是对的。

不过，将鸡尾酒分门别类并不仅仅是为了分类。在许多情况下，把这些鸡尾酒和它们的原料分别列出来——就像你将从本章结尾处的表格中看到的——能够让调酒师更容易记住所有类别的鸡尾酒。一旦你掌握了新奥尔良酸酒（玛格丽特和边车都属于这个家族）的配方，你就会知道“神风特攻队”（Kamikaze）不过是以伏特加为基酒的玛格丽特，而以柑橘味伏特加为基酒的“大都会”（Cosmopolitan）也遵循同样的配方，只不过加入了一点蔓越莓汁增色。我希望你可以运用这些配方来创作属于你的鸡尾酒。

在本书第一版上市之后，我有了很多时间去思考这些分类，并且跟全球各地的调酒师进行了讨论。如今，我简化了分类，确保现在表格里的鸡尾酒家族都是便于检索、值得了解的。希望你能有所收获！

双料和三料鸡尾酒

双料鸡尾酒由两种原料组成，通常是一款烈酒和一款利口酒；三料鸡尾酒在双料鸡尾酒的基础上加入奶油或奶油利口酒，变成了一款全新的酒饮。尽管由两种原料组成的鸡尾酒看上去过于简单——有些酒饮的确如此——但如果其中一种原料是口感丰富的利口酒（比如野格）或层次丰富的单一麦芽威士忌，这种鸡尾酒口感也可以是相当丰富的。

跟其他类别相比，这一类别下的鸡尾酒可能是最适合拿来做试验的。比如，如果一款鸡尾酒的配方是 2 份烈酒加 1 份利口酒，那么你可以改变它们的比例，加大利口酒的用量、减少烈酒的用量，这样就能轻松做出一款口感更干、更丰富的鸡尾酒。至于三料鸡尾酒，你可以用奶油利口酒（比如百利）来代替白兰地亚历山大这样的鸡尾酒里的奶油，做出有趣的新鸡尾酒。只要看一下第 158 页的表格，你就会立刻明白我为什么把这些鸡尾酒归为一类。

定义：双料鸡尾酒由两种原料组成，通常是一款烈酒和一款利口酒，且一般以老式杯盛放。三料鸡尾酒是在双料鸡尾酒的基础上加入奶油或奶油利口酒。不是所有双料鸡尾酒都能转化成三料鸡尾酒，也不是所有三料鸡尾酒都从双料鸡尾酒的基础上衍生而来。

法国 - 意大利鸡尾酒

法国 - 意大利家族中的鸡尾酒都含有味美思（不管是甜味美思、干味美思，还是两者皆有）或某个特定品牌的产品，比如莉蕾（一种跟味美思很接近的餐前葡萄酒）。这个鸡尾酒家族之所以叫作“法国-意大利”，是因为人们曾经把甜味美思叫作“意大利味美思”，把干味美思叫作“法国味美思”。这一叫法源自两种味美思的诞生国，而非在这两个国家生产的特定产品。

法国 - 意大利家族由曼哈顿和马天尼领衔。这个家族中还有许多其他经典鸡尾酒，比如罗布罗伊和布朗克斯。读配方的时候，你要留意的不光是各款鸡尾酒之间的共同点，还要留意它们之间的差别。另外，你还要注意，调制以金酒、朗姆酒、荷式金酒、伏特加或特其拉为基酒的鸡尾酒时，通常会把干味美思作为第二原料；而以威士忌或白兰地为基酒的鸡尾酒，通常会将甜味美思作为修饰剂。

第 159 ~ 161 页的两套表格详细介绍了法国-意大利鸡尾酒。一套包括以金酒、朗姆酒、荷式金酒、伏特加和特其拉为基酒的鸡尾酒，另一套则包括以威士忌和白兰地为基酒的鸡尾酒。将它们比较一下，你会发现其中许多配方都很相似。味美思能够中和蒸馏烈酒的强劲口感，为一款鸡尾酒的成功奠定基石，且其往往可以作为基础原料来创作新鸡尾酒。

苦精经常出现在法国-意大利鸡尾酒中，尤其是以威士忌或白兰地为基酒的酒款，调酒师在创作新配方时应该记住这一点。你若尝试用安高天娜苦精、佩肖苦精、橙味苦精或其他任何风味的苦精，也许会让鸡尾酒的特质发生相当大的改变。

定义：法国-意大利鸡尾酒由蒸馏烈酒和甜味美思或干味美思组成，有时同时含有两种味美思，可以用其他原料来修饰风味。

简单酸酒

杰里·托马斯在 1862 年对酸酒进行详细介绍时，他用的原料是基酒、糖、水、1/4 个柠檬（他没有提到这一原料，但我们推断他肯定在酒里挤了柠檬汁）和“一小片柠檬，需要在酒杯里把汁挤出来”。1887 年，他修改了自己的配方，原料变成了溶解在气泡水里的糖、柠檬汁和烈酒。托马斯的对手哈里·约翰逊也用气泡水来制作酸酒。乔治·卡普勒在 1895 年用树胶（单）糖浆、柠檬汁和苹果白兰地制作了一款苹果白兰地酸酒，而这个配方跟如今调酒师使用的配方一致。

酸酒家族可以细分成许多不同的类别，详见第163～167页表格。比如，用红石榴糖浆而非单糖浆增甜的酸酒曾经被叫作“黛西”，而菲克斯则是用菠萝汁增甜的酸酒。我把大部分这样的鸡尾酒归在了“简单酸酒”这个大类之下。跟本书第一版相比，我对这个类别进行了更细致的划分，主要原因是21世纪的调酒师创造出了一种新风格的酸酒——加强酸酒。

定义：简单酸酒由基酒、柑橘类果汁和无酒精甜味剂，比如单糖浆、红石榴糖浆或杏仁糖浆组成。

加强酸酒

大概在过去10年间，配方中含有味美思的酸酒在世界各地的酒吧涌现，使得它有资格成为一个全新的家族。

定义：加强酸酒由烈酒、柑橘类果汁和任意一种甜味剂组成，外加味美思或其他任何加香、加强型葡萄酒。

新奥尔良酸酒

对这一类鸡尾酒的发掘是在撰写本书第一版时最令我兴奋的收获之一。为此我要感谢人称“鸡尾酒博士”的特德·黑格：正是他指出，边车是白兰地科斯塔的变种，而玛格丽特的配方也遵循同一模式。

白兰地科斯塔大概在19世纪前半叶诞生于新奥尔良，出自餐厅老板约瑟夫·圣蒂尼（Joseph Santini）之手。圣蒂尼经营过一家名叫“城市交易所”的餐吧，据说秋葵浓汤也是在那里被发明出来的。关于白兰地科斯塔配方的首个书面记载来自杰里·托马斯在1862年出版的调酒书，原料包括白兰地、橙皮利口酒（一种橙子风味的利口酒）、苦精、单糖浆和柠檬汁。这款酒要用到带糖边的酒杯，且需要用一条螺旋状的柠檬皮装饰酒杯内壁。如今这款酒已经不太能见到了，但它催生出了许多经典酒款，而其中的新奥尔良酸酒对调酒师来说十分重要。

你将注意到，世界上有一些伟大的鸡尾酒都是这个家族的成员，比如边车、玛格丽特和大都会。参照第 165 页的表格，仔细研究这些鸡尾酒。牢牢掌握新奥尔良酸酒所遵循的模板，是每一名调酒师必须做到的。

定义：新奥尔良酸酒由基酒、柑橘类果汁和橙味利口酒组成。

国际酸酒

这一类鸡尾酒无须详细介绍，我之所以把它们命名为“国际酸酒”，是因为它们的甜味剂包括来自世界各地的利口酒，而非单糖浆或红石榴糖浆这样的产品。

定义：国际酸酒由烈酒、柑橘类果汁和用于增甜的利口酒组成。

气泡酸酒

作为酸酒家族的最后一位成员，气泡酸酒的配方中都含有少许汽水。正如你可能已经知道的，汽水有许多绝妙的味道，从苏打水到最高级的香槟，不一而足。

定义：气泡酸酒由烈酒、柑橘类果汁、任意一种甜味剂和少许汽水组成，而后者会让你的鼻子感到痒痒的。

附加类别

后面的表格中对以上提到的鸡尾酒家族进行了更详细的介绍。其他类别的配方收录在配方部分，具体如下。

瓶装鸡尾酒

如今业内更多地把这一类鸡尾酒叫作“批量制作鸡尾酒”。你将在本书中看到大都会、皇家杰克玫瑰、曼哈顿、玛格丽特和豪华边车的瓶装版本配方。

香槟鸡尾酒

香槟鸡尾酒的历史可以追溯到 19 世纪中期，直到今天仍然十分流行。下一章中收录了它的原始配方（详见第 205 页）以及其他经典气泡酒饮：皇家基尔、含羞草、戴尔·德格罗夫的丽思鸡尾酒和颇具争议的塞尔巴赫鸡尾酒。

大吉利

所有大吉利都是某种形式上的酸酒，所以这个名字并不能成为一个家族的总称。不管怎么说，下面这些鸡尾酒都可以称为大吉利：大吉利、海明威大吉利、小佛罗里达大吉利、卢奥大吉利。另外，你一定要试试威力无穷的原子大吉利，它是由已故的格雷戈尔·德·格鲁伊特（Gregor De Gruyther）创作的。

冰沙鸡尾酒

本书只收录了 1 款冰沙鸡尾酒——椰林飘香，配方来自公认的“椰林飘香之王”——迪安·卡伦（Dean Callan）。

高球

在这一版中，我删去了那些在 20 世纪 80 年代风靡一时的高球，比如性感沙滩和喔喔，我也没有收录那些随处可见的高球，比如金汤力和威士忌苏打。然而，我仍对一部分高球进行了详细介绍：对吧台后的调酒师来说，了解它们很重要。书中介绍的高球包括美国佬、自由古巴、库斯科鸡尾酒、黑暗风暴、金 - 金骡子、灰狗、哈维撞墙、长岛冰茶、玛米泰勒、莫斯科骡子、咸狗和酸金酷乐。

热鸡尾酒

本书收录了几款重要的冬季暖身热鸡尾酒，包括燃烧咖啡、热黄油朗姆酒、热托蒂，以及你所能尝到的最好喝的爱尔兰咖啡配方——来自我曾经工作过的纽约“死兔酒吧”（Dead Rabbit）。

泡酒

配方部分收录了 2 款泡酒，它们都相当令人惊艳。你会看到主厨布拉德利·奥格登（Bradley Ogden）的云雀溪旅馆特其拉泡酒和一款很棒的柠檬利口酒配方，后者来自位于罗得岛州普罗维登斯的佛尔诺餐厅（Al Forno）的已故主厨乔治·热尔蒙（George Germon）和他的太太约翰妮·基利恩（Johanne Killeen）。

果冻酒

配方部分收录了 3 款果冻酒配方——香蕉大吉利、玛格丽特和威士忌酸酒，以便调酒师在制作它们时对原料比例有所了解。它们都是用新鲜果汁和未添加任何味道的明胶做成的。

茱莉普

配方部分收录了薄荷茱莉普及其两款变体（一款是现代配方，另一款是 19 世纪的配方）、老古巴鸡尾酒、莫吉托、南方鸡尾酒和南方菲兹等配方。它们都带有一定程度的薄荷风味。

老式鸡尾酒

你将在配方部分读到一款老式威士忌鸡尾酒的原始配方，还有一款我非常推荐的果味老式鸡尾酒（尽管我的朋友们都对它持抵触态度）。我还收录了戴维·旺德里奇的老湾岭和已故迪克·布拉德塞尔的糖蜜，它们都是老式鸡尾酒的变体。

孤儿

不适合划入以上任何一个家族或分类的鸡尾酒被称为“孤儿”，具体如下。它们并不容易被分类。

潘趣

我承认我并不是潘趣爱好者，而且我怀疑潘趣鉴赏家是否会把书中的两款潘趣配方看作真正的潘趣。不过，我还是把鱼库潘趣和种植者潘趣收录了进来。

鲷鱼

这个小型家族由所有含有番茄汁的鸡尾酒组成，如血腥公牛、血腥凯撒、血腥玛丽和红鲷鱼都能在配方部分找到。

提基

我对提基鸡尾酒有一种崇敬之情，为此我要感谢绰号“海滩客”的杰夫·贝里。他耐心地向我介绍了一些含有苦精的热带鸡尾酒，让我眼界大开。本书收录的提基配方包括雾中行、卢奥大吉利、迈泰、蝎子、U.S.S. 旺德里奇——我最爱的鸡尾酒之一——当然，还有僵尸。

双料和三料			
教父	苏格兰威士忌	杏仁利口酒	
教母（Godmother）	伏特加	杏仁利口酒	
德波纳尔（Debonair）	苏格兰威士忌	肯顿姜味利口酒（Domaine de Canton Ginger Liqueur）	
锈钉	苏格兰威士忌	杜林标	
史丁格	干邑	白薄荷利口酒	
地震（Tremblement de Terre）	干邑	苦艾酒	
白俄罗斯（White Russian）	伏特加	甘露咖啡利口酒	奶油
泥石流（Mudslide）	伏特加	甘露咖啡利口酒	百利甜酒
绿蚱蜢（Grasshopper）	白可可利口酒	绿薄荷利口酒	奶油
亚历山大	干金酒	白可可利口酒	奶油
白兰地亚历山大	白兰地	黑可可利口酒	奶油

注：家族表并没有把每个家族的每一款鸡尾酒都收录进来，但不同风格的鸡尾酒都有足够的示例，让你能够很好地了解每一个鸡尾酒家族。

法国 - 意大利：金酒、朗姆酒、荷式金酒、伏特加和特其拉					
马天尼	金酒或伏特加	干味美思			橙味苦精
吉布森（Gibson）	金酒或伏特加	干味美思			（洋葱装饰）
脏马天尼	金酒或伏特加	干味美思			橄榄盐水
维斯珀	金酒和伏特加	莉蕾白（Lillet Blonde）			
金鱼鸡尾酒	金酒	干味美思	格但斯克金箔酒（Danziger Goldwasser）		
内格罗尼	金酒	甜味美思	金巴利		
金内格罗尼	金酒	杜凌白味美思	经典苦味利口酒		
汉基帕基（Hanky-Panky）	金酒	甜味美思	菲奈特布兰卡		
荷兰库普（Dutch Coupe）	荷式金酒	卡帕诺安提卡配方味美思（Carpano Antica Formula）	希娜（Cynar）	橙花水	橙味苦精
白色行者（White Walker）	特其拉	杜凌白味美思	樱桃利口酒		柠檬苦精
马丁内斯	老汤姆金酒	甜味美思	樱桃利口酒		博克苦精（Boker's Bitters）
佩罗内马丁内斯	金酒	潘脱米（Punt e Mes）	樱桃利口酒	橙味利口酒	阿博特苦精（Abbott's Bitters）
苦涩的舞娘（Bitter Stripper）	金酒	杜凌白味美思	萨蕾龙胆利口酒（Salers Gentiane）	君度	
撒旦的胡须（Satan's Whiskers）	金酒	甜味美思和干味美思		柑曼怡	橙味苦精

注：这张表格中的前4款酒十分相似。在烈酒/味美思的基础上加入利口酒，内格罗尼就出现了。表格中还有一系列从马天尼衍生而来的偏甜鸡尾酒。另外，马丁内斯和撒旦的胡须也属于这一家族。

法国－意大利：威士忌和白兰地				
曼哈顿	黑麦或波本威士忌	甜味美思		安高天娜苦精
爱尔兰佬	爱尔兰威士忌	甜味美思		安高天娜苦精
罗布罗伊	苏格兰威士忌	甜味美思		佩肖苦精
黑荆棘（Blackthorn）	爱尔兰威士忌和苦艾酒	干味美思或甜味美思		安高天娜苦精
菲比斯诺鸡尾酒	白兰地和苦艾酒	杜本内红(Dubonnet Rouge）		
死而复生 1 号（Corpse Reviver No.1）	白兰地和卡尔瓦多斯	甜味美思		
小意大利（Little Italy）	黑麦威士忌	甜味美思	希娜	
完美 10 号（Perfect 10）	黑麦威士忌	潘脱米	黑刺李金酒和比特储斯香酒味利口酒	
本森赫斯特（Bensonhurst）	黑麦威士忌	干味美思	樱桃利口酒和希娜	
底线（Bottom Line）	苏格兰威士忌	曼萨尼亚雪莉酒（Manzanilla Sherry）	乔恰里亚阿玛罗和拜伦耶格蜂蜜利口酒（Bärenjäger Honey Liqueur）	
布鲁克林高地（Brooklyn Heights）	黑麦威士忌	干味美思	路萨朵阿巴诺阿玛罗（Luxardo Amaro Abano）	金巴利和橙味苦精
两个罗伯特	苏格兰威士忌和潘诺 / 苦艾酒混合液	甜味美思	法国廊酒	
老广场	黑麦威士忌和白兰地	甜味美思	法国廊酒	安高天娜和佩肖苦精

普力克内斯鸡尾酒（Preakness Cocktail）	波本或黑麦威士忌	甜味美思	法国廊酒	安高天娜苦精
国王路易四世（King Louis the 4th）	苏格兰威士忌	莉蕾红和茶色波特酒	法国廊酒	莫雷苦精
蓝色似我（Am I Blue）	苏格兰威士忌	甜味美思	樱桃利口酒	橙味苦精
波比彭斯	苏格兰威士忌	甜味美思	法国廊酒、苦艾酒或杜林标	
贝德福德（Bedford）	黑麦威士忌	杜本内红	君度	橙味苦精
纪念缅因号（Remember the Maine）	黑麦威士忌和苦艾酒	甜味美思	樱桃白兰地	
离开曼哈顿	波本威士忌	潘脱米	黑可可利口酒	烟熏正山小种糖浆（Lapsang Smoked Tea Syrup）
完美曼哈顿	黑麦威士忌	甜味美思和干味美思	樱桃利口酒	安高天娜苦精
威廉斯堡（The Williamsburg）	波本威士忌	潘脱米和杜凌干味美思	黄色查特酒（Yellow Chartreuse Liqueur）	
格林角（Greenpoint）	黑麦威士忌	甜味美思	黄色查特酒	安高天娜和橙味苦精
斯洛普（The Slope）	黑麦威士忌	潘脱米	杏味白兰地	安高天娜苦精

注：这张表格中的前3款鸡尾酒构成了这一家族的核心，紧随其后的3款鸡尾酒也值得关注。接下来的5款配方都需要用到一种苦味利口酒作为修饰剂，比如希娜和乔恰里亚阿玛罗。之后的6款需要用到法国廊酒作为利口酒。这张表格怎么可能包括所有该类别的鸡尾酒呢？最后以7款分别需要用到一种特定利口酒的配方结束。

法国 - 意大利：曼哈顿				
曼哈顿	黑麦或波本威士忌	甜味美思		安高天娜苦精
本森赫斯特	黑麦威士忌	干味美思	樱桃利口酒和希娜	
布鲁克林高地	黑麦威士忌	干味美思	路萨朵阿巴诺阿玛罗	金巴利和橙味苦精
格林角	黑麦威士忌	甜味美思	黄色查特酒	安高天娜和橙味苦精
小意大利	黑麦威士忌	甜味美思	希娜	
斯洛普	黑麦威士忌	潘脱米	杏味白兰地	安高天娜苦精
威廉斯堡	波本威士忌	潘脱米和杜凌干味美思	黄色查特酒	

注：过去10年左右，6款以纽约市街区命名的新鸡尾酒先后诞生了，而且它们都是从曼哈顿衍生而来的。这里把它们列在一起，以便你对曼哈顿及其众多后裔有一个快速的了解。

简单酸酒				
大吉利	淡朗姆酒	青柠汁	单糖浆	
百加得鸡尾酒	淡朗姆酒	青柠汁	红石榴糖浆	
杰克玫瑰	苹果杰克	柠檬汁或青柠汁	红石榴糖浆	
凯匹林纳	卡莎萨朗姆酒	青柠汁	砂糖	
卡匹洛斯卡（Caipiroska）	伏特加	青柠汁	砂糖	
威士忌酸酒	波本或黑麦威士忌	柠檬汁	单糖浆	
盘尼西林	苏格兰威士忌	柠檬汁	蜂蜜生姜糖浆	
汤米玛格丽特	特其拉	青柠汁	稀释龙舌兰果糖	
飓风（Hurricane）	黑朗姆酒	柠檬汁	热情果糖浆	
蝎子（Scorpion）	淡朗姆酒和白兰地	柠檬汁和橙汁	杏仁糖浆	
卢奥大吉利（Luau Daiquiri）	淡朗姆酒	青柠汁和橙汁	香草糖浆	
僵尸（Zombie）	朗姆酒	青柠汁和西柚汁	肉桂糖浆	
第八区（Ward Eight）	黑麦威士忌	柠檬汁和橙汁	红石榴糖浆	
特立尼达酸酒（Trinidad Sour）	黑麦威士忌	柠檬汁	杏仁糖浆	安高天娜苦精
伯爵茶马天尼	金酒	柠檬汁	单糖浆	蛋清
皮斯科酸酒（Pisco Sour）	皮斯科白兰地（Pisco）	青柠汁	单糖浆	蛋清和安高天娜苦精
南方鸡尾酒（Southside Cocktail）	金酒	柠檬汁	砂糖	薄荷叶

注：这张表格中的鸡尾酒由烈酒、柑橘类果汁和甜味剂组成，前9款鸡尾酒严格遵循了这一模板。接下来的4款鸡尾酒用到了2种不同的柑橘类果汁，而最后几款鸡尾酒加入了一点其他原料，比如蛋清、苦精或两者皆有。

加强酸酒				
布朗克斯（Bronx Cocktail）	金酒	甜味美思和干味美思	橙汁	橙味苦精
所得税	金酒	甜味美思和干味美思	橙汁	安高天娜苦精
三叶草俱乐部	干金酒	干味美思	柠檬汁	覆盆子糖浆
无法无天（Scofflaw Cocktail）	黑麦或波本威士忌	干味美思	柠檬汁	红石榴糖浆
鲁比必胜（Ruby Can’t Fail）	金酒	红宝石波特酒（Ruby Port）	柠檬汁	单糖浆
幼龙（Little Dragon）	金酒	干型雪莉酒	柠檬汁	杧果泥、蜂蜜和绿茶粉
闰年鸡尾酒 *	金酒	甜味美思	柑曼怡	柠檬汁
东方鸡尾酒（Oriental Cocktail）*	黑麦威士忌	甜味美思	橙皮利口酒	青柠汁
哥谭鸡尾酒（Gotham Cocktail）**	干邑	干味美思	黑加仑利口酒	柠檬汁

注：这一类酸酒以少许加强型葡萄酒或味美思来进行加强。

* 这也是一款新奥尔良酸酒。

** 这也是一款国际酸酒。

新奥尔良酸酒					
白兰地科斯塔	白兰地		橙味利口酒	柠檬汁	安高天娜或博克苦精
缆车（Cable Car）	加香朗姆酒		橙味利口酒和单糖浆	柠檬汁	
大都会	柑橘味伏特加		君度	青柠汁	蔓越莓汁
神风特攻队	伏特加		白橙皮利口酒	青柠汁	
柠檬糖	柑橘味伏特加		白橙皮利口酒	柠檬汁	
玛格丽特	特其拉		白橙皮利口酒	青柠汁	
佩古俱乐部	金酒		橙味利口酒	青柠汁	安高天娜和橙味苦精
边车	干邑		君度	柠檬汁	
死而复生 2 号	金酒和苦艾酒	莉蕾白	橙皮利口酒	柠檬汁	
詹姆斯乔伊斯（James Joyce Cocktail）	爱尔兰威士忌	甜味美思	白橙皮利口酒	青柠汁	
闰年鸡尾酒 *	金酒	甜味美思	柑曼怡	柠檬汁	
东方鸡尾酒 *	黑麦威士忌	甜味美思	橙皮利口酒	青柠汁	

注：这是最重要的一个酸酒家族，当你看到表格中的前 8 款鸡尾酒就知道原因了。我相信你也会认为，这些鸡尾酒的调制对任何一名称职的调酒师来说都是必须掌握的。有趣的是，之后的 4 款鸡尾酒都含有味美思。当你在吧台后尝试创作新配方时，这一点值得思考。

* 这也是一款加强酸酒。

国际酸酒					
海明威大吉利	淡朗姆酒	樱桃利口酒		青柠汁和西柚汁	
小佛罗里达大吉利	淡朗姆酒	樱桃利口酒		青柠汁	单糖浆
玛丽璧克馥	淡朗姆酒	樱桃利口酒		菠萝汁	红石榴糖浆
飞行	金酒	樱桃利口酒	紫罗兰利口酒	柠檬汁	
飞行（世界调酒大赛版）	金酒	樱桃利口酒	挚爱利口酒	柠檬汁	
最后一语（Last Word）	干金酒	樱桃利口酒	绿色查特酒	青柠汁	
原子大吉利（Nuclear Daiquiri）	朗姆酒	丝绒法勒纳姆(Velvet Falernum)	绿色查特酒	青柠汁	单糖浆
终区（Final Ward）	黑麦威士忌	樱桃利口酒	绿色查特酒	柠檬汁	
RBS 特调鸡尾酒（RBS Special）	黑麦威士忌	葛缕子利口酒		柠檬汁	红石榴糖浆
炮铜蓝色（Gun Metal Blue）	梅斯卡尔	蓝橙皮利口酒	桃子白兰地	青柠汁	苦肉桂单糖浆
猴腺	金酒	苦艾酒或法国廊酒		橙汁	红石榴糖浆
库斯科鸡尾酒（Cuzco Cocktail）	皮斯科和用来洗杯的樱桃白兰地	阿佩罗		柠檬汁和西柚汁	单糖浆
21 世纪鸡尾酒	金酒	白可可利口酒		柠檬汁	
哥谭鸡尾酒 *	干邑	干味美思	黑加仑利口酒	柠檬汁	

注：国际酸酒必须含有非橙味的利口酒。有趣的是，这张表格中有几款鸡尾酒同时用到了樱桃利口酒和绿色查特酒。“终区”是其中唯一一款同时用到这两种原料的 21 世纪鸡尾酒，其他都是诞生于 20 世纪 50 年代之前的配方。

* 这也是一款加强酸酒。

气泡酸酒					
法兰西 75	金酒		香槟	柠檬汁	单糖浆
拉莫斯金菲兹	金酒		苏打水	柠檬汁和青柠汁	橙花水、奶油和蛋清
南方菲兹（Southside Fizz）	金酒		苏打水	柠檬汁	砂糖和薄荷叶
金 – 金骡子	金酒		姜汁啤酒	青柠汁	单糖浆
汤姆柯林斯	金酒		苏打水	柠檬汁	单糖浆
约翰柯林斯	波本威士忌或荷式金酒		苏打水	柠檬汁	单糖浆
老古巴鸡尾酒	朗姆酒		香槟	青柠汁	单糖浆、安高天娜苦精和薄荷叶
新加坡司令	金酒	法国廊酒和荷润樱桃利口酒	苏打水	青柠汁	安高天娜苦精
新加坡司令（又名海峡司令）	金酒	法国廊酒和樱桃白兰地	苏打水	柠檬汁	安高天娜和橙味苦精
棉花糖 75	金酒	克莫拉仙女棉花糖利口酒（Camorra Fairy Floss liqueur）	普罗塞克（Prosecco）	红宝石西柚汁	橙味苦精
贝利尼（Bellini）			普罗塞克	白桃果泥	

注：这些是最后一类酸酒，每一款都含有某种形式的气泡原料。

配方

鸡尾酒这个话题只适合用稍微带着蔑视的轻率态度去谈论，因为虽然有不少杰作是用烈酒、葡萄酒精心调配的，并搭上跟它们风格相近或相反的水果等物，冰镇后盛在不同的酒杯里，但也有大概一百万杯难闻、吓人和可怕的鸡尾酒，让人麻醉、狂躁和恶心。

——卢修·斯毕比，1945 年

在这一版《调酒学》中，我保留了第一版中的经典鸡尾酒配方，并对其中的一些进行了修改，让它们尽可能地接近原始配方，同时又保持了现代人的口味标准。我去掉了所有在如今的鸡尾酒吧里不复存在的配方。最棒的是，我加入了许多在本书第一版出版后诞生的新鸡尾酒配方。

我试着把许多似乎引起国际调酒界关注的鸡尾酒收录进来，比如金 - 金骡子、盘尼西林和查特斯维泽。你可能会在世界上任何一个手工鸡尾酒吧里找到这些鸡尾酒。我还收录了一些不那么有名却出于各种原因值得一写的鸡尾酒。

如若遗漏一些优秀鸡尾酒也在所难免，对此我感到抱歉。但我认为，这一次我至少收集了一系列真正出色的鸡尾酒。

日期：我尽可能地把各款鸡尾酒的诞生日期记录下来，一部分日期是完全有据可依的，另一部分日期，正如我注明的，仅仅指的是我能够找到的最早书面记录。我收藏的古董鸡尾酒书虽然多却绝对算不上齐全，任何能够证明本书中的日期并不准确的信息，我都欢迎。

原料和比例：我要指出的很重要的一点是，尽管我可能会引用某本书中对某款鸡尾酒的描述，但配方并不一定跟书中的原始配方完全相同。大多数情况下，原料的比例按照今天人们的口味做了调整，有的我还替换了某种原料——通常是因为原始配方中的烈酒或利口酒不再有售或者很难买到。

名称和创作者：几乎每款同名鸡尾酒的原料在不同的酒吧里都会有所不同，而配方相同的鸡尾酒可能会在不同的地方被赋予不同的名字。关于本章中的配方，我记录下来的原料都是我认为正确的，或者至少是我测试过的不同版本中最好的。而且，只要有可能，我都会写下我认为准确的创作者的名字。

调酒师的最重要一课

我坚信调酒师不应该总是严格遵循配方，他们应该学会去“感知”一杯酒：要么通过对原料风味的敏锐记忆，要么在调酒之前先尝一遍所有原料。我跟一些以前没有调酒经验的学生合作过，发现他们在仅仅经过两天培训后就能成功运用这一方法进行调酒。

不过，配方中的原料是要有用量的，但在绝大多数情况下，我希望你只把它们看作一种参考。在制作罗布罗伊这样的鸡尾酒时，你必须学会调整比例，因为具体的比例取决于你用了哪款苏格兰威士忌。你还应该学会根据不同客人的口味去调整比例，做出让他们满意的鸡尾酒。再说一次，永远不要忘记：没有什么是一成不变的。

调酒技法

针对这一章中每款鸡尾酒的制作，我不再一次次重复具体的做法，而是把完整的调酒技法系统地归纳在这里。每款配方中的关键词代表了需要采用的技法。比如，如果你看到“搅匀后滤入冰过的鸡尾酒杯”字样，只需遵照下文中标题为“搅匀过滤”的做法去做即可。关于调酒技法的探讨，请翻到“调酒技巧”一章。

直调

如有需要，在杯中装满冰，按照配方顺序加入原料。按配方加上装饰，迅速搅拌后上桌。

干摇

将所有原料倒入一个空的摇酒壶中，摇 20 秒左右，令蛋清和其他原料一起乳化。在摇酒壶中加入冰块，摇 15 秒左右，将酒液滤入相应的酒杯。

漂浮

鸡尾酒制作完毕后，将最后一种原料沿着吧勺背部慢慢倒在酒液表面。

分层

将第一种原料倒入酒杯。然后按照配方顺序，分别将其他原料沿着吧勺背部慢慢倒入，让每一种后倒入的原料都漂浮在之前倒入的原料之上。

混合冷却

将所有原料倒入一个大号容器中，充分搅拌，然后将容器放入冰箱中，直至酒液充分冷却。

捣压

将原料放入一个空杯中，用捣棒挤压，直至水果的全部汁液都被捣压出来以及配方中用到的所有糖完全溶化。

洗杯

将配方中标明的原料倒入酒杯，倾斜酒杯并旋转，让酒杯内壁完全被原料沾湿，将多余的原料倒掉。

摇匀过滤

在摇酒壶中装入 2/3 的冰，按照配方顺序加入原料。摇晃 15 秒左右，将酒液滤入相应的酒杯。

搅匀过滤

在调酒杯中装入 2/3 的冰，按照配方顺序加入原料。搅拌 30 秒左右，将酒液滤入相应的酒杯。

产出量

除非有特别说明，否则每款配方都能做出一杯酒的量。

阿拉斯加

家族：**双料和三料** || 制作这款酒时要对比例进行各种尝试。查特酒可以轻易掩盖其他原料的味道，所以一定要把使用的金酒品牌考虑进来。例如，添加利比孟买干金酒更能抗衡查特酒的风味。

1½ 盎司金酒

½ 盎司黄色查特酒

搅匀后滤入冰过的鸡尾酒杯。

亚历山大

家族：**双料和三料** || 根据历史学家巴里·波皮克（Barry Popik）的说法，1929 年一位纽约专栏作家解释了亚历山大鸡尾酒是如何诞

生的。故事发生在雷克托（Rector's）——禁酒令颁布之前位于纽约的一家高级龙虾馆。据说，乔治·雷克托（George Rector）把自己的龙虾馆称作“泡泡大教堂”。

雷克托的调酒师名叫特洛伊·亚历山大（Troy Alexander）。他给一场为菲比·斯诺（Phoebe Snow）举办的晚宴设计了一款白色鸡尾酒，并以自己的名字为它命名。菲比·斯诺是拉克瓦纳铁路公司广告中的虚构人物。这家铁路公司用无烟煤来作为火车燃料，为了突出这一点，广告中乘坐火车的菲比·斯诺身穿雪白的连衣裙。关于亚历山大的最早书面记载来自1916年出版的《混合饮品配方》（*Recipes for Mixed Drinks*）一书，作者是雨果·恩斯林（Hugo Ensslin）。（关于菲比·斯诺的更多介绍，详见第296页。）

2 盎司干金酒

1 盎司白可可利口酒

1 盎司奶油

摇匀后滤入冰过的鸡尾酒杯。

戏剧《艳娃情事》（*Red, Hot and Blue!*）正在彩排中。舞台后方光秃秃的砖墙上斜靠着一把摇摇晃晃的椅子，主角吉米·杜兰特（Jimmy Durante）正坐在上面。他看上去似乎想跟其他人离得越远越好。他的面容十分憔悴。当他把香烟从嘴里拿开时，双手是颤抖的。

“我不能喝酒，”他发着抖说，“完全是我的责任感强迫我今天出现在这里，干这糟糕的工作。我不能喝酒。如果我喝上一杯味美思或红酒应该没问题。对，没问题。但昨天晚上我很想喝酒，所以我去了街对面的一家酒吧。我对调酒师说：‘给我推荐一杯酒。’于是，他给了我一杯叫作亚历山大的酒。我大概喝了6杯亚历山大，头变得晕晕的。到家后，我一头栽倒在床上，觉得周围的一切像电风扇一样转个不停。我像在晕船，感觉糟透了。”

——约瑟夫·米切尔，《耳畔絮语》（*My Ears Are Bent*）

几乎炸掉我的脑壳

家族：孤儿 || “炸掉我的脑壳”是一款19世纪50年代诞生于澳大利亚的鸡尾酒。当时恰逢淘金热，菲利普·安德鲁在纪实作品《斯皮尔斯和庞德：值得纪念的澳大利亚搭档》中写道，矿工们非常喜欢这款用红辣椒、朗姆酒和葡萄烈酒等原料做成的鸡尾酒。“几口酒下肚，骑警就出现了，击打他们视线中的每个人，否则酒后的喧闹就要变成暴乱了。”在这篇文章的启发之下，我创作出了“几乎炸掉我的脑壳”，并且最近对它进行了改良——我相信，这个版本的味道更接近原版。尽管我们永远不可能确认这一点……

1/4 盎司安秋雷耶斯青椒利口酒（Ancho Reyes Verde Liqueur）

2 盎司干邑

1/2 盎司野格

用安秋雷耶斯青椒利口酒给冰过的鸡尾酒杯洗杯。将干邑和野格搅匀后滤入酒杯。

阿玛罗科斯塔

家族：孤儿 || 这款酒根据来自西班牙巴塞罗那的马克斯·拉·罗卡（Max La Rocca）和朱塞佩·圣玛丽亚（Giuseppe Santamaria）的配方改编而来。马克斯在把这个配方发给我的时候，形容这款酒“是对一款非常古老的经典鸡尾酒的改编，具有美妙的草本特质、橙子酱带来的略微厚重的口感和令人愉悦的甜中带苦的余味。它是一款出色

的餐后酒，大量草本植物对消化和健康都有益”。

1 吧勺苦橙酱

2 茶匙新鲜柠檬汁

2 茶匙新鲜青柠汁

$^2/_3$ 盎司蒙特内罗利口酒（Amaro Montenegro）

2 茶匙祖卡大黄利口酒（Rabarbaro Zucca）

2 茶匙亚玛匹康橙味苦精（Amer Picon Orange Bitters）

香草糖，用于杯沿（详见附注）

1 个橙皮卷，用于装饰

将橙子酱和柑橘果汁倒入摇酒壶，令前者溶解。加冰并倒入其余原料，摇匀后用过滤网滤入冰过的摇酒壶，用力摇匀。用滤酒器和过滤网双重过滤，倒入冰过的带香草糖边的小号葡萄酒杯，加装饰。

附注：要制作香草糖，取 1 个香草荚，从中间划开，把香草籽刮到一个装有 2 杯砂糖的罐子里。把香草荚也放入罐子，充分搅拌。静置 24 小时，即可使用。

美国佬

家族：**高球** || 我觉得这款酒用等量的金巴利和味美思来做味道很好，但这只是个人偏好，你可以尝试各种比例，直到找到属于你的完美美国佬。

$1^1/_2$ 盎司金巴利

$1^1/_2$ 盎司甜味美思

2 盎司苏打水

1 个橙皮卷，用于装饰

按配方顺序将原料倒入装满冰的高球杯中直调，加装饰。

蓝色似我

‖ 家族：**法国－意大利（威士忌和白兰地）**‖

不带问号提问似乎是深绘里的语法特征之一。

——村上春树，《1Q84》，2011 年

这款鸡尾酒是我对罗布罗伊的改编，它跟传统罗布罗伊的不同之处在于它使用了一款非常特别的苏格兰威士忌和一点点（¼ 盎司）樱桃利口酒。我还在酒里加了香槟，这种做法对许多常见的鸡尾酒来说效果很好。比如，加了一点起泡酒的边车味道棒极了。

1½ 盎司尊尼获加蓝牌苏格兰威士忌（Johnnie Walker Blue Label Scotch）

½ 盎司洛里特普拉甜味美思（Noilly Prat Sweet Vermouth）

¼ 盎司路萨朵樱桃利口酒（Luxardo Maraschino Liqueur）

1 大滴里根橙味苦精

冰好的香槟

1 个点燃的橙皮卷，用于装饰

将除了香槟的所有原料搅匀滤入冰过的笛形香槟杯。倒满香槟，加装饰。

天使之享

家族：**孤儿** ‖ 这款酒根据雅克・伯泽伊登霍特（Jacques Bezuidenhout，旧金山哈里・丹顿的星光室）的配方改编而来。2005 年，我在《旧金山纪事报》撰文介绍了这款出色的鸡尾酒。它是早期以非常昂贵的原料制作的鸡尾酒之一，当时在星光室的售价是每杯 200 美元。

2 ~ 3 大滴 V.E.P. 查特酒（Chartreuse V.E.P. Liqueur）

1¼ 盎司人头马路易十三干邑（Remy Martin Louis XIII Cognac）

1¼ 盎司怀旧黑核桃利口酒（Nostalgie Black Walnut Liqueur）

½ 盎司罗查 20 年茶色波特酒（Porto Rocha 20-year Tawny Port）

用查特酒给白兰地闻香杯洗杯，然后用火柴点燃查特酒，待其燃烧几秒后用浅碟盖住酒杯口，令火焰熄灭。将其他原料搅匀滤入备好的酒杯中。

阿佩罗汽酒

家族：孤儿 || 阿佩罗有时被称作“清淡版金巴利”，这是一款清新鸡尾酒的基酒。我在制作时通常不加苏打水，而是会多加一点普罗塞克。

2 盎司阿佩罗

3 盎司普罗塞克

少许苏打水

1 片橙圈，作为装饰

按配方顺序将原料倒入装满冰的柯林斯杯或双重老式杯中直调，稍微搅拌一下，加装饰。

原子豪车

家族：孤儿 || 这款酒根据斯蒂芬·欣茨 [Stephan Hinz，德国科隆谢泼德美利坚酒吧（Shepheard American Bar）] 的配方改编。

1 盎司加 1 茶匙威凤凰波本威士忌（Wild Turkey Bourbon）

1 盎司加 1 茶匙卢世涛佩德罗 – 希梅内斯雪莉酒（Lustau Pedro Ximenez Sherry）

½ 盎司新鲜柠檬汁

1 盎司加 2 茶匙新鲜苹果汁

2 片新鲜生姜

干姜水

1 枝薄荷，用于装饰

1 片苹果，用于装饰

1 颗新鲜樱桃，用于装饰

按配方顺序将原料倒入装满冰的双重老式杯中直调，稍微搅拌一下，加装饰。

秋风

家族：孤儿 || 这款酒根据马特・塞特 [Matt Seiter，密苏里州圣路易斯马切拉餐厅（Trattoria Marcella）] 的配方改编。对身处密苏里州的马特・塞特来说，许多新原料的获得并非易事。因此，当买不到某种原料时，他会选择自制。“我很喜欢逛农贸市集，在那里为自制产品寻找灵感和新鲜原料。可以说，我的想法是，如果可以用新鲜原料自制，那就自制吧。”马特说。马特最独特的自制产品之一是棕黄油鼠尾草利口酒（Brown Butter Sage Liqueur），而他创作的秋风鸡尾酒是对这一产品的绝佳展示。马特在自制过程中用到了油脂浸洗技法，他表示少许固体黄油会残留在自制利口酒中，所以最好在调酒之前摇晃一下瓶子。

2 盎司飞行金酒

½ 盎司法国廊酒

½ 盎司棕黄油鼠尾草利口酒（配方见下文）

1 大滴安高天娜苦精

1 片用手拍过的鼠尾草叶，用于装饰

摇匀后滤入冰过的鸡尾酒杯，加装饰。

棕黄油鼠尾草利口酒

12 ~ 15 片新鲜鼠尾草叶

5 盎司（10 汤匙）无盐黄油

3/4 盎司新鲜柠檬汁

一小撮犹太盐

1 杯单糖浆（1 ∶ 1 比例，详见第 124 页）

12 盎司伏特加（马特最爱用的是以黑麦为原料的索别斯基伏特加）

把鼠尾草叶叠在一起，紧紧地卷起来后切成细丝。

将黄油切成小片，放入中号平底不粘锅中加热，使黄油熔化。不断搅拌，直到黄油变成浅棕色，关火盛出。

加入柠檬汁和鼠尾草叶，静置 10 分钟。加入单糖浆和伏特加，在室温下静置 4 ～ 6 小时。

将混合物倒入可密封的容器中，放入冰箱冷藏 12 小时。撇去混合物表面的所有固体物，用打湿的双层粗棉布过滤，然后将酒液倒入瓶中保存。

飞行

家族：**国际酸酒** || 关于这款酒的首个书面记录出现在 1916 年出版的《混合饮品配方》中，作者是雨果 · 恩斯林。当时正值第一次世界大战，飞行员因英勇之举而备受世人敬仰。这款酒刚开始引起 21 世纪调酒师注意的时候，要复刻它是一件不可能的事，但一度停产的紫罗兰利口酒如今又回到了美国市场，而我们也可以再次品尝到飞行鸡尾酒的美妙滋味。

我用的紫罗兰利口酒品牌是罗斯曼温特（Rothman and Winter），至于樱桃利口酒，我喜欢香气浓郁的路萨朵牌，它跟优质金酒非常搭。我喜欢用口感直接奔放的金酒来调制飞行鸡尾酒。实际上有一款金酒的名字就叫“飞行”，效果很不错。此外，你也可以选用必富达、朱尼佩洛、普利茅斯、纪凡杜松香或添加利。

飞行

如果你听到有人说“我不喜欢金酒”，那么这款酒非常适合做给他们喝。比起你猛拍一下他们的脑袋，然后大吼“差不多是时候学着喜欢它了”，直接给他们一杯飞行鸡尾酒的效果可要好得多。

2 盎司金酒

½ 盎司紫罗兰利口酒

¼ 盎司樱桃利口酒

½ 盎司新鲜柠檬汁

摇匀后滤入冰过的鸡尾酒杯。

飞行（世界调酒大赛版）

家族：**国际酸酒** || 2010 年，我尝到了至今喝过的最好的飞行鸡尾酒。当时我在希腊雅典担任帝亚吉欧世界调酒大赛评委，做出这杯酒的人是渡边匠（Takumi Watanabe）。2017 年，我为了这款酒的配方联系到了他。他提到当时他买不到紫罗兰利口酒，于是就用美丽莎挚爱利口酒（Marie Brizard Parfait Amour Liqueur）来代替：它的颜色跟紫罗兰利口酒相近，但风味偏向橙子和香草的香气而非花香。下面是我整理的渡边匠的飞行鸡尾酒配方和调制方法。

1½ 盎司添加利 10 号金酒（Tanqueray No. Ten Gin）

½ 盎司吉发得黑樱桃利口酒（Giffard Marasquin Maraschino Liqueur）

⅛ 盎司美丽莎挚爱利口酒

⅓ 盎司新鲜柠檬汁

1 个柠檬皮卷，用于装饰

将金酒倒入未加冰的摇酒壶中，搅拌以释放香气。加入冰块和其他原料。摇匀后双重滤入冰过的鸡尾酒杯，加装饰。

阿兹特克印记

家族：**孤儿** || 这款酒根据内亚·怀特 [Neyah White，当时他在旧金山诺帕（Nopa）工作] 的配方改编。有些配方看上去并不合理，但只要制作得当，就会非常出色——这款酒正是绝佳范例。它来自一位非常重要的调酒师，在旧金山的一篇博文中，他被称作“调酒之神”，就像埃里克·克莱普顿（Eric Clapton）被称作“吉他之神”那样。

1¼ 盎司美格波本威士忌

¼ 盎司法国廊酒

½ 盎司黑可可利口酒

2 小滴塔瓦斯科辣酱

1 个橙皮卷，用于装饰

摇匀后滤入冰过的鸡尾酒杯，加装饰。

百加得鸡尾酒

家族：**简单酸酒** || 1936 年，这款酒的人气如此之高，以至于百加得家族的拥趸把一位酒吧老板告上了法庭，因为他酒吧里的百加得鸡尾酒不是用百加得朗姆酒制作的，而是用了别的牌子。最终，法院裁决百加得鸡尾酒必须用百加得朗姆酒来制作。记住这一课吧。百加得鸡尾酒其实就是用红石榴糖浆制作的大吉利。

1½ 盎司百加得淡朗姆酒

¾ 盎司红石榴糖浆

½ 盎司新鲜青柠汁

摇匀后滤入冰过的鸡尾酒杯。

香蕉大吉利果冻酒

|| 家族：**果冻酒** ||

1 盎司新鲜青柠汁

1 盎司单糖浆

1 盎司水

1 包原味明胶（$\frac{1}{4}$ 盎司）

3 盎司朗姆酒

3 盎司香蕉利口酒

可食用色素（可不加）

将青柠汁、单糖浆和水倒入小号玻璃量杯，加入明胶，静置 1 分钟。然后，放入微波炉高火加热 30 秒。充分搅拌，确保明胶完全溶解，再加入朗姆酒、香蕉利口酒和可食用色素（可以选择不加）。再次充分搅拌，将酒液倒入模具。冷藏至少 1 小时，过夜冷藏尤佳。

贝德福德

家族：**法国－意大利（威士忌和白兰地）** || 这款酒根据德尔·佩德罗（Del Pedro，纽约格兰奇餐厅 / 佩古俱乐部）的配方改编。这个配方的诞生地格兰奇餐厅是纽约最早一批严肃对待鸡尾酒的店家之一。我们要深深地感谢这款酒的创作者——德尔·佩德罗。注意，德尔在配方中用的是杜本内红而非红味美思。其他加香葡萄酒（比如皮尔酒）或金鸡纳酒以及阿玛卓这样的阿玛罗都可以用来代替味美思，从而做出不同的曼哈顿改编版。

2 盎司纯黑麦威士忌

$\frac{3}{4}$ 盎司杜本内红

1 茶匙君度

2 大滴橙味苦精

1 个橙皮卷，用于装饰

摇匀后滤入冰过的鸡尾酒杯，加装饰。

贝利尼

‖ 家族：**气泡酸酒** * ‖

* 我把桃子算作了柑橘类水果，这一点有待商榷，但对这个配方而言是可行的。

阿里戈·奇普里亚尼（Arrigio Cipriani）在《哈里酒吧》（*Harry's Bar*）一书中写道，贝利尼——它可能是最优雅的意大利鸡尾酒——是由威尼斯哈里酒吧的哈里·奇普里亚尼（Harry Cipriani）在 1948 年创造的。它以 15 世纪的意大利画家雅各布·贝利尼（Jacopo Bellini）命名：他的大多数作品都有一种“粉红色的光晕”，而与他同名的鸡尾酒复制了这一点。1990 年，阿里戈把这款酒授权给了一名商人，而这名商人在配方里加入了覆盆子汁，这使得阿里戈大为光火。在 1995 年，阿里戈把商人告上了法庭，并重新获得了贝利尼的所有权。

传统上以白桃制作的贝利尼是一款优雅的鸡尾酒，但调制过程有点麻烦，因为白桃果泥会让起泡酒的起泡现象变得更严重。贝利尼应该用普罗塞克起泡酒来调制：这种意大利起泡酒比大多数用来制作这一类鸡尾酒的香槟要甜。如果你准备用香槟，就要选用干型或半干型。如果没有白桃，可以用其他任何品种的新鲜桃子来代替。

你还可以尝试用桃子之外的其他果泥来调制贝利尼，比如覆盆子、草莓或杏子，但要考虑到所用水果的相对甜度，并相应地调整柠檬汁的用量。

威尼斯奇普里亚尼家族私人调酒师乔瓦尼·文图里尼（Giovanni Venturini）给了我一个贝利尼配方。我觉得它的白桃果泥用量有点多，所以，在采用文图里尼的白桃果泥配方的同时，我对这款鸡尾酒比例进行了调整，从而令整杯酒的口感更为平衡。

2 盎司白桃果泥（配方见下文）

3½ 盎司冰好的普罗塞克

将白桃果泥放入笛形香槟杯，然后慢慢倒入冰好的普罗塞克，其间不断搅拌，让原料融合。

白桃果泥

将 1 个带皮的白桃连同 2 ～ 3 个冰块和半茶匙新鲜柠檬汁放入搅拌机，打成果泥。

本森赫斯特

家族：**法国－意大利（威士忌和白兰地）**‖ 这款酒根据查德·所罗门（“袖扣和纽扣”酒吧）的配方改编。许多款鸡尾酒是以纽约市内和周边的街区命名的，本森赫斯特正是其中之一。干味美思和樱桃利口酒跟威士忌产生了奇妙互动，点睛之笔当属那一吧勺希娜。

2 盎司黑麦威士忌

1 盎司干味美思

⅓ 盎司樱桃利口酒

1 吧勺希娜

摇匀后滤入冰过的鸡尾酒杯。

贝琪罗斯

家族：**法国－意大利（威士忌和白兰地）**‖ 我喜欢白兰地和波特酒的组合，这款来自 20 世纪 50 年代的配方引起了我的注意。如果不加苦精，它的味道太甜，所以我建议至少加 3 大滴苦精。橙味苦精代替安高天娜苦精的效果也很好。

1½ 盎司白兰地

1½ 盎司红宝石波特酒

½ 盎司橙味利口酒

2 ~ 3 大滴安高天娜苦精

搅匀后滤入冰过的鸡尾酒杯。

苦涩的舞娘

家族：**法国－意大利（金酒、朗姆酒、荷式金酒、伏特加和特其拉）** || 这款酒根据迪伊·艾伦（Dee Allen，澳大利亚珀斯）的配方改编。迪伊·艾伦创作这款酒的目的是“不用金巴利或甜味美思去复制内格罗尼的味道，从而创作出一款无色鸡尾酒”。这并非世界上唯一的白色内格罗尼配方，但用萨蕾龙胆利口酒和君度这个组合去代替金巴利真是棒极了！

1 盎司加 2 茶匙普利茅斯金酒（Plymouth Gin）

½ 盎司杜凌白味美思

½ 盎司君度

2 茶匙萨蕾龙胆利口酒

1 个橙皮卷，用于装饰

搅匀后滤入冰过的马天尼杯，加装饰。

黑猫

家族：**孤儿** || 这款酒献给已离世的昆廷·克里斯普（Quentin Crisp）——我认识的一位作家、演员、名流，尽管我只跟他打过一点交道。我创作的这款酒以“狗鼻子”为原型：用波特酒、糖、金酒和肉豆蔻做成热饮。黑猫是昆廷年轻时常去的一家伦敦咖啡馆的名字，酒

里用到了健力士黑啤是因为昆廷很爱喝它。

1½ 盎司纪凡杜松味金酒（G' Vine Nouaison Gin）

1½ 盎司健力士黑啤

½ 盎司莫林姜饼风味糖浆（Monin Gingerbread Syrup，一滴也不能多）

1 个柠檬皮卷，用于装饰

搅匀后滤入冰过的碟形杯，加装饰。

黑羽毛鸡尾酒

家族：**法国–意大利（威士忌和白兰地）**‖这款酒根据来自西雅图的罗伯特·赫斯（又名“酒饮男孩”）的配方改编。它是诞生于现代的经典风格鸡尾酒的绝佳范例。

2 盎司白兰地

1 盎司干味美思

½ 盎司橙皮利口酒

安高天娜苦精（根据个人口味添加）

1 个橙皮卷，用于装饰

搅匀后滤入冰过的鸡尾酒杯，加装饰。

黑荆棘

家族：**法国–意大利（威士忌和白兰地）**‖这款酒根据哈里·克拉多克所著《萨伏依鸡尾酒手册》（1930 年）中的配方改编。这款曼哈顿的变体最早是用干味美思调制的，且不加任何装饰。我个人更喜欢用甜味美思来调制。与之类似，在 1930 年，用 1 ∶ 1 的威士忌和味美思比例调制出来的酒被认为是口感上佳的，但我喜欢加更多的威士忌。另外，要注意的是，不能用太多苦艾酒遮盖其他原料的风味。

2 盎司爱尔兰威士忌

1 盎司干味美思或甜味美思

3 大滴安高天娜苦精

1 ~ 2 大滴苦艾酒

1 个柠檬皮卷，用于装饰

搅匀后滤入冰过的鸡尾酒杯，加装饰。

血与沙

家族：**孤儿** || 这款酒用到了多种不常见的原料，但混合在一起的效果非常棒。我是从戴尔·德格罗夫那里第一次听说它的，而下面的配方原型来自《萨伏依鸡尾酒手册》（1930 年）。“血与沙”这个名字可能源于鲁道夫·瓦伦蒂诺（Rudolph Valentino）在 1922 年主演的同名无声电影，这部关于斗牛和爱情的电影改编自维森特·布拉斯科·伊巴涅斯（Vicente Blasco Ibáñez）1908 年出版的小说。我在做这款酒时很喜欢用高球杯，以便大大增加橙汁的用量，在早午餐时饮用尤佳。

3/4 盎司苏格兰威士忌

3/4 盎司甜味美思

3/4 盎司樱桃白兰地

3/4 盎司新鲜橙汁

摇匀后滤入冰过的鸡尾酒杯。

血腥公牛

家族：**孤儿** || 这款鸡尾酒含有牛肉清汤，我觉得它比血腥玛丽更容易入口。可以用不同的香料制作不同的版本。

血与沙

2 盎司伏特加

2 盎司番茄汁

2 盎司牛肉清汤

新鲜柠檬汁（根据个人口味添加）

盐或芹菜盐（根据个人口味添加）

黑胡椒（根据个人口味添加）

山葵酱（Prepared Horseradish，根据个人口味添加）

伍斯特沙司（根据个人口味添加）

辣酱（根据个人口味添加）

1 个柠檬角，用于装饰

1 根芹菜茎，用于装饰

摇匀后滤入装有冰块的柯林斯杯，加装饰。

血腥凯撒

家族：**孤儿** || 血腥凯撒是“猫头鹰巢”（Owl's Nest Lounge）酒廊的首席调酒师沃尔特·切尔（Walter Chell）在 1969 年创作的，这家酒廊如今位于加拿大卡尔加里威斯汀酒店（Westin Hotel）里，酒店前身是卡尔加里旅馆（Calgary Inn）。据说，他创作这款酒的灵感来自蛤蜊意面的酱汁，尽管蛤蜊意面的传统原料里并没有番茄。1969 年卡尔加里旅馆开业，切尔为旅馆里的意大利餐厅创作了这款血腥凯撒，作为招牌鸡尾酒。

2 盎司伏特加

2 盎司番茄汁

2 盎司蛤蜊汁

新鲜柠檬汁（根据个人口味添加）

黑胡椒（根据个人口味添加）

盐或芹菜盐（根据个人口味添加）

山葵酱（根据个人口味添加）

伍斯特沙司（根据个人口味添加）

辣酱（根据个人口味添加）

1 个柠檬角，用于装饰

1 根芹菜茎，用于装饰

摇匀后滤入装有冰块的柯林斯杯，加装饰。

血腥玛丽

家族：**孤儿** || 关于血腥玛丽的起源，有个说法是禁酒时期某家纽约地下酒吧的老板发明了它，不过当时的名字叫作血腥迈耶（Bloody Meyer）。另一个更流行的说法（而且几乎肯定是真的），是它大概在 1924 年诞生于巴黎的哈里纽约酒吧，创作者是外号“皮特”的调酒师费尔南·珀蒂奥。

1934 年，珀蒂奥受纽约瑞吉酒店老板约翰·阿斯特聘请，加入了该酒店旗下的科尔国王酒吧，在那里把他的鸡尾酒介绍给纽约人。有段时间里，血腥玛丽被称为“红鲷鱼”：据说这是因为阿斯特对“血腥玛丽”这个名字不满意，坚持要改掉它。1945 年出版的《克罗斯比·盖奇的鸡尾酒指南和淑女伴侣》详细记录了红鲷鱼的配方。根据书中所写，这个配方来自当时瑞吉酒店的经理加斯顿·劳里森（Gaston Lauryssen），而且它跟我们今天所知的血腥玛丽很不一样。主要不同之处在于当时的配方含有等比例的伏特加和番茄汁，且它是一款不加冰饮用的鸡尾酒，而现在的配方则要用到加冰的高球杯。

红鲷鱼是什么时候改回本名的？可能是在 20 世纪 40 年代后期。我能找到的关于血腥玛丽的最早书面记载来自《调酒师手册》(*The Bartender's Book*，1951 年)，但该书的作者杰克·汤森（Jack Townsend）和汤姆·摩尔·麦克布赖德（Tom Moore McBride）并不怎么喜欢这款酒，把它称作“番茄汁和伏特加的野蛮组合”。接下来的一年，戴维·恩伯里在《调酒的艺术》第二版中形容血腥玛丽“恶劣至极”。

给专业调酒师的血腥玛丽制作诀窍

①如果你要大批量制作血腥玛丽原浆，而非单杯调制，可以根据标准5号罐头（46盎司）的番茄汁分量来计算原料用量。

②永远不要在客人点单之前就把伏特加倒入原浆。许多客人可能想喝无酒精的血腥玛丽。

③想要制备足够用一周的原浆，同时又能给客人送上新鲜制作的血腥玛丽，你可以将所有香料、调味品和酱料（不要加柠檬汁）倒入小瓶，用力摇匀。准备好能够满足你一周用量的小瓶，把它们放入冰箱。当你需要大批量制作血腥玛丽的时候，把一瓶香料跟一罐番茄汁和柠檬汁混合即可。

在20世纪50年代中期，乔治·杰塞尔（George Jessel）在斯米诺伏特加的血腥玛丽广告中出镜。他声称自己在凌晨5点调酒师还睡觉的时候发明了这款酒。当然，这不是真的，但这则广告让血腥玛丽在美国流行开来。

从个人角度而言，我并不喜欢血腥玛丽——甚至可以说我属于恩伯里的阵营，认为它恶劣至极——但我不喜欢它的理由和其味道完全无关，而是番茄汁的质感让我无法忍受。我很喜欢番茄，而且喜欢用番茄汁来调制某些鸡尾酒，但总体而言，咸鲜味鸡尾酒并不是我的“菜”。不过，我可以给大家一条建议：柠檬汁搭配番茄汁的效果比青柠汁好得多。

下面是血腥玛丽的通用配方，你可以用不同香料或烈酒来进行改编。

2 盎司伏特加

4 盎司番茄汁

新鲜柠檬汁（根据个人口味添加）

黑胡椒（根据个人口味添加）

盐或芹菜盐（根据个人口味添加）

山葵酱（根据个人口味添加）

伍斯特沙司（根据个人口味添加）

辣酱（根据个人口味添加）

1 个柠檬角，用于装饰

1 根芹菜茎，用于装饰

摇匀后滤入装有冰块的柯林斯杯，加装饰。

蓝色火焰

家族：**孤儿** || 赫伯特·阿斯伯里在给 1928 年版杰里·托马斯所著《如何调酒：生活家伴侣》作序时写道，这款酒是 1850 年前后托马斯在旧金山发明的。托马斯所著的 1862 年版书中详细记录了它的配方。根据阿斯伯里的说法，这款酒是为了满足一名淘金者的要求而诞生的："给我来点'地狱之火'，让我的胃都为之震颤！"

这是一款颇为简单的鸡尾酒，主要特色在于火焰。它的正确制作方法是用两个马克杯来回倾倒燃烧中的威士忌酒液（托马斯推荐用镀银马克杯）。这个配方的问题在于，如果你遵照托马斯的配方把等比例的苏格兰威士忌和沸水混合在一起，酒液会难以点燃。

托马斯在做这款酒时很可能用的是高烈度威士忌，因为当时的烈酒通常以高酒精度的形式运输，到店后由酒吧老板进行稀释，以节省运费。这种做法一直到 20 世纪早期都相当普遍。戴尔·德格罗夫还在彩虹屋工作时，我曾经在那里见过他调制这款酒。他告诉我，他的方式是先加热威士忌并点燃，再将它倒入装有热水的第二个马克杯。

他向我保证，如果采用这个方法，酒液会一直燃烧。按照托马斯的配方，加少许糖和柠檬汁的蓝色火焰堪称一款暖心鸡尾酒。技艺娴熟的调酒师可以自然而然地通过调制这款酒展示自己的技巧，从这一点来看，它是一款炫技型鸡尾酒，而非鸡尾酒中的杰作。下面是托马斯的原始配方。

1 葡萄酒杯苏格兰威士忌

1 葡萄酒杯沸水

（2 个带把手的镀银马克杯）

托马斯在书中如此描述蓝色火焰的制作过程：

> 将威士忌和沸水倒入一个马克杯，点燃酒液，然后将燃烧的酒液从一个马克杯高高地倒入另一个马克杯，反复四五次，使原料融合……只要做法得当，它看上去就会像一条连续不断的液体火焰。
>
> 加一茶匙白砂糖增甜，倒入小号平底杯，再加上一片柠檬皮卷。
>
> “蓝色火焰”并不是一个优美或古典的名字，但它的味道比名字出色多了。生平第一次见到经验丰富的艺术家调制这款酒的人会很自然地认定，它属于冥王而非酒神的琼浆。调制这款酒的新手要小心，避免烫伤自己。想要熟练地将酒液从一个马克杯高高地倒入另一个马克杯，必须先用冷水练习一段时间。

蓝色恶魔

家族：孤儿 || 这款酒根据戴尔·德格罗夫 2008 年出版的《基础鸡尾酒》（*The Essential Cocktail*）中的配方改编。戴尔·德格罗夫是因为我的一个“挑战”才创作出这款酒的。在一场乡间鸡尾酒活动上，

我给了戴尔 3 种原料，让他用它们做一款合格的鸡尾酒。于是，他向我展示了他是如何调酒的。后来戴尔也对我这一挑衅行为还以颜色，详见第 214 页的 DAM 鸡尾酒。

1½ 盎司沉醉利口酒（Hpnotiq Liqueur）

1½ 盎司干味美思

½ 盎司拉弗格 10 年单一麦芽苏格兰威士忌（Laphroaig 10-year-old Single-malt Scotch）

将沉醉利口酒和干味美思倒入装有冰块的老式杯，迅速搅拌一下。倒入一层拉弗格，使之漂浮在酒液上。

波比彭斯

家族：**法国－意大利（威士忌和白兰地）**|| 艾伯特·史蒂文斯·克罗克特在《老华尔道夫酒吧手册》中写道，这款酒——当时叫罗伯特彭斯——诞生于禁酒令颁布之前。他暗示它的诞生地就是华尔道夫酒店："它可能是根据那位著名的苏格兰人命名的。不过，更有可能的是，它是根据一位经常在老华尔道夫酒吧'请客'的雪茄推销商命名的。"事实上，当时市面上有一个叫作"罗伯特彭斯"的雪茄品牌，它直到 20 世纪 60 年代才退出美国市场，所以，这款酒的命名很可能是为了恭维一位出手大方的酒客。

华尔道夫版配方用的是 1 大滴苦艾酒，而萨伏依版配方（1930 年）用的是 3 大滴法国廊酒。20 世纪 50 年代，戴维·恩伯里表示可以用杜林标代替这款酒里的苦艾酒或法国廊酒。我偏爱用法国廊酒来调制波比彭斯，但尝试这些不同版本也是很有趣的。

2 盎司苏格兰威士忌

1 盎司甜味美思

2 ~ 3 大滴苦艾酒、法国廊酒或杜林标

1 个柠檬皮卷，用于装饰

搅匀后滤入冰过的鸡尾酒杯，加装饰。

底线

家族：**法国-意大利（威士忌和白兰地）**‖这款酒根据凯文·迪德里克（Kevin Diedrich，布鲁克林三叶草俱乐部）的配方改编。凯文凭借这个配方赢得了 2009 年 9 月在纽约举办的拜伦耶格鸡尾酒比赛冠军。

1½ 盎司高原骑士 18 年单一麦芽苏格兰威士忌（Highland Park 18-year-old Single-malt Scotch）

1 盎司曼萨尼亚雪莉酒

¾ 盎司拜伦耶格蜂蜜利口酒

¼ 盎司乔恰里亚阿玛罗（Amaro CioCiaro）

1 大滴橙味苦精

1 大滴安高天娜苦精

搅匀后滤入冰过的鸡尾酒杯。

白兰地亚历山大

家族：**双料和三料**‖这款酒诞生于 1930 年之前，一度被叫作“巴拿马”。时至 1936 年，它的名字变成了白兰地亚历山大，但“巴拿马”这个名字直到 20 世纪 40 年代还经常会被用到。另外，顺便说一下，白兰地亚历山大在 20 世纪 70 年代的曼哈顿非常流行，当时的洗杯机非常糟糕，通常是在装满温水的水槽里快速旋转着刷几下，所以调酒师都很不喜欢这款酒，因为每次洗完盛白兰地亚历山大的酒杯后都要将水槽里的水换掉。

2 盎司白兰地

1 盎司黑可可利口酒

1 盎司奶油

现磨肉豆蔻粉，用于装饰

摇匀后滤入冰过的鸡尾酒杯，加装饰。

白兰地科斯塔

家族：新奥尔良酸酒 || 这款催生了 1000 多款经典酒款的鸡尾酒——我喜欢夸张——是 19 世纪中期新奥尔良一位名叫约瑟夫·圣蒂尼的意大利酒吧老板发明的。他的配方成了一系列鸡尾酒的模板，亦即我们所知的新奥尔良酸酒家族，它也是第一款含有柑橘类果汁的鸡尾酒——我一直没有注意到科斯塔的这个特别之处，直到戴维·旺德里奇向我指出了这一点。

下面的配方是基于杰里·托马斯 1862 年出版的《如何调酒：生活家伴侣》中的版本改编的。尽管平衡度有所欠缺，但烈酒、橙味利口酒和新鲜柑橘类果汁的组合（亦见于玛格丽特和边车这样的鸡尾酒中）在这款酒中得到了淋漓尽致的体现。不要让任何人拆散它们。

2 盎司白兰地

1 茶匙单糖浆

1 茶匙新鲜柠檬汁

½ 茶匙橙味利口酒

2 大滴芳香苦精（如安高天娜或博克）

1 整条螺旋状柠檬皮卷，用于装饰

摇匀后滤入冰过的、杯沿带糖边的小号葡萄酒杯。螺旋状柠檬皮卷要预先放入杯中，覆盖整个内壁。

早餐马天尼

家族：**国际酸酒** || 这款酒根据萨尔瓦托雷·卡拉布莱塞 [Salvatore Calabrese，美国拉斯维加斯克伦威尔酒店（Cromwell Hotel）萨尔瓦托雷邦得酒吧、中国香港九龙八号公馆（Maison Eight）萨尔瓦托雷酒吧、美国旧金山调酒术 101 酒吧（Mixology 101）] 的配方改编。人称“大师”的萨尔瓦托雷·卡拉布莱塞是全球知名度最高的调酒师之一，他完全配得上这个身份。他常驻伦敦，本书付梓时他还没有在那里开酒吧。不过，通过自己名下的多家鸡尾酒吧，萨尔瓦托雷在全世界范围内树立起了自己的声望。如果有人告诉我，某家酒吧的服务比萨尔瓦托雷的任何一家酒吧都要好，我会不以为然。就服务而言，无人能出其右。“早餐马天尼”是他的标志性鸡尾酒，诞生于伦敦兰斯伯瑞酒店（Lanesborough Hotel）。

1¾ 盎司孟买干金酒

½ 盎司君度

½ 盎司柠檬汁

1½ 盎司橙子酱

切碎的橙皮，用于装饰

用力摇匀后滤入冰过的鸡尾酒杯，加装饰。

布朗克斯

家族：**加强酸酒** || 艾伯特·史蒂文斯·克罗克特在《老华尔道夫酒吧手册》中详细叙述了这款酒的起源。尽管书中表示它的问世时间早于 1917 年，但具体年份并无记载。根据书中的描述，第一位制作布朗克斯的调酒师名叫约翰尼·索伦，也有可能姓索兰，他创作这款酒是为了回应一名叫特拉瓦森（Traverson）的服务生的提问。布朗克斯改编自当时流行的复式鸡尾酒（甜味美思和干味美思加橙味苦

精），老华尔道夫酒吧里点它的人非常多，以至于酒吧每天要用掉一箱多橙子。书中引用了索伦的话："我一两天前去了布朗克斯动物园，我在那里见到了许多以前没见过的动物。过去客人经常跟我说，他们在喝了许多杯鸡尾酒后，眼前会出现各种奇怪的动物。所以，当特拉瓦森正要把酒端给客人时，问我：'我该怎么跟客人说这杯酒的名字？'我想到了那些动物，于是回答道：'哦，你可以告诉他这是布朗克斯。'"

上面的故事很可能不是真的，而戴维·旺德里奇在《饮！》一书中提到了其他几位有可能发明了这款酒的人，但没有确切的证据证明是谁发明了它。不过，我真的非常喜欢索伦的故事。

下面这个配方在一定程度上参考了戴维·旺德里奇为时尚先生网站创作的版本。我加了橙味苦精和装饰。

2 盎司金酒

¼ 盎司甜味美思

¼ 盎司干味美思

1 盎司新鲜橙汁

1 大滴橙味苦精

1 个橙皮卷，作为装饰

摇匀后滤入冰过的鸡尾酒杯，加装饰。

布朗克斯（《饮！》版）

家族：**加强酸酒** || 这个配方源自戴维·旺德里奇在《饮！》第一版中的版本。根据旺德里奇的研究，这一不同版本的配方大概诞生于 1900 年。他本人喜欢在布朗克斯里加入大量橙汁，而他发现这个版本只用了极少量的橙汁，这为我们提供了更多选择。这个配方收录于威廉· T. 布思比（William T. Boothby）在 1908 年出版的《世界酒饮及调制方法》（*World Drinks and How to Mix Them*）一书，

书中标明其创作者是“宾夕法尼亚州匹兹堡的比利·马洛伊（Billy Malloy）”。

1 盎司普利茅斯金酒

1 盎司干味美思

1 盎司甜味美思

1 茶匙新鲜橙汁

2 大滴橙味苦精

摇匀后滤入冰过的鸡尾酒杯。

布鲁克林高地

家族：**法国－意大利（威士忌和白兰地）** || 这款酒根据马克斯韦尔·布里顿（Maxwell Britten，纽约）的配方改编。这款酒的味道十分张扬，就像一支支箭射向舌尖上的每一个味蕾。酒液入喉之际，所有味道都完美地融合在了一起。要么是马克斯韦尔的调酒技术出神入化，要么是老天爷帮了他一把，让这款酒成功了！

1/2 盎司金巴利，用于洗杯

1 1/2 盎司瑞顿房 50 度黑麦威士忌（Rittenhouse 100-proof Rye）

1/4 盎司路萨朵阿巴诺阿玛罗

1/2 盎司路萨朵樱桃利口酒

1/2 盎司洛里特普拉干味美思（Noilly Prat Dry Vermouth）

2 大滴里根 6 号橙味苦精

用金巴利给冰过的鸡尾酒杯洗杯。搅匀后滤入备好的酒杯。

黄油柠檬烟雾

家族：**孤儿** || 这款酒根据 T. J. 维特拉西尔（T. J. Vytlacil，密苏

里州圣路易斯“血与沙”）的配方改编。一位客人告诉维特拉西尔，自己喜欢香料、烟熏、柑橘和柔和口感，于是后者特意为他量身定制了这款酒。喝下第一口，这位客人说它的味道就像黄油、柠檬和烟雾的结合体——这款酒正得名于此。它是 21 世纪调酒师创造力的绝佳体现。

1½ 盎司泥煤兽苏格兰威士忌（Peat Monster Scotch）

1 盎司杰曼罗宾优质蒸馏罐白兰地（Germain-Robin's Fine Alambic Brandy）

¾ 盎司绿色查特酒

¾ 盎司法国廊酒

1 个柠檬皮卷，用于装饰

搅匀后滤入冰过的鸡尾酒杯，加装饰。

缆车

家族：**新奥尔良酸酒** || 这款酒根据托尼・阿布 - 加尼的配方改编。人称“现代调酒大师”的托尼・阿布 - 加尼在 20 世纪 90 年代后期创作了这款酒，当时他在旧金山哈里・丹顿的星光室工作。它一经推出就大获成功。

1½ 盎司摩根船长金牌加香朗姆酒（Captain Morgan Spiced Rum）

¾ 盎司橙味利口酒

1 盎司新鲜柠檬汁

½ 盎司单糖浆

肉桂粉和糖，用于杯沿

1 个橙皮卷，用于装饰

摇匀后滤入冰过的、杯沿沾有肉桂粉和糖的鸡尾酒杯，加装饰。

燃烧咖啡

家族：**热鸡尾酒** || 这款酒根据新奥尔良指挥官酒吧（Commander's Palace）的配方改编。

可做出 2 杯的量

1 个柠檬

1 个橙子

1 盎司橙皮利口酒

1 盎司白兰地

1 根肉桂棒

4 整株丁香

1½ 杯热的浓咖啡

用削皮刀削下完整柠檬和橙子的果皮，让果皮呈螺旋状。在削皮时，把柠檬和橙子置于燃烧碗（或芝士火锅盘）上方，这样果汁会全部滴到碗里。把果肉放在一旁。将柠檬皮放入燃烧碗，置于固体酒精炉上。加入橙皮利口酒、白兰地和肉桂棒。把丁香嵌入橙皮中，穿在叉子上，置于燃烧碗上方加热。

小心地点燃混合好的酒液，用勺子把酒液反复浇到橙皮上。慢慢地将咖啡倒入碗中，淋熄火焰。将咖啡舀到小号咖啡杯中，根据个人口味添加用橙子果肉榨的果汁，以起到增甜作用。

凯匹林纳

家族：**简单酸酒** || 这款巴西鸡尾酒在美国非常受欢迎，在全球范围内也风行了几十年之久，这不是没有理由的。凯匹林纳的含义是“乡巴佬”，需要用卡莎萨（一种巴西风格的朗姆酒）来制作。配方中青柠角的数量很难确定，因为不同的青柠大小各异。我的经验是把青柠角装到酒杯一半的位置。

凯匹林纳

4 ~ 6 个青柠角

1 汤匙砂糖

3 盎司卡莎萨朗姆酒

在老式杯中捣压青柠和糖。加入碎冰和卡莎萨朗姆酒，充分搅拌。

卡匹洛斯卡

家族：**简单酸酒** || 这款酒是用伏特加调制的凯匹林纳的“表亲”，适合不喜欢卡莎萨朗姆酒的人饮用。

4 ~ 6 个青柠角

1 汤匙砂糖

3 盎司伏特加

在老式杯中捣压青柠和糖。加入碎冰和伏特加，充分搅拌。

卡尔瓦多斯鸡尾酒

家族：**新奥尔良酸酒** || 这款酒根据《琼斯完全酒吧指南》（*Jones' Complete Barguide*）中的配方改编。

1½ 盎司卡尔瓦多斯

¾ 盎司橙皮利口酒

1 盎司新鲜橙汁

2 大滴橙味苦精

摇匀后滤入冰过的鸡尾酒杯。

讽刺画

家族：**新奥尔良酸酒** || 2001年，我为戴尔·德格罗夫的太太、画家吉尔·德格罗夫（Jill DeGroff）创作了这款酒。它其实是对戴尔的“旧情人”鸡尾酒的改编。

1½ 盎司金酒

½ 盎司甜味美思

¾ 盎司橙皮利口酒

½ 盎司金巴利

½ 盎司新鲜西柚汁

1 个橙皮卷，用于装饰

摇匀后滤入冰过的鸡尾酒杯，加装饰。

卡萨诺瓦寇伯乐

家族：**孤儿** || 这款酒根据埃里克·卡斯特罗（Erick Castro，加利福尼亚州）为情人节创作的一款酒饮改编。这款鸡尾酒的灵感来自18世纪的威尼斯人卡萨诺瓦（Casanova），他是历史上最著名的情种之一。旧金山里克豪斯鸡尾酒吧（Rickhouse）在2010年2月推出的酒单中写道：“这款冰到结霜却美妙至极的鸡尾酒令人想到一段无望又迷人的情事，苦甜交织是对它最准确的形容。”

½ 盎司新鲜柠檬汁

2 大滴单糖浆

1 个橙圈

1½ 盎司潘脱蜜（Punt E Mes）

¾ 盎司威凤凰黑麦威士忌（Wild Turkey Rye Whiskey）

½ 盎司君度

1 颗白兰地樱桃和 1 个橙圈，用于装饰

在柯林斯杯中捣压柠檬汁、单糖浆和橙圈。加入碎冰，将其他原料倒入杯中直调，加装饰。

香槟鸡尾酒

家族：**香槟鸡尾酒** || 杰里·托马斯 1862 年出版的《如何调酒：生活家伴侣》中详细介绍了最早的香槟鸡尾酒，但调制方法有点怪：“在平底杯中装入 1/3 的冰块，再倒入 1/3 的葡萄酒，摇匀后上桌。”书中列出的原料包括香槟、半茶匙糖、1 ~ 2 大滴苦精和 1 个柠檬皮卷，今天我们调制香槟鸡尾酒的原料差不多也是这些。但他提到用摇匀的方法来制作香槟鸡尾酒有点令人费解，因为在打开摇酒壶的时候，它可能会爆掉。

我们知道，我们的先辈在 19 世纪中期就开始喝香槟鸡尾酒，但关于它的历史，我们还知道些什么呢？1906 年，调酒师路易·穆肯斯图姆建议先用方糖摩擦柠檬皮，再放入杯中——这绝对不是一个坏主意。小贾奇（Judge Jr.）在 1927 年出版的《这样调酒》（*Here's How*）中声称，香槟鸡尾酒诞生于巴黎丽思酒店，属于“非常高端”的鸡尾酒。到了 20 世纪 30 年代，用柠檬汁代替苦精的香槟酸酒出现了，而 W. J. 塔林（W. J. Tarling）1937 年出版的《皇家咖啡馆鸡尾酒手册》（*Café Royal Cocktail Book*）中提到了一款“加入一大滴白兰地”的版本。各种变体纷纷出现。

几年后，小查尔斯·亨利·贝克在《绅士伴侣》中详细记载了几款不同于标准版本的配方。其中一款叫作印度大君布拉佩格（Maharajah's Burra-Peg），他在书中写道：“我们会喝几种不同的酒，包括——当然，是在华盛顿生日那天——夸脱香槟布拉佩格，而他（招待他们的主人）会向我们讲述关于印度大君和民间的‘秘闻’传说，比如我们刚见过的新即位的年轻大君是如何钟情于一位妃子，以至于无心管理他父亲特意留给他的400人军团的。”贝克表示，布拉佩格最好用容量为16盎司的酒杯调制，先倒入3盎司白兰地，然后加满香槟。他还会在杯中放入一块蘸满苦精的方糖和一条螺旋状的青柠皮卷。

20世纪40年代以来，每十年，甚至每月或每周都有这款酒的更多变体出现。因为现在有如此多的原料适合加入香槟，我可以大胆地说，香槟鸡尾酒的配方已经有几千个不同的版本了，而以后还会有几千个不同的版本出现：要么是严格根据下面的方法制作，要么是做了一些改变。

1块蘸满了安高天娜苦精的方糖

5½盎司冰过的香槟

1个柠檬皮卷，用于装饰

按配方顺序将原料倒入笛形香槟杯中直调，加装饰。

查特酒斯维泽

家族：孤儿 || 这款酒根据马尔科瓦尔多·狄厄尼索斯（Marcovaldo Dionysos，旧金山）的配方改编。许多非常出色的21世纪鸡尾酒都出现在世界各地手工鸡尾酒吧的酒单上，这款酒正是其中之一。干得漂亮，先生！

1½盎司绿色查特酒

½盎司丝绒法勒纳姆

1盎司菠萝汁

¾盎司新鲜青柠汁

1枝薄荷，用于装饰

肉桂粉，用于装饰

在装满碎冰的柯林斯杯中直调。迅速搅拌一下，加装饰。

三叶草俱乐部

家族：**加强酸酒** || 根据《老华尔道夫酒吧手册》作者艾伯特·史蒂文斯·克罗克特的说法，这款酒诞生于“斯特拉福德美景酒店，由贵格城[1]著名文学家、律师、金融家和商界大亨组成的三叶草俱乐部的成员经常在那里组织晚宴，人们在晚宴上纵情饮酒”。这里还有一个故事，老华尔道夫酒店的第一位经理乔治·查尔斯·博尔特（George Charles Boldt）就来自费城。

博尔特出生于波罗的海吕根岛，在他 13 岁那年，也就是 1864 年来到美国。时至 1888 年，他在费城拥有了两家酒店——美景酒店和斯特拉福德酒店。大概在 1890 年一个漆黑的暴风雨之夜，一对夫妇来到了其中一家酒店的大堂，想要订一间房。当时有 3 个不同的展会在费城举办，因此所有的房间都订满了。于是，博尔特把自己的房间让给了这对夫妇。第二天早上离开之前，那位男士对博尔特说，博尔特应该经营一家更好的酒店，也许有一天自己会给他建一家。原来，这位陌生人正是威廉·华尔道夫·阿斯特（William Waldorf Astor）。后来，博尔特果真去了华尔道夫酒店工作。

博尔特最终回到了费城，在 1904 年开了斯特拉福德美景酒店。克罗克特表示这家酒店是三叶草俱乐部成员的活动场地，但实际上同名鸡尾酒的诞生时间很可能早于酒店的建立时间：1881 年，博尔特的美景酒店就已经吸引了三叶草俱乐部的成员，三叶草俱乐部显然对博尔特的生活颇有影响。他于 1877 年结婚，和妻子路易丝（Louise）有了两个孩子——小乔治·克洛弗（George Clover Jr.）和路易丝·克洛弗（Louise Clover）[2]。

下面的配方根据布鲁克林三叶草俱乐部鸡尾酒吧的版本改编。这家酒吧的主理人是朱莉·赖纳（Julie Reiner），不管你选择在一周中

① 费城的别称。——译者注

② 克洛弗，英文为 Clover，亦指三叶草。——译者注

的哪一天去酒吧，都能受到最好的款待。

1½ 盎司干金酒（三叶草俱乐部用的是普利茅斯金酒或孟买干金酒）
½ 盎司杜凌干味美思
½ 盎司柠檬汁
½ 盎司三叶草俱乐部覆盆子糖浆（配方见下文）
¼ 盎司蛋清
2 颗新鲜覆盆子，穿在酒签上用于装饰

干摇，然后加冰摇匀，滤入冰过的碟形杯，加装饰。

三叶草俱乐部覆盆子糖浆

1 杯新鲜覆盆子
2 杯糖
1 杯水

在平底锅中捣压覆盆子和糖。加水，小火加热，最多 10 分钟，注意不要加热至沸腾。关火后静置 30 分钟，然后双重滤入瓶中。

罗盘针鸡尾酒

家族：**孤儿** || 这款酒根据啤酒作家斯蒂芬·博蒙特（Stephen Beaumont）的配方改编。罗盘针鸡尾酒是一款非常出色的作品，就我所知，斯蒂芬·博蒙特是第一个想出怎么用啤酒调酒的人。在这款酒出现之前，我们知道的啤酒鸡尾酒基本上只有拉格青柠、香迪和“黑与棕”。

1 盎司罗盘针泥煤兽调和麦芽苏格兰威士忌（Compass Box Peat Monster Blended Malt Scotch）
3 盎司帝国世涛（Imperial Stout）

3 大滴安高天娜苦精

1 颗马拉斯奇诺樱桃，用于装饰

摇匀后滤入冰过的鸡尾酒杯，加装饰。

死而复生 1 号

家族：**法国－意大利（威士忌和白兰地）**‖“死而复生”属于我们称为有提神作用的一类鸡尾酒。克拉多克在《萨伏依鸡尾酒手册》中收录了 2 个不同的版本。在介绍这个版本时，他表示应该“在上午 11 点前或者任何需要补充精力的时候饮用”。

1½ 盎司白兰地

¾ 盎司卡尔瓦多斯

¾ 盎司甜味美思

搅匀后滤入冰过的鸡尾酒杯。

死而复生 2 号

家族：**新奥尔良酸酒**‖这款酒根据克拉多克在 1930 年记录的版本改编。他如此形容道：“迅速喝下 4 杯，僵尸也能复活。”

¾ 盎司金酒

¾ 盎司橙皮利口酒

¾ 盎司莉蕾白

¾ 盎司新鲜柠檬汁

1 大滴苦艾酒

摇匀后滤入冰过的鸡尾酒杯。

大都会

家族：新奥尔良酸酒 || 天啊，这款酒引起的反响还真不小。在2003年《调酒学》第一版问世前，没有人确切地知道这款酒的配方来自哪里，在那之后发生了许多事情。君度品牌的工作人员告诉我，一位名叫谢里尔·库克（Cheryl Cook）的迈阿密调酒师发明了这款酒，但我无法证实这一点。后来在2005年9月25日星期日，我收到了一封来自佛罗里达的电子邮件："我最近发现好几篇文章提到了我和'大都会'。"来信的正是 库克，她还写道，她在迈阿密南海滩的斯特兰德餐厅（The Strand）工作时发明了这款酒。她的原始配方包括"绝对伏特加（柑橘味）、少许橙味利口酒、一小滴罗斯青柠汁和适量蔓越莓汁——让整杯酒呈现令人赞叹的漂亮的粉色，最后加上一个柠檬皮卷"。

有两位调酒师经常被说成是大都会的发明者——戴尔·德格罗夫和托比·切基尼，但他们都表示自己的版本只是对另一个更简单的配方的改编。谢里尔的配方正好符合这个说法，而且也没有其他人站出来说是自己发明了大都会。今天我们在做这款酒的时候的确会倾向于选择戴尔或托比的配方，用新鲜青柠汁和优质橙皮利口酒（比如君度）作为原料。下面的配方根据戴尔的版本改编，原始配方在他的大作《鸡尾酒技艺》（*The Craft of the Cocktail*）中有详细介绍。

1½ 盎司柑橘味伏特加

½ 盎司君度

½ 盎司新鲜青柠汁

1 盎司蔓越莓汁

1 个点燃的橙皮卷，用于装饰

摇匀后滤入冰过的鸡尾酒杯，加装饰。

大都会

大都会（瓶装版）

可制作 22 盎司的量

10 盎司柑橘味伏特加

4 盎司橙皮利口酒

2 盎司新鲜青柠汁

1 盎司蔓越莓汁

5 盎司瓶装水

混合后冷藏至少 6 小时，倒入冰过的鸡尾酒杯中饮用。

自由古巴

家族：**高球** || 在小查尔斯·亨利·贝克写下《绅士伴侣》一书后，自由古巴开始逐渐流行开来。书中写道，最好的制作方法是将一个小号青柠的汁液挤入柯林斯杯，接着把青柠放入杯中捣压，让皮油覆盖酒杯内壁，然后加入朗姆酒、大量的冰和可乐。如今，似乎大多数调酒师只是在朗姆酒加可乐里放入一个青柠角而已，这样做出来的酒很难令人满意。

尽管捣压青柠并非必需——没有糖和青柠皮之间的摩擦，皮油几乎无法被释放，而加糖会让整杯酒甜得让人难以忍受——但加至少 1 盎司青柠汁是必要的，这样能够平衡可乐的甜味。自由古巴并不是一款受人推崇的鸡尾酒，但若制作得当，它的味道美妙极了。

2 盎司淡朗姆酒

1 盎司新鲜青柠汁

3 盎司可乐

1 个青柠角，用于装饰

按配方顺序将所有原料倒入装满冰块的高球杯中直调，加装饰。

库斯科鸡尾酒

家族：**国际酸酒** || 这款酒根据朱莉·赖纳（布鲁克林三叶草俱乐部和纽约熨斗酒廊）的配方改编。2006年，朱莉·赖纳和一群调酒师同行（包括我在内）前往秘鲁，参观了多家皮斯科酒厂，还去了马丘比丘和被称为“印加圣谷”的乌鲁班巴峡谷游览。旅程结束之后，她创作了这款酒。

½ 盎司樱桃白兰地，用于洗杯

2 盎司门迪奥拉皮斯科精选秘鲁－意大利葡萄白兰地（Mendiola Pisco Select Peruvian Italia Grape Brandy）

¾ 盎司阿佩罗

½ 盎司新鲜柠檬汁

½ 盎司新鲜西柚汁

¾ 盎司单糖浆

1 个西柚皮卷，用于装饰

用樱桃白兰地给高球杯洗杯，倒掉酒液，在杯中装满冰块。摇匀后滤入备好的酒杯，加装饰。

大吉利

家族：**简单酸酒** || 很多资料声称大吉利是在1898年诞生的，发明者是美西战争结束后在古巴工作的几个美国人。据说，这款酒是为了治疗疟疾而发明的。无论真相如何，这款酸酒的原料是青柠汁而非柠檬汁，基酒自然是朗姆酒。

我能找到的关于大吉利的最早书面记载出自弗兰克·谢伊（Frank Shay）1929年出版的《取之于木》（*Drawn from the Wood*），作者坚称只有用百加得朗姆酒才能做出正宗的大吉利。当然，任何淡朗姆酒都可以用来调制大吉利，但百加得鸡尾酒（详见第181页）则必须用百加得朗姆酒来调制。

2 盎司淡朗姆酒

1 盎司新鲜青柠汁

½ 盎司单糖浆

1 个青柠角，用于装饰

摇匀后滤入装满冰块的葡萄酒杯，加装饰。

DAM

家族：孤儿 || 2007 年美国鸡尾酒博物馆主席戴尔·德格罗夫邀请我为世界鸡尾酒日创作一款新鸡尾酒，并且要求原料之一必须是烟熏味极重、很难用于调酒的拉弗格单一麦芽苏格兰威士忌。我花了大半个下午，千辛万苦才找到合适的原料来搭配拉弗格。尽管我承认我对最后的成品非常满意，但我永远不会忘记自己在创作的几小时中对戴尔骂个不停。这款酒并不会让所有人都喜欢，但是它跟庆祝晚宴上的烤肋排特别搭。它的名字 DAM 是“Dale's a Mutha”（戴尔是个混账）的缩写。

1¼ 盎司杜本内红

½ 盎司沛丽尼柠檬利口酒（Pallini Limoncello）

¼ 盎司拉弗格 10 年单一麦芽苏格兰威士忌（Laphroaig 10-year-old Single-malt Scotch）

1 个柠檬皮卷，用于装饰

摇匀后滤入冰过的高脚葡萄酒杯，加装饰。

黑暗风暴

家族：高球 || 这是一款用百慕大黑朗姆酒和混浊（虽然比不上暴风雨那般阴郁与黑暗）的姜汁啤酒制作的鸡尾酒。

2 盎司高斯林黑朗姆酒（Gosling's Black Seal Rum）

3 盎司姜汁啤酒

1 个青柠角，用于装饰

在装满冰块的高球杯中直调，加装饰。

德波纳尔

家族：**双料和三料** || 这款酒是我在 20 世纪 90 年代早期创作的。它的原型是威士忌马克（Whisky Mac）——在英国颇为流行的一款酒，原料是苏格兰威士忌和绿姜酒。我在配方中推荐了两款单一麦芽威士忌，因为它们的咸味跟姜味利口酒很搭。记住，如果你用的不是这两款威士忌，那就必须调整原料的比例，以达到最佳平衡。

2½ 盎司欧本或云顶单一麦芽苏格兰威士忌（Oban or Springbank Single-malt Scotch）

1 盎司肯顿姜味利口酒

1 个柠檬皮卷，用于装饰

摇匀后滤入冰过的鸡尾酒杯，加装饰。

脏马天尼

家族：**法国－意大利（金酒、朗姆酒、荷式金酒、伏特加和特其拉）** || 如果制作不当，它可能是世界上最糟糕的鸡尾酒之一；但如果制作得当，且没有加入太多橄榄盐水，那么它会是一款出色的鸡尾酒。另外，如果你想追求酒饮的稳定，不妨备一瓶脏苏（Dirty Sue）牌瓶装橄榄盐水，这个品牌是由调酒师创办的。

2½ 盎司金酒或伏特加

½ 盎司干味美思

橄榄盐水（根据个人口味添加）

1 颗橄榄，用于装饰

搅匀后滤入冰过的鸡尾酒杯，加装饰。

狗鼻子

家族：**孤儿** || 狄更斯（Dickens）在《匹克威克外传》（*Pickwick Papers*）中提到了“狗鼻子”这款酒，他的曾孙锡德里克·狄更斯（Cedric Dickens）在《与狄更斯共饮》（*Drinking with Dickens*）一书中写道，一位沃克先生认为连续20年每周喝2次“狗鼻子”让他的右手无法活动。后来沃克先生加入了“戒酒互助会”。事实上，这款酒的配方的确奇怪，但味道好极了。

12 盎司波特或世涛啤酒

2 茶匙黄糖

2 盎司金酒

现磨肉豆蔻粉，用于装饰

将波特或世涛啤酒倒入厚实的大号玻璃杯，在微波炉中加热 1 分钟左右。倒入黄糖和金酒，轻轻搅拌，加装饰。

都柏林人

家族：**法国－意大利（威士忌和白兰地）** || 这款鸡尾酒是 1999 年我为圣帕特里克节（Saint Patrick's Day）创作的。这是一个很容易解析的配方：去掉柑曼怡，它就是一款曼哈顿风格的鸡尾酒，只不过基酒是爱尔兰威士忌，而非波本或黑麦威士忌；加入柑曼怡，加少许橙味苦精来增强橙子风味，一款新鸡尾酒就诞生了。

2 盎司爱尔兰威士忌

1/2 盎司甜味美思

1/2 盎司柑曼怡

橙味苦精（根据个人口味添加）

1 颗马拉斯奇诺樱桃（最好是绿色的），用于装饰

搅匀后滤入冰过的鸡尾酒杯，加装饰。

梦幻多莉尼烟熏马天尼

家族：**孤儿** || 这款酒根据纽约“酒饮女神”奥德丽·桑德斯的配方改编，是鸡尾酒技艺巅峰的体现。哪怕你只是对拉弗格单一麦芽苏格兰威士忌略有所知，你都会知道拉弗格 10 年单一麦芽苏格兰威士忌的泥煤和烟熏风味有多浓重，如果不小心使用，潘诺也很容易遮盖整杯酒的味道。在这款酒中，奥德丽巧妙地解决了这些问题。拉弗格的风味足以跟潘诺抗衡，而伏特加的加入让它们都“俯首称臣”。所有原料和谐融合，一款杰作就此诞生。我还试过用雅柏来调制这款酒，结果令人欣喜。

2 盎司法国灰雁伏特加（Grey Goose Vodka）

½ 盎司拉弗格 10 年单一麦芽苏格兰威士忌

2 ~ 3 小滴潘诺

1 个柠檬皮卷，用于装饰

搅匀后滤入冰过的鸡尾酒杯，加装饰。

杜本内鸡尾酒

家族：**法国-意大利（金酒、朗姆酒、荷式金酒、伏特加和特其拉）** || 诞生于 20 世纪 30 年代的杜本内鸡尾酒原版是不加装饰的，但我发现加一个柠檬皮卷的效果很不错。如果你改变配方比例，把金酒的用量增加至杜本内的 2 倍，再分别加几大滴橙皮利口酒和安高天娜苦精，做出来的就是皇家杜本内，塔林在《皇家咖啡馆鸡尾酒手册》中详细

介绍了这款酒。

1½ 盎司杜本内红

1½ 盎司金酒

1 个柠檬皮卷，用于装饰

搅匀后滤入冰过的鸡尾酒杯，加装饰。

荷兰库普

家族：**法国－意大利（金酒、朗姆酒、荷式金酒、伏特加和特其拉）**‖这款酒根据特丝·波斯蒂默斯（Tess Posthumus，荷兰阿姆斯特丹 74 号大门）的配方改编。经过这么多年，特丝已经成为我的朋友了。她告诉我，她在 2013 年为纪念荷兰贝娅特丽克丝女王（Queen Beatrix）退位而创作了这款酒。她选用了一款最具代表性的荷兰烈酒作为基酒，用橙味苦精和橙花水来代表奥兰治 - 拿骚（Orange-Nassau）王室。她解释说："加入少许苦味是一种传统。过去荷兰王室每逢庆祝活动都会饮用一种叫作'橙味苦酒'的苦橙利口酒。削下橙皮之后，把橙皮放在杯沿上做装饰，而且要做成羽毛帽的形状，因为羽毛帽是贝娅特丽克丝女王的标志之一。"

2 盎司波士 6 年荷式金酒（Bols 6-year-old Corenwyn Jenever）

½ 盎司卡帕诺安提卡配方味美思

2 茶匙希娜

1 大滴橙花水

1 大滴橙味苦精

1 个橙皮卷，用于装饰

搅匀后滤入冰过的碟形杯，加装饰。

伯爵茶马天尼

家族：**简单酸酒** || 这款酒根据奥德丽·桑德斯（纽约佩古俱乐部）的配方改编。

1¾ 盎司以伯爵茶浸渍的添加利金酒（配方见下文）

¾ 盎司新鲜柠檬汁

1 盎司单糖浆

1 个蛋清

1 个柠檬皮卷，用于装饰

摇匀后滤入冰过的、杯沿带有糖边的碟形香槟杯，加装饰。

以伯爵茶浸渍的添加利金酒

1 茶匙优质散装伯爵茶叶

1 杯添加利金酒

将茶叶和金酒倒入一个小碗，在室温下静置 2 小时。过滤掉茶叶，在过滤时注意不要按压茶叶，否则茶叶会释放出令人不快的单宁。冷藏后使用。

总统

家族：**法国－意大利（金酒、朗姆酒、荷式金酒、伏特加和特其拉）** || 本书第一版也收录了这款酒的配方，但它跟现在这个版本完全不同，它来自 1949 年出版的《老波士顿先生》（*Old Mr. Boston*），在我看来并无可取之处。现在这个配方是我根据《饮！》中的版本改编的，参考了戴维·旺德里奇对这款酒的见解。它比之前的版本好得多。

1½ 盎司优质淡朗姆酒

1½ 盎司杜凌白味美思

1 茶匙橙味利口酒

½ 茶匙红石榴糖浆

1 个橙皮卷，用于装饰

摇匀后滤入冰过的鸡尾酒杯，加装饰。

终区

家族：**国际酸酒** || 这款酒根据菲利普·沃德（Philip Ward，纽约玛亚韦尔）的配方改编。它是经典鸡尾酒“最后一语”（详见第 251 页）的变体，用黑麦威士忌代替了金酒。另外，沃德还把原版配方中的青柠汁改成了柠檬汁。这些简单的变化造就了一款截然不同的鸡尾酒。

¾ 盎司瑞顿房黑麦威士忌（Rittenhouse Rye Whiskey）

¾ 盎司路萨朵樱桃利口酒

¾ 盎司绿色查特酒

¾ 盎司新鲜柠檬汁

摇匀后滤入冰过的鸡尾酒杯。

鱼库潘趣

家族：**孤儿** || 1732 年，一群渔夫在费城创办了一个以美食和垂钓为主题的社团，人称“鱼库俱乐部”（Fish House Club）。尽管这个俱乐部的官方名字叫作“斯库尔基尔邦”，但人们通常称它为“斯库尔基尔钓鱼公司”或“鱼库俱乐部”。乔治·华盛顿曾在这个俱乐部用餐，并尽情享用鱼库潘趣。有些历史学家认为他日记里空白的 3 页体现了这款酒的效果。

可做出12杯的量（每杯5盎司）

1瓶（750毫升）黑朗姆酒

9盎司白兰地

4盎司桃子白兰地

4盎司单糖浆

5盎司新鲜青柠汁

5盎司新鲜柠檬汁

1大块冰，上桌前放入

将所有原料倒入一个大号平底不粘锅或碗中,充分搅拌均匀。盖好，冷藏至少4小时，直至酒液冰凉。将大块冰置于潘趣碗的中央，倒入潘趣。

爱的火焰

家族：孤儿 || 这款酒根据西好莱坞奇森餐厅（Chasen's）资深调酒师佩佩（Pepe）为迪恩·马丁（Dean Martin）创作的配方改编。弗兰克·西纳特拉（Frank Sinatra）、格雷戈里·佩克（Gregory Peck）、汤米·拉索达（Tommy Lasorda）和当时总统之位的有力竞争者乔治·H. W. 布什（George H. W. Bush）都喝过这款酒。

½盎司干型雪莉酒

2个橙皮卷

3盎司金酒或伏特加

用雪莉酒给冰过的鸡尾酒杯洗杯，然后将酒液倒掉。点燃一个橙皮卷，令橙皮油附着在酒杯内壁上。将金酒或伏特加搅匀后倒入酒杯，然后在酒杯上方点燃另一个橙皮卷。

棉花糖 75

家族：**气泡酸酒** || 这款酒配方来自戈赫 · 克莫拉 [Gorge Camorra，澳大利亚吉朗第 18 修正案酒吧（18th Amendment Bar）]。我要坦白：我从来没尝试过这款酒，主要原因是我没有仙女棉花糖利口酒，但我必须承认，这款产品很有趣。据说，它的味道就像棉花糖，听上去就非常甜。戈赫 · 克莫拉是酒吧行业最了不起的人物之一，我收录这款酒正是为了他。当然，还因为他居然有胆量把自己的利口酒叫作“仙女棉花糖”……

⅔ 盎司金酒

⅔ 盎司克莫拉仙女棉花糖利口酒

1 盎司红宝石西柚汁

2 大滴里根 6 号橙味苦精

普罗塞克

1 个西柚皮卷，用于装饰

摇匀后滤入冰过的碟形杯，倒满普罗塞克，加装饰。

雾中行

家族：**孤儿** || 根据《海滩客贝里的格罗格日志》一书中的配方改编，这本书是世界上最好的提基鸡尾酒指南。

2 盎司淡朗姆酒

1 盎司白兰地

½ 盎司金酒

1 盎司新鲜橙汁

2 盎司新鲜柠檬汁

½ 盎司杏仁糖浆

½ 盎司甜型雪莉酒

将除了雪莉酒的所有原料摇匀后滤入装满冰块的柯林斯杯，倒一层雪莉酒，使之漂浮在酒液上。

法兰西 75

家族：**气泡酸酒** || “法兰西 75”属于那种注定会引起争议的出色鸡尾酒：它的原料应该是金酒还是干邑，是柠檬汁还是青柠汁？我所知的最早的配方出自《萨伏依鸡尾酒手册》（1930 年）：哈里·克拉多克标明要用金酒和柠檬汁来调制，且形容它“出奇地恰到好处”。

就我所知，这款酒的白兰地版本是在戴维·恩伯里表示要用干邑调制之后才慢慢流行起来的，而我亲爱的朋友戴维·旺德里奇认为，法兰西 75 是“禁酒时期美国诞生的唯一一款经典鸡尾酒，值得铭记”。

½ 茶匙单糖浆

½ 盎司新鲜柠檬汁

2 盎司金酒

4 盎司冰过的香槟

按配方顺序将所有原料倒入装满碎冰的柯林斯杯中直调，迅速搅拌一下。

冰沙椰林飘香

家族：**冰沙鸡尾酒** || 关于这款酒的起源有好几种不同的说法，最可信的是它诞生于 1954 年，由绰号“蒙奇多”的调酒师拉蒙·马雷罗（Ramón Marrero）在波多黎各的加勒比希尔顿酒店发明。它是为数不多的我钟爱的甜味鸡尾酒之一。我喜欢用新鲜菠萝来调制椰林飘香，罐装菠萝块也可以用，且罐装菠萝的甜度更稳定。

2 盎司黑朗姆酒

冰沙椰林飘香

半杯菠萝小块或 2 盎司菠萝汁

1½ 盎司椰子奶油

1 颗马拉斯奇诺樱桃，用于装饰

1 小块方形菠萝，用于装饰

将所有原料倒入搅拌机，放入 12 盎司柯林斯杯量的冰块，搅拌至质地均匀，倒入冰过的柯林斯林，加装饰。

吉布森

家族：**法国－意大利（金酒、朗姆酒、荷式金酒、伏特加和特其拉）**‖吉布森据说是 20 世纪 30 年代调酒师查理·康诺利（Charlie Connolly）在纽约玩家俱乐部（Players Club）发明的。它以知名杂志插画家查尔斯·达纳·吉布森（Charles Dana Gibson）命名：吉布森要求康诺利给他做杯“不一样的酒”。它其实就是换了装饰的马天尼，鸡尾酒洋葱很好地衬托了金酒或伏特加的味道，它或许真的值得拥有一个特别的名字。

2½ 盎司金酒或伏特加

½ 盎司干味美思

1 或 3 颗鸡尾酒洋葱，用于装饰

搅匀后滤入冰过的鸡尾酒杯，加装饰。

螺丝锥

家族：**双料和三料**‖根据英国皇家海军官网的记载，这款酒的名字是为了致敬大英帝国爵级司令勋章获得者、海军医生托马斯·D. 吉姆雷特（Thomas D. Gimlette）爵士[1]。“他发明这款酒是为了让他的

---

① 吉姆雷特与英文中的螺丝锥发音相同。——译者注

战友们能够摄入足够的青柠汁，以预防坏血病。”吉姆雷特爵士在1870年以外科医生的身份加入海军，1913年以军医处长的身份退休。

传奇调酒师吉姆·米汉（Jim Meehan）在2017年出版的《米汉调酒师手册》（*Meehan's Bartender Manual*）中表示，他并不喜欢罗斯青柠汁，我完全理解他为什么会这么说。但在我看来，如果用自制青柠糖浆来代替，做出来的就不是真正的螺丝锥了。这无疑是因为我对20世纪70年代的螺丝锥有着许多精彩的回忆，这是我品位不佳的体现！

2½ 盎司金酒

¾ 盎司青柠糖浆，比如罗斯牌

1 个青柠角，用于装饰

搅匀后滤入装满冰块的老式杯，加装饰。

金－金骡子

家族：**气泡酸酒和高球** || 这款酒根据奥德丽·桑德斯（纽约佩古俱乐部）的配方改编。这是第一批诞生于现代且如今已经传播到世界各地手工鸡尾酒吧的鸡尾酒之一。只要尝上一口，你就会知道它如此受欢迎的原因。奥德丽表示，她的自制姜汁啤酒是非常适合用来制作健康饮品和茶饮的无酒精软饮料，而且能为苏格兰威士忌托蒂增添活泼口感。

¾ 盎司新鲜青柠汁

1 盎司单糖浆

2 枝薄荷（1 枝用于捣压，1 枝用于装饰）

1¾ 盎司添加利金酒

1 盎司自制姜汁啤酒（小分量和大分量配方见下文）

1 个青柠圈，用于装饰

1 片糖渍生姜，用于装饰

在调酒杯中捣压青柠汁、单糖浆和薄荷。加入金酒、姜汁啤酒和冰。摇匀后滤入装有冰块的高球杯，加装饰和吸管。

自制姜汁啤酒（大分量）

可做出 1 加仑[1]的量

1 加仑水

1 磅新鲜生姜，切末

2 盎司新鲜青柠汁

4 盎司淡黄糖

将一杯水加热后倒入放有生姜的搅拌机中，打成泥状。将加工好的姜泥和剩下的水倒入大号平底锅，加热至沸腾。盖好，关火，静置 1 小时。

用细网过滤器滤掉生姜，在滤出的生姜水中加入青柠汁和淡黄糖，充分搅拌至糖溶化，冷却至室温后使用。如需储存，将液体倒入广口玻璃瓶中，盖上盖子后放入冰箱，保质期 1 周。

注意：在过滤生姜水时，要用汤匙或长柄勺用力按压生姜泥，以萃取其风味。风味最浓郁的精华藏在生姜泥中，需要手动按压萃取。生姜水会变混浊，这是正常现象。

自制姜汁啤酒（小分量）

可做出 1 杯的量

1 杯水

2 汤匙现磨新鲜生姜

---

① 1 加仑≈3.78 升。

½ 茶匙新鲜青柠汁

1 茶匙淡黄糖

将水和生姜倒入平底锅，加热至沸腾。盖好，关火，静置1 小时。用细网过滤器滤掉姜泥，在滤出的生姜水中加入青柠汁和淡黄糖，充分搅拌至糖溶化，冷却至室温后使用。如需储存，将液体倒入小号玻璃容器中，盖上盖子后放入冰箱，保质期 1 周。

注意：在过滤生姜水时，要用汤匙或长柄勺用力按压生姜泥，以最大限度萃取其风味。

教父

|| 家族：**双料和三料** ||

2 盎司苏格兰威士忌

1 盎司杏仁利口酒

搅匀后滤入装有冰块的老式杯。

教母

|| 家族：**双料和三料** ||

2 盎司伏特加

1 盎司杏仁利口酒

搅匀后滤入装有冰块的老式杯。

金色凯迪拉克

家族：**双料和三料** || 这款20世纪60或70年代出现的鸡尾酒据说来自加利福尼亚州埃尔多拉多的穷红烧烤餐厅（Poor Red's）。这家餐厅是美国的加利安奴利口酒（Galliano Liqueur）“消耗大户”，2016年和2017年的消耗量据说高达40 000瓶。

下面的配方是公认的穷红烧烤餐厅使用的版本，尽管我曾经见过有人用椰子奶油而非重奶油来调制。我必须承认那听上去很有趣——当然，前提是你喜欢甜的。

1 盎司白可可利口酒

1 盎司加利安奴利口酒

1 盎司奶油

摇匀后滤入冰过的鸡尾酒杯。

金鱼鸡尾酒

家族：**法国－意大利（金酒、朗姆酒、荷式金酒、伏特加和特其拉）** || 曼哈顿水族馆地下酒吧曾在禁酒时期供应这款酒。迈克尔・巴特波里和阿里亚纳・巴特波里在《纽约寻欢》一书中详细记录了它的原始配方，其中每种原料的用量都是相同的。我的配方的比例则有所不同，以避免金酒的风味被格但斯克金箔酒盖过，而味美思则提供了微妙的层次。

2 盎司金酒

1 盎司干味美思

½ 盎司格但斯克金箔酒

搅匀后滤入冰过的鸡尾酒杯。

哥谭鸡尾酒

家族：**国际酸酒和加强酸酒** || 这款酒根据 2001 年戴维·旺德里奇为庆祝纽约《哥谭》（*Gotham*）杂志创刊而创作的配方改编。

2 盎司干邑

1 盎司洛里特普拉干味美思

½ 盎司黑加仑利口酒

2 大滴新鲜柠檬汁

1 个柠檬皮卷，用于装饰

加碎冰摇匀后滤入冰过的鸡尾酒杯，以柠檬皮卷装饰。

绿蚱蜢

家族：**双料和三料** || 这是一个简单的经典绿蚱蜢配方，我们在 20 世纪 70 年代就是这样制作它们的。它很受欢迎，尽管后面的改编版才是一款真正的杰作。

1½ 盎司绿薄荷利口酒

1½ 盎司白可可利口酒

1 盎司半对半奶油

肉豆蔻粉，用于装饰

摇匀后滤入冰过的碟形杯，加装饰。

绿蚱蜢（莫根塔勒版）

家族：**孤儿** || 经典绿蚱蜢是一款不错的酒，而这个来自杰弗里·莫根塔勒（俄勒冈州波特兰市克莱德克芒）的改编版本堪称杰作。当我在 2014 年把这款酒收录进“101 款最佳新鸡尾酒”名单时，莫根塔

勒解释道："我们想向经典的中西部冰激凌饮品致敬，所以我们对配方进行了各种改编尝试，直到找到理想的版本。菲奈特布兰卡令整杯酒的复杂度大为提升，却带来了令人不快的苦味，所以最后在酒里加了一小撮盐。"

$1\frac{1}{2}$ 盎司绿薄荷利口酒

$1\frac{1}{2}$ 盎司白薄荷利口酒

1 盎司半对半奶油

1 茶匙菲奈特布兰卡

一小撮盐

4 盎司（半杯）香草冰激凌

8 盎司（1 杯）碎冰

一枝薄荷，用于装饰

将原料倒入搅拌机，搅拌至质地均匀。倒入冰过的柯林斯杯，加装饰。

绿蚱蜢，绿蚱蜢，去死吧！

关于圣乌尔霍（Saint Urho，一位虚构的圣人）的传说起源于美国明尼苏达州北部。20 世纪 50 年代，一群芬兰裔明尼苏达人受够了他们的城市每年 3 月 17 日都被庆祝圣帕特里克节的爱尔兰裔美国人占领。正如你可能知道的，圣帕特里克（Saint Patrick）的功绩之一是将所有的蛇都从爱尔兰赶走了。据说圣乌尔霍将所有的蚱蜢都从芬兰驱走，从而挽救了葡萄收成和芬兰葡萄园工人的生计。他是通过念咒语来做到这一点的："Heinäsirkka, heinäsirkka, mene täältä hiiteen。"这句咒语翻译过来的意思大概是"绿蚱蜢，绿蚱蜢，去死吧！"。

在圣乌尔霍节这天，大家喝什么来庆祝呢？没错，就是绿蚱蜢。那么，把 3 月 16 日这一天在你的日历里圈出来，然后举起一杯绝妙的巧克力薄荷味鸡尾酒，向这位将蚱蜢从芬兰驱走的圣人致敬吧。

格林角

家族：**法国－意大利（威士忌和白兰地）**‖这款酒根据迈克尔·麦基尔罗伊（Michael McIlroy，纽约阿塔博伊）的配方改编。你见过迈克尔在这款酒里是怎样将黄色查特酒融入曼哈顿的吗？明智的调酒师往往知道，一点点改编就能达到非凡的效果。

2 盎司纯黑麦威士忌

½ 盎司黄色查特酒

½ 盎司甜味美思

1 大滴安高天娜苦精

1 大滴橙味苦精

1 个柠檬皮卷，用于装饰

搅匀后滤入冰过的鸡尾酒杯，以柠檬皮卷装饰。

灰狗

‖家族：**高球**‖

2 盎司伏特加

3 盎司新鲜西柚汁

在装有冰块的高球杯中直调。

炮铜蓝色

家族：**国际酸酒** || 根据尼克・本内特 [Nick Bennett，纽约“门廊灯”（Porchlight）] 的配方改编。

$1\frac{1}{2}$ 盎司德尔玛圭维达梅斯卡尔（Del Maguey Vida Mezcal）

$\frac{1}{2}$ 盎司蓝橙皮利口酒

$\frac{1}{4}$ 盎司桃子白兰地

$\frac{3}{4}$ 盎司新鲜青柠汁

$\frac{1}{4}$ 盎司苦肉桂单糖浆（配方见下文）

1 个橙皮卷，用于装饰

摇匀后滤入冰过的碟形杯。小心地将一根点燃的火柴靠近橙皮卷，让橙皮油轻微地焦糖化（详见第 98 页）。将烧过的橙皮卷作为装饰。

苦肉桂单糖浆

4 根肉桂棒，掰碎

2 盎司干龙胆根

4 杯砂糖

2 杯水

将肉桂棒放入干燥的平底锅，小火加热至香气飘出。加入龙胆根、糖和水继续加热，时不时搅拌一下，直至糖溶化。关火，静置冷却。过滤后冷藏。

汉基帕基

家族：**法国－意大利（金酒、朗姆酒、荷式金酒、伏特加和特其拉）** || 这款酒的创作者是埃达・科尔曼（Ada Coleman），她自 1903 年到 1926 年在英国伦敦萨伏依酒店担任首席调酒师一职。昵称为“科里”

的埃达在萨伏依酒店工作期间非常受欢迎，她服务过各种各样的名人，英国爱德华时代的演员查尔斯·霍特里（Charles Hawtrey）就是其中之一。科里说，有次霍特里向她要一杯“有劲的酒”。于是，她创作了这款酒。才喝一口，他就叫道：“天啊，这杯酒真够劲！”

1½ 盎司金酒

1½ 盎司甜味美思

2 大滴菲奈特布兰卡

1 个橙皮卷，用于装饰

搅匀后滤入冰过的鸡尾酒杯，加装饰。

哈维撞墙

家族：高球 || 布鲁克斯·克拉克（Brooks Clark）为《调酒师》杂志撰文称，“哈维撞墙”是20世纪60年代中期在加利福尼亚州纽波特比奇的一个派对上诞生的。派对主人名叫比尔·多纳（Bill Doner），当时在一家小型杂志社担任体育编辑一职。多纳发现家里能喝的只有伏特加、冷藏橙汁和一瓶加利安奴，于是就把它们混在了一起。凌晨时分，一个名叫哈维的客人用头撞墙，责怪多纳调的酒让自己难受极了。于是，一款新鸡尾酒就此诞生。

2 盎司伏特加

3 盎司新鲜橙汁

¼ ~ ½ 盎司加利安奴

将伏特加和橙汁倒入装有冰块的高球杯中直调，迅速搅拌一下，再倒上一层加利安奴，使之漂浮在酒液上。

海明威大吉利

家族：**国际酸酒** || 这两个配方摘自《一杯又一杯：海明威的鸡尾酒伙伴》（*To Have and Have Another: A Hemingway Cocktail Companion*）一书，作者菲利普·格林（Philip Green）在书中以风趣的语言翔实地记录了昵称为“老爹”的海明威的饮酒习惯。菲利普是我的老朋友，他慷慨地同意我在本书中引用他的配方。如果你想进一步了解关于菲利普的著作，可以访问他的博客 tohaveandhaveanother.wordpress.com。

海明威特调（1937 年版）

第一个配方来自哈瓦那著名酒吧佛罗里达（La Florida）1937 年推出的一本小册子。顺带一提，佛罗里达酒吧有一个更常用的西班牙语名字：小佛罗里达。

2 盎司淡朗姆酒

1 茶匙樱桃利口酒

1 茶匙西柚汁

½ 盎司新鲜青柠汁

加碎冰摇匀后滤入冰过的鸡尾酒杯。

双倍老爹（又名狂野大吉利，1947 年版）

第二个配方是菲利普·格林在 A. E. 霍奇纳（A. E. Hotchner）所著《老爹海明威》（*Papa Hemingway*）中发现的。他根据下面这段话整理出了具体配方：“双倍老爹是大多数游客都会点的一杯酒，由两个半量酒器的百加得淡朗姆酒、两个青柠和半个西柚的汁，外加六小滴樱桃利口酒组成，倒入加有碎冰的电动搅拌机，开最大挡搅拌，在起泡的状态下倒入大号高脚杯。”

3¾ 盎司淡朗姆酒

2 盎司新鲜青柠汁

海明威大吉利

2 盎司新鲜西柚汁

6 小滴樱桃利口酒

将所有原料倒入搅拌机，加冰搅打均匀，倒入冰过的大号高脚杯。

如果搅拌得非常均匀，冰冻大吉利看上去会像时速 30 海里[1]的轮船破浪前行时的海面。

——欧内斯特·海明威，《岛在湾流中》（*Islands in the Stream*）

热黄油朗姆酒

家族：**热鸡尾酒** || 1860 年出版的《家庭主妇实用手册》（*Practical Housewife*）中收录了一个黄油托蒂配方，原料包括朗姆酒、水、蜂蜜、肉豆蔻、柠檬汁和一块核桃大小的新鲜黄油。我喝过的最棒的热黄油朗姆酒来自一个颇为简单的配方：加香朗姆酒和热苹果西打（而非热水）。它的创作者是纽约哈得孙河畔康沃尔画家酒馆（Painter's Tavern）的调酒师尼克·海德斯（Nick Hydos）。

1 茶匙蜂蜜

1 整株丁香

4 盎司热水或热苹果西打

2 盎司黑朗姆酒或加香朗姆酒

1/2 茶匙无盐黄油

肉桂粉（根据个人口味添加）

1 根肉桂棒，约 4 英寸长

① 1 海里 =1.852 千米。——译者注

将蜂蜜、丁香和热水或热苹果西打倒入爱尔兰咖啡杯，充分搅拌，让蜂蜜溶解。加入黑朗姆酒、黄油和肉桂粉。用肉桂棒迅速搅拌一下，然后放入杯中做装饰。

热托蒂

家族：**热鸡尾酒** || “托蒂”这个名字可能来自印度语“Tári Tádi”，意思是发酵椰奶或不同树木的发酵树液。传到欧洲的托蒂是用基酒加不同香料和水做成的酒饮，有时还会加一个柠檬皮卷或橙皮卷。1801年出版的《美国草本植物》（*The American Herbal*）将托蒂形容为“有益健康的酒”，狄更斯在《匹克威克外传》中如此描写威士忌托蒂：“我不太记得每位男士在晚餐后喝了多少杯威士忌托蒂。”

托蒂在18世纪以前可以做成冰饮或热饮，但今天所有的托蒂都是热饮。你可以用热茶代替普通的热水来制作托蒂，目前市面上种类繁多的风味茶让这款酒成了试验新配方的理想之选。你还可以用不同的草本植物和香料来给托蒂调味，尽管大多数配方用的是一些常见香料，比如肉桂、丁香、肉豆蔻和多香果——我称之为“圣诞节香料”。

就我所知，热托蒂是为数不多适合用蜂蜜来增甜的鸡尾酒之一。如果你用的基酒是泥煤味非常重的苏格兰威士忌，那么加蜂蜜的效果非常好。当然，你也可以把利口酒当作甜味剂，但许多利口酒都不适合用来制作托蒂，因为它们会破坏酒中微妙的香料味，喧宾夺主。不过，杏仁或榛子利口酒这样的坚果味利口酒会有不错的效果。

在基酒的选择上，我推荐棕色烈酒——威士忌、白兰地和黑朗姆酒作为基酒都很好。在我看来，金酒、伏特加、特其拉和淡朗姆酒这样的白色烈酒并不是最好的选择，但平衡度出色的陈年荷式金酒托蒂是无敌的！

3 整株丁香

1 根肉桂棒，约 4 英寸长

1 茶匙蜂蜜

4 ~ 5 盎司沸水

2 盎司波本威士忌、苏格兰威士忌、黑麦威士忌、白兰地或黑朗姆酒

现磨肉豆蔻粉或多香果粉

1 个柠檬皮卷，用于装饰

将丁香、肉桂棒和蜂蜜倒入提前加热好的爱尔兰咖啡杯，加入沸水。稍微搅拌一下，让蜂蜜溶解，静置 3 ~ 4 分钟。加入烈酒，迅速搅拌一下，然后在酒液表面撒上肉豆蔻粉或多香果粉。加装饰。

> “众神的琼浆跟我做的托蒂相比都会黯然失色，”他说，“仙馔密酒给古希腊和古罗马的堕落之人喝可能足够了，但美国绅士只喝托蒂——热托蒂。”
>
> ——《温莎杂志》（*The Windsor Magazine*），第 17 期，1903 年

冒烟的黏土锅

家族：简单酸酒 || 这款酒的创作者是昵称为“奥西”的奥斯瓦尔多·巴斯克斯（Osvaldo Vazquez），他在墨西哥卡波圣卢卡斯的奇伦诺海湾度假村担任酒水经理（但他的成就远不止于此）。我在拜访他的时候尝到了这款酒。制作它需要费点工夫，但这是值得的，相信我。

2 盎司埃斯帕丁梅斯卡尔（Espadín Mezcal）

3 盎司秘鲁奇恰潘趣（Peruvian Chicha Punch，配方见下文）

1/2 盎司新鲜青柠汁

1/2 盎司单糖浆

1 个撒有黄糖的青柠圈，用于装饰

摇匀后滤入装有一大块冰的平底杯，把装饰放在冰块上。

秘鲁奇恰潘趣

1 个苹果，去核切片

1 个梨子，去核切片

4 盎司新鲜菠萝汁

1 根肉桂棒

1 茶匙小豆蔻粉

5 片茴香

4 杯（1 磅）黄糖

将苹果片和梨片放入平底不粘锅，加 2 升水，放入其他原料搅拌。中火慢煮 30 ~ 40 分钟，其间不断搅拌，直到水果煮熟、黄糖溶化。

关火，冷却至室温，用湿润的双层粗棉布过滤。固态残渣丢弃不用，将做好的潘趣盖好冷藏，保质期 1 周。

飓风

家族: **简单酸酒** || 这款酒诞生于新奥尔良的帕特奥布赖恩酒吧（Pat O'Brien's），诞生时间据杰夫・贝里查证是 20 世纪 60 年代。下面的配方摘自杰夫・贝里和安妮・凯 1998 年出版的《海滩客贝里的格罗格日志》。

4 盎司牙买加黑朗姆酒

2 盎司热情果糖浆

2 盎司新鲜柠檬汁

在装有碎冰的大号飓风杯或大号提基杯中直调。

所得税

家族：**加强酸酒** || 注意，这款酒其实就是加了安高天娜苦精的布朗克斯（详见第 197 页），它非常适合在每年的 4 月 15 日[1]享用。

2 盎司金酒

1/4 盎司甜味美思

1/4 盎司干味美思

1 盎司新鲜橙汁

2 大滴安高天娜苦精

1 个橙皮卷，用于装饰

摇匀后滤入冰过的鸡尾酒杯，加装饰。

爱尔兰咖啡

家族：**热鸡尾酒** || 爱尔兰咖啡是爱尔兰香农机场的调酒师乔·谢里登（Joe Sheridan）在 20 世纪 40 年代发明的，目的是吸引美国游客。《旧金山纪事报》记者斯坦顿·德拉普拉纳（Stanton Delaplane）品尝了谢里登的发明，然后把配方带到了自己在旧金山常去的好景酒吧（Buena Vista）。如今，这家酒吧号称每天能卖出 2 000 杯爱尔兰咖啡。好景酒吧外墙上有一块牌匾，标明它卖出第一杯爱尔兰咖啡的时间是 1952 年。

爱尔兰咖啡是一款颇为简单的鸡尾酒，但用新鲜奶油调制会使其具有很大吸引力。你应该按照客人的口味来增甜——在调制之前一定要问一下客人，否则往酒里加奶油之后就没办法补救了。

用鲜奶油制作爱尔兰咖啡方便得多，因为它可以用勺子舀起来放在酒液表面，进而轻松地漂浮起来。最好将冰过的淡奶油放入冰过的碗中进行打发，直到奶油变得稠厚，但不要打到形成尖角。此时奶油

① 每年的 4 月 15 日是美国个人和企业缴纳所得税的最后期限，被称为“税收日”。——译者注

爱尔兰咖啡

应该达到在其被慢慢地倒在酒液表面后，仍能够漂浮在酒液上的稠厚度。你也可以将奶油沿着吧勺背面倒入，就像制作彩虹酒那样。

我喜欢用单糖浆而非糖来给爱尔兰咖啡增甜，因为单糖浆能够迅速溶解在咖啡中。而且，我建议你用黄糖来制作单糖浆（详见第126页），它用在这款酒里的效果好极了。你还可以用利口酒来增甜。当然，“爱尔兰之雾”（Irish Mist）是一个不错的选择，其他利口酒（比如法国廊酒）也适用，不过使用前一定要先跟客人解释清楚。

当然，调制这款酒时，你也可以选用不同的烈酒、利口酒或同时使用两者，然后相应地改一下鸡尾酒的名字，比如用苏格兰威士忌可以叫高地咖啡，用杏仁利口酒代替爱尔兰威士忌可以叫意大利咖啡。但要记住，如果用了利口酒，就要把配方中的糖去掉。

下面这个配方来自死兔酒吧，这家纽约酒吧将鸡尾酒行业推上了一个新台阶。在好几年的时间里，我本人也偶尔在那里调酒。死兔酒吧的爱尔兰咖啡被认为是完美的。

1½ 盎司克朗塔夫爱尔兰威士忌（Clontarf Irish Whiskey）

½ 盎司浓郁德梅拉拉糖浆（Rich Demerara Syrup，配方见下文）

3½ 盎司滚烫的中度烘焙拼配热咖啡

1 盎司新鲜打发的重奶油（见附注）

在爱尔兰咖啡杯中直调，加上重奶油，使之漂浮在酒液上。

附注：死兔酒吧经理兼酒水总监吉莉恩·沃斯（Jillian Vose）偏爱使用脂肪含量在 33% ~ 35% 的重奶油，这能够让奶油漂浮在酒液表面。

浓郁德梅拉拉糖浆

1 杯德梅拉拉蔗糖

半杯沸水

将糖倒入沸水中，使之溶化，静待冷却至室温。倒入干净的广口瓶中，盖上盖子，冷藏储存。

杰克玫瑰

家族：**简单酸酒** || 艾伯特·史蒂文斯·克罗克特在《老华尔道夫酒吧手册》写道，在制作得当的情况下，这款酒的颜色应该跟雅克米诺玫瑰一模一样。他还表示，这款酒真正的名字应该是“雅克玫瑰”。

戴维·旺德里奇在他的大作《饮！》中指出，这款酒很可能是泽西城调酒师弗兰克·J. 梅（Frank J. May）发明的，他的外号正是“杰克玫瑰”。旺德里奇还指出，苹果杰克是新泽西州的州酒。他继续写道，这款酒最早的书面记载出现于 1899 年，因此它是第一款含有柑橘类果汁且不含苦精却仍然被看作鸡尾酒的酒饮。

2 盎司苹果杰克

1 盎司新鲜柠檬汁或青柠汁

¼ ~ ½ 盎司红石榴糖浆

1 个柠檬皮卷，用于装饰

摇匀后滤入冰过的鸡尾酒杯，加装饰。

早上，所有的烟灰缸都塞满了烟头，垃圾篓里装满了皱巴巴的复印纸和苹果杰克的空瓶。现在，我每次看到苹果杰克都会想起豪普特曼审判案。

——约瑟夫·米切尔，《耳畔絮语》

皇家杰克玫瑰（瓶装版）

可做出 22 盎司的量

12 盎司苹果杰克

2½ 盎司香博利口酒

2½ 盎司新鲜柠檬汁

5 盎司瓶装水

马拉斯奇诺樱桃，用于装饰

混合后冰冻至少 6 小时，倒入冰过的鸡尾酒杯，以马拉斯奇诺樱桃装饰。

牙买加十速

家族：**孤儿** || 这款酒由亚利桑那州斯科茨代尔市陶土咖啡馆（Café Terra Cotta）的罗杰·戈布勒（Roger Gobler）创作。有些鸡尾酒会让你觉得调酒师只是随便把几种原料混在一起，结果味道凑巧很不错，“牙买加十速”看上去正是一款这样的鸡尾酒。其实，事实并非如此。罗杰向我详细解释了他的创作方法，这背后是大量的试验。它也是那种我看了原料表之后会敬而远之的鸡尾酒——对我来说，它看上去太甜了——但这是一个完美平衡的配方，非常值得复制。

1 盎司伏特加

¾ 盎司蜜多丽蜜瓜利口酒（Midori Melon Liqueur）

¼ 盎司香蕉利口酒

¼ 盎司马利宝（Malibu Liqueur）

½ 盎司半对半奶油

摇匀后滤入冰过的鸡尾酒杯。

詹姆斯乔伊斯

家族：**新奥尔良酸酒** || 我在 2001 年为一系列调酒师培训研讨会创作了这款酒。它是对“东方鸡尾酒”的简单改编，后者出自 1930 年出版的《萨伏依鸡尾酒手册》。“东方鸡尾酒”用到了黑麦威士忌和白橙皮利口酒，所以改编成目前这个配方并不难。

1½ 盎司爱尔兰威士忌

¾ 盎司甜味美思

¾ 盎司白橙皮利口酒

½ 盎司新鲜青柠汁

摇匀后滤入冰过的鸡尾酒杯。

乔迪·巴肯的罗布罗伊

家族：**法国 - 意大利（威士忌和白兰地）**‖苏格兰爱丁堡“巴克之旅”（The Voyage of Buck）的首席调酒师乔迪·巴肯（Jody Buchan）把这个配方发给了我。除了对烈酒和味美思出色的选择，他用樱桃利口酒来洗杯的做法为整杯酒增添了全新的层次。

½ 盎司樱桃利口酒，用于洗杯

1 盎司乐加维林 16 年单一麦芽苏格兰威士忌（Lagavulin 16-year-old Single-malt Scotch）

1 盎司百富 14 年加勒比桶单一麦芽苏格兰威士忌（The Balvenie Caribbean Cask 14-year-old Single-malt Scotch）

1 盎司好奇都灵味美思（Cocchi Vermouth Di Torino）

1 颗马拉斯奇诺樱桃，用于装饰（可不加）

用樱桃利口酒给冰过的碟形杯洗杯，搅匀后滤入酒杯，加装饰（如果你选择加装饰的话）。

约翰柯林斯

家族：**气泡酸酒**‖这款酒最早是用荷式金酒来做基酒的，但如今人们通常用的是波本威士忌。

2½ 盎司荷式金酒或波本威士忌

1 盎司新鲜柠檬汁

$^3/_4$ 盎司单糖浆

苏打水

1 颗马拉斯奇诺樱桃，用于装饰

半个橙圈，用于装饰

将除苏打水以外的所有原料摇匀，滤入装有冰块的柯林斯杯。加满苏打水，加装饰。

神风特攻队

家族：**新奥尔良酸酒** || 20 世纪 70 年代早期，我在曼哈顿上东区第一次见识到了这款酒。那时，它是一款一口饮，原料只包含苏连红伏特加和两三滴罗斯青柠汁，但威力巨大。有人曾经问已故调酒师斯科特・兰姆（Scott Lamb），“神风特攻队”和“干伏特加螺丝锥”之间的区别是什么。他回答：“你在喝完‘干伏特加螺丝锥’之后不会想自杀。”今天的“神风特攻队”配方复杂得多，它成了新奥尔良酸酒家族的一员。

$1^1/_2$ 盎司伏特加

1 盎司白橙皮利口酒

$^1/_2$ 盎司新鲜青柠汁

摇匀后滤入冰过的鸡尾酒杯。

肯塔基远射

家族：**孤儿** || 这款酒根据已故的小马克斯・艾伦（Max Allen Jr.，肯塔基州路易斯维尔市赛尔巴赫希尔顿酒店）的配方改编。这款酒是艾伦为 1998 年育马者杯大赛创作的特色鸡尾酒。3 片装饰分别代表赛马的冠亚季军。

2 盎司波本威士忌

½ 盎司肯顿姜味利口酒

½ 盎司桃子白兰地

1 大滴安高天娜苦精

1 大滴佩肖苦精

3 片糖渍姜，用于装饰

搅匀后滤入冰过的鸡尾酒杯，加装饰——如果你用的是长条形糖渍姜，可以把它们挂在杯沿上，小片姜则可以放入杯中。

国王路易四世

家族：**法国－意大利（威士忌和白兰地）**‖ 这款酒根据来自康涅狄格州的安东尼·德塞里奥（Anthony DeSerio）的配方改编。安东尼详细阐释了他对“老广场”的改编理念——这很好地证明了调酒师能够对原版配方做出非常大的调整，同时保留原版配方的完整性。他解释道：“我想对‘老广场’做重大改编，而‘三只猴子威士忌’中蜂蜜的味道让我非常感兴趣。我想到了蜂蜜和姜。所以，我去掉了‘老广场’配方里的美国威士忌、干邑和甜味美思，改用美妙的入门级调和型威士忌、姜味干邑、波特酒和莉蕾红，而巧克力苦精将所有风味完美地融合在一起。这款有着丝滑单宁口感的改编酒饮，名称取自我朋友最爱的‘猴子路易国王’[出自 1967 年上映的迪士尼改编电影《森林王子》（*The Jungle Book*）] 和‘老广场’的诞生地（新奥尔良法国区）。”

1 盎司三只猴子苏格兰威士忌

¾ 盎司肯顿姜味利口酒

½ 盎司泰勒弗拉德盖特 10 年茶色波特酒（Taylor Fladgate 10-year-old Tawny Port）

½ 盎司莉蕾红

1 茶匙法国廊酒

4 ~ 5 小滴巧克力莫雷苦精

1 颗穿在酒签上的樱桃，用于装饰

摇匀后滤入冰过的碟形杯，加装饰。

基尔

家族：孤儿 || 这款酒最早被叫作白葡萄黑加仑，曾经是法国第戎市市长卡农·费利克斯·基尔（Canon Felix Kir）的最爱——他在第二次世界大战期间为法国抵抗运动做出了很大贡献，因此深受爱戴。从 1945 年到 1965 年，他连续 20 年担任第戎市市长。他喜欢在政府活动上提供一款后来被称为“基尔”的酒。它是用勃艮第的两种产品调制而成的：以阿里高特葡萄酿造的干白葡萄酒和黑加仑利口酒。黑加仑利口酒起到了给葡萄酒增甜的作用，每 5 盎司葡萄酒加 ¼ ~ ½ 盎司黑加仑利口酒的效果就很好，但你应该多加尝试，直到找到适合你口味的比例。

5 盎司冰过的干白葡萄酒

黑加仑利口酒（根据个人口味添加）

1 个柠檬皮卷，作为装饰

根据配方顺序在葡萄酒杯中直调，加装饰。

皇家基尔

|| 家族：香槟鸡尾酒 ||

5 盎司冰过的香槟

½ 盎司黑加仑利口酒

1 个柠檬皮卷，作为装饰

根据配方顺序在笛型香槟杯中直调，加装饰。

小佛罗里达大吉利

家族：**国际酸酒** || 小佛罗里达大吉利的配方是“鸡尾酒博士”特德·黑格从哈瓦那佛罗里达酒吧（当地人对它的昵称是“小佛罗里达”）于 1934 年推出的一本配方手册里发现的。海明威非常喜欢去这家酒吧喝这款大吉利。原始配方中的樱桃利口酒用量更少，你在制作这款酒时可以自行决定它的用量。

2 盎司淡朗姆酒

1/4 盎司樱桃利口酒

3/4 盎司新鲜青柠汁

1/2 盎司单糖浆

摇匀后滤入冰过的鸡尾酒杯。

让欢乐时光继续

家族：**孤儿** || 这款酒根据鲍勃·布伦纳 [Bob Brunner，俄勒冈州波特兰市帕拉贡餐厅酒吧（Paragon Restaurant & Bar）] 的配方改编。配方超级简单，而且酒饮超好喝。以萨泽拉克为基础，去掉单糖浆，加一点樱桃白兰地和几滴姜味利口酒。这就行了！

1/2 盎司苦艾酒，用于洗杯

2 盎司罗素珍藏 6 年黑麦威士忌（Russell's Reserve 6-year-old Rye Whiskey）

1/2 盎司荷润樱桃利口酒

1/2 盎司肯顿姜味利口酒

2 大滴里根 6 号橙味苦精

1 个橙皮卷，用于装饰

用苦艾酒给冰过的鸡尾酒杯洗杯，放在一旁备用。将其他所有原料搅匀后滤入备好的酒杯，加装饰。

云雀溪旅馆特其拉泡酒

家族：**泡酒** || 这款酒由加利福尼亚州拉克斯珀市云雀溪旅馆的布拉德利·奥格登（Bradley Ogden）于1995年创作。这是我最爱的泡酒配方，但要注意：完成制作48小时后，一定要立刻尝一下泡酒的味道。如果你发现有辣椒味即将主导整瓶酒的迹象，马上把原料从特其拉中过滤出来，否则它会很快盖过其他原料的味道。我通常直接从冰柜里取用这款泡酒，每次倒少量，即1～2盎司。它非常适合用来调制一口饮或适宜慢慢品鉴的鸡尾酒，但不要让它的温度变得太高。

可做出24～30盎司的量

1个塞拉诺辣椒

1个菠萝，去皮去心，切成1英寸见方的小块

1枝龙蒿

1瓶（750毫升）微酿特其拉

切去辣椒的头尾，然后纵向将其切成两半，去掉辣椒籽，把切开的辣椒跟菠萝块和龙蒿一起放入大号玻璃容器中。

倒入特其拉，在凉爽背光的环境下静置48～60小时，其间不断搅拌，确保辣椒的味道不会过于强烈。

用湿润的双层棉布将特其拉滤出，菠萝、辣椒和龙蒿丢弃不用。将特其拉重新倒入玻璃容器中，在冰箱或冰柜中冷藏至少12小时。

最后一语

家族：**国际酸酒** || 这款酒根据特德·索西耶（Ted Saucier）1951年出版的《干杯》（*Bottoms Up*）中的配方改编：“来自底特律的底特律运动俱乐部。这款鸡尾酒是著名歌舞喜剧演员弗兰克·福格蒂

（Frank Fogarty）大约 30 年前带到这里的。他被称为‘都柏林吟游诗人’，是一位非常出色的单口喜剧演员。”

1912 年，《纽约晨递报》（*New York Morning Telegraph*）称弗兰克・福格蒂是歌舞喜剧界最红的演员。“在讲笑话时，我唯一的努力目标就是简短，”福格蒂如此解释他的成功秘诀，“哪怕是多用一个字，整个笑话就毁了。”

来自西雅图的已故默里・斯滕森（Murray Stenson）被认为是全世界最优秀的调酒师之一，正是他在2009年找到了索西耶书中的配方，并让“最后一语”“起死回生”。“这款酒在西雅图及其周边地区小范围流行开来，随后传到了波特兰，最终攻占了纽约市的鸡尾酒吧，那里是许多调酒潮流的发源地。后来，‘最后一语’开始出现在芝加哥和旧金山的酒单上，甚至流传到了欧洲的一些城市（尤其是英国伦敦和荷兰阿姆斯特丹），以及世界其他地方。”坦・温（Tan Vinh）在 2009 年 3 月 11 日发表于《西雅图时报》（*The Seattle Times*）的文章中引述了斯滕森的这番话。

3/4 盎司干金酒

3/4 盎司樱桃利口酒

3/4 盎司绿色查特酒

3/4 盎司新鲜青柠汁

摇匀后滤入冰过的鸡尾酒杯。

闰年鸡尾酒

家族：**新奥尔良酸酒和加强酸酒** || “这款鸡尾酒是哈里・克拉多克为 1928 年 2 月 29 日在英国伦敦萨伏依酒店举办的闰年庆典而创作的。据说，由它引发的求婚次数比世界上其他任何鸡尾酒都多。”（《萨伏依鸡尾酒手册》，1930 年）

下面的配方根据克拉多克的原版配方改编。这款酒值得调酒师牢记，因为它非常适合在 2 月 29 日作为特色鸡尾酒供应。

2 盎司金酒

½ 盎司柑曼怡

½ 盎司甜味美思

¼ 盎司新鲜柠檬汁

1 个柠檬皮卷，用于装饰

摇匀后滤入冰过的鸡尾酒杯，加装饰。

离开曼哈顿

家族：**法国-意大利（威士忌和白兰地）** || 这款酒根据来自纽约市的琼·施皮格尔（Joann Spiegel）的配方改编。“离开曼哈顿”在活福珍藏曼哈顿大赛的决赛中获得了第一名，而我是决赛评委之一——其他评委还有我的老朋友戴维·旺德里奇、纽约诺玛德酒店（Nomad Hotel）酒吧总监利奥·罗比切克（Leo Robitschek），还有一位我不管见过多少次都认不出来的男士。我们三人都对琼的参赛作品印象深刻。如果你自己也做上一杯，一定会懂得这是为什么。

2 盎司活福珍藏波本威士忌

½ 盎司潘脱米

¼ 盎司黑可可利口酒

¼ 盎司烟熏正山小种糖浆（配方见下文）

2 大滴橙味苦精

1 根用螺旋状橙皮包裹的巧克力棒或橙味搅棒（见附注）

搅匀后滤入冰过的碟形杯，加装饰。

附注：准备装饰时，要在酒杯旁边将橙皮呈螺旋状削下，这样橙皮油会喷溅到酒杯和酒液中。将螺旋状橙皮包裹在巧克力棒上，置于杯沿的一侧。

烟熏正山小种糖浆

4 盎司热的浓泡正山小种茶

半杯砂糖

将茶和砂糖混合后搅拌至砂糖溶化，冷却至室温后使用，冷藏储存。

柠檬糖

家族：**新奥尔良酸酒** || 这里收录这款酒是为了纪念史蒂夫·威尔莫特（Steve Wilmot），他带我认识了这款酒，而且他总是在圣诞节当天喝很多杯。我相信“柠檬糖”是 20 世纪 80 年代晚期到 90 年代早期柑橘味伏特加风靡后不久诞生的。

1½ 盎司柑橘味伏特加

1 盎司白橙皮利口酒

½ 盎司新鲜柠檬汁

1 个柠檬皮卷，用于装饰

摇匀后滤入冰过的、杯沿带有糖边的鸡尾酒杯，加装饰。

柠檬利口酒

家族：**泡酒** || 这款酒根据乔治·热尔蒙和约翰妮·基利恩（罗得岛州普罗维登斯市佛尔诺餐厅）的配方改编。20 世纪 90 年代，我在佛尔诺餐厅第一次喝到了这款酒。遗憾的是，乔治·热尔蒙在 2015 年永远地离开了我们，享年 70 岁。柠檬利口酒是一种传统的西西里餐后酒，应该从冰柜里拿出来直接纯饮。

可做出约 60 盎司的量

12 个中等个头的柠檬

1 升谷物烈酒

2 杯砂糖

2 杯水

将柠檬皮小心地削下，注意不要削到白色的海绵层。将柠檬皮放入带密封盖的大号玻璃容器中，果肉和果汁留作他用。倒入谷物烈酒，密封容器。在避光的环境下静置 1 周，以起到柔化口感的作用。

将糖和水倒入小号平底锅，中火加热至沸腾，其间不断搅拌，直到糖溶化。静待糖浆冷却至室温，然后倒入柠檬皮混合液。再次密封容器，让柠檬利口酒继续柔化 1 周。

用湿润的双层粗棉布将柠檬利口酒滤入瓶中，冷藏保存。

幼龙

家族：**加强酸酒** || 这款酒根据温贝托·马克斯 [Humberto Marques，丹麦哥本哈根宵禁酒吧（Curfew）] 的配方改编。《福布斯》杂志 2017 年 11 月刊的一篇文章将马克斯形容为“撼动了哥本哈根鸡尾酒界的葡萄牙调酒师”，我十分尊崇他，我们已经保持联系好几年了。当他把这个配方发给我的时候，他是如此描述的：“一款为夏季酒单而生的鸡尾酒，适合全年饮用。杧果、绿茶和干型雪莉酒的完美搭配与添加利金酒形成了完美组合，而龙蒿则中和了所有这些原料的凉爽口感。正如 17 世纪英国作家约翰·伊夫林（John Evelyn）对龙蒿的形容：‘它是大脑、心灵和肝脏的甘露和好朋友。它是一条幼龙！’”

1½ 盎司添加利金酒

1½ 盎司杧果泥

⅔ 盎司干型雪莉酒

2/3 盎司新鲜柠檬汁

1/2 盎司蜂蜜

1 小撮绿茶粉

1 枝龙蒿，用于装饰

摇匀后滤入冰过的高脚杯，加装饰。

小意大利

家族：**法国－意大利（威士忌和白兰地）**‖这款酒根据奥德丽·桑德斯（纽约佩古俱乐部）2006 年创作的配方改编。在这款曼哈顿变体改编中，希娜的作用再次得以突显，它有助于构建一杯酒的特质。说到构建一杯酒的特质，没有谁比奥德丽·桑德斯更在行了。

2 盎司瑞顿纯黑麦威士忌

3/4 盎司马天尼 & 罗田甜味美思（Martini & Rossi Sweet Vermouth）

1/2 盎司希娜

3 颗路萨朵樱桃，用于装饰（可不加）

搅匀后滤入冰过的鸡尾酒杯，加路萨朵樱桃装饰（如果选择加装饰的话）。

长岛冰茶

家族：**高球**‖长岛巴比伦镇橡木海滩酒馆（Oak Beach Inn）的调酒师罗伯特·巴特（Robert Butt）声称自己是长岛冰茶的发明者。他在个人网站是这样描述的：“全球知名的长岛冰茶是我——罗伯特·巴特——在 1972 年发明的。当时我在著名的橡木海滩酒馆当调酒师，那里的老板鲍勃·马瑟森（Bob Matherson）给我起了个外号叫‘罗斯巴德’。我参加了一个调酒比赛，规则要求必须用白橙皮利口酒来创作一款鸡尾酒，于是我开始了尝试。结果，我的作品大获成功，很快就成了橡木海滩酒馆的招牌鸡尾酒。到 20 世纪 70 年代中期，长岛的每一家酒吧都在供应这款看似温和的鸡尾酒，到 80 年代，它在全世界都出了名。尽管它看上去像母亲在夏天端给我们喝的冰茶，但实际上它含有 5 种不同的酒，外加一点可乐。如果你在派对上提起长岛冰茶，几乎所有人都有关于它的故事可讲……”

长岛冰茶可能算不上鸡尾酒杰作，但不可否认的是，它喝起来好极了，口感清新怡人，又有几分醉人。

1 盎司伏特加

1 盎司金酒

1 盎司淡朗姆酒

1 盎司银特其拉

1 盎司白橙皮利口酒

1 盎司新鲜柠檬汁（见附注）

¾ 盎司单糖浆

可乐

1 个柠檬角，用于装饰

将除可乐以外的所有原料摇匀后滤入装有冰块的柯林斯杯，加满可乐，加装饰。

附注：需要说明巴特用的是甜酸剂，而非新鲜柠檬汁和单糖浆。

卢奥大吉利

家族：**简单酸酒和提基** || 这款酒由绰号为“海滩客”的杰夫·贝里在 2008 年为贝弗利山庄卢奥餐厅（Luau Restaurant）创作。杰夫目前在新奥尔良运营一家水准一流的提基酒吧——29 纬（Latitude 29）。一点橙汁和香草糖浆就会让大吉利变得非常不同。

2 盎司维尔京群岛淡朗姆酒（White Virgin Islands Rum）

3/4 盎司新鲜青柠汁

3/4 盎司新鲜橙汁

1/2 盎司菲氏兄弟或索诺马糖浆公司香草糖浆（Sonoma Syrup Co. Vanilla Syrup）

1 小朵可食用紫色兰花，用于装饰

摇匀后滤入冰过的鸡尾酒杯，加装饰。

迈泰

家族：**孤儿** || 外号“商人维克”的伯杰龙是公认的迈泰的发明者，于是我到他创办的餐吧的官网（tradervics.com）寻找线索。根据该网站上的信息，伯杰龙在 1970 年写下了这么一段话：“我发明了迈泰，而它的诞生故事是这样的：1944 年，在成功发明了好几款充满异域风情的朗姆鸡尾酒之后，我觉得有必要再创作一款新的鸡尾酒。我想到了所有那些非常成功的鸡尾酒——马天尼、曼哈顿、大吉利……它们的配方其实都很简单……我取下一瓶 17 年朗姆酒。那是一瓶来自牙买加的乌雷叔侄朗姆酒，外观呈令人惊异的金色，酒体中等，有着牙买加朗姆酒特有的浓郁而刺激的风味……我拿起一个新鲜青柠，加了一点产自荷兰的橙味利口酒、一大滴冰糖糖浆和一勺法国杏仁糖浆，后者能带来微妙的杏仁风味。加大量碎冰手动摇匀，结果正是我想要的。再放入半个青柠的果皮，给整杯酒增添一点颜色。最后，我在杯中插入新鲜薄荷叶，递了两杯给哈姆·吉尔德（Ham Guild）和卡丽·吉尔德（Carrie Guild）夫妇——他们是我在塔希提岛的朋友，那天晚上刚好在店里。卡丽喝了一口，说：‘Mai TaiRoa Ae（迈泰——洛阿阿伊）。’在塔希提语中，这句话的意思是‘真了不起——最棒的’。就这样，我把这款酒命名为‘迈泰’……为了让我自己和一款真正出色的鸡尾酒得到公平对待，我希望你会认同我说的，‘让我们来澄清

迈泰

一下迈泰的起源吧’。”

下面的配方根据“海滩客”杰夫·贝里网站（beachbumberry.com）上的版本改编。

1 盎司新鲜青柠汁

1 盎司牙买加黑朗姆酒［阿普尔顿（Appleton）、美雅士（Myers’s）］

1 盎司马提尼克陈年朗姆酒［Aged Martinique Rum，克莱蒙（Rhum Clément）、嘉冕（Rhum JM）］

½ 盎司橙味利口酒

½ 盎司杏仁糖浆

¼ 盎司单糖浆

1 枝薄荷，用于装饰

将青柠汁挤出，青柠皮备用。

将所有原料和两杯碎冰一起摇匀，倒入（无须过滤）双重老式杯。将青柠皮放入酒中，加装饰。

玛米泰勒

家族：**高球** || 这是一款有点历史的鸡尾酒。它曾经属于一个叫作“霸克”的鸡尾酒类别，除了金霸克，玛米泰勒差不多是这个类别中仅有的幸存者。

制作霸克时，一定要先把柑橘类水果角的果汁挤入高球杯中，然后加冰，在杯中直调。我想遵守这个传统，保持玛米泰勒的本来面目，这样的话，这一特殊的技法至少能通过一款酒而流传下去。克拉多克1930年出版的《萨伏依鸡尾酒手册》中记载，制作玛米泰勒用的是青柠角，而我喜欢用柠檬角。

1 个柠檬角

2 盎司苏格兰威士忌

3 盎司干姜水

将柠檬角的果汁挤入高球杯，然后把柠檬角放入杯中。加入冰、苏格兰威士忌和干姜水，迅速搅拌一下即可。

曼哈顿

家族：**法国－意大利（威士忌和白兰地）** || 这款酒改变了鸡尾酒的面貌。就我所知，曼哈顿是第一款用味美思作修饰剂的鸡尾酒，且在今天仍然十分受欢迎。它是马丁内斯之母、马天尼的“祖母”和所有法国－意大利鸡尾酒的奠基者。简言之，在制作得当的情况下，它是世界上最杰出的鸡尾酒。

2 盎司波本或纯黑麦威士忌

1 盎司甜味美思

2 ~ 3 大滴安高天娜苦精

1 颗马拉斯奇诺樱桃，用于装饰

搅匀后滤入冰过的鸡尾酒杯，加装饰。

曼哈顿（瓶装版）

可做出 22 盎司的量

12 盎司波本威士忌

4 盎司甜味美思

5 盎司瓶装水

1 茶匙安高天娜苦精

马拉斯奇诺樱桃，用于装饰

混合后冷藏至少 6 小时，倒入冰过的鸡尾酒杯，以马拉斯奇诺樱桃装饰。

曼哈顿的历史已不可考，但关于它的起源，我们还是有一些线索的，这主要来自鸡尾酒历史学家威廉·格兰姆斯的不懈研究。他在 2001 年出版的《纯的还是加冰：美国酒饮文化史》中详细记录了几种观点。有人认为曼哈顿诞生于 1874 年在曼哈顿俱乐部举办的塞缪尔·蒂尔登（Samuel Tilden）竞选州长庆功宴，但格兰姆斯表示这种说法并无根据。事实上，曼哈顿俱乐部的档案表明它的确是这款酒的诞生地，但具体日期并无记录。

在 1923 年出版的《瓦伦丁的老纽约指南》（*Valentine's Manual of Old New York*）一书中，19 世纪 80 年代任职于纽约霍夫曼酒吧的调酒师威廉·F. 马尔霍尔（William F. Mulhall）写道："曼哈顿鸡尾酒是一个名叫布莱克（Black）的人发明的，他在 19 世纪 60 年代经营着一家酒吧，离百老汇休斯敦街有十个门头。"迄今为止并没有其他证据来支撑这一说法，但我认为它是有分量的。这是由一名调酒师写下的，对吗？不过，我认为有一点可以肯定：19 世纪晚期味美思在调酒师之间越来越流行，而配方简单、做法复杂的曼哈顿的流行正源于这一现象。

在杰里·托马斯 1887 年出版的《调酒师指南：如何调制各种简单和高级酒饮》一书中，曼哈顿的配方包括 1 谱尼（1 盎司）黑麦威士忌、1 葡萄酒杯（2 盎司）味美思、2 大滴橙味利口酒或黑樱桃利口酒和 3 大滴博克苦精。曼哈顿俱乐部的配方则显示，那里的调酒师是用等比例的威士忌和味美思来调制曼哈顿的，还要加少许橙味苦精。到了 1906 年，《路易的鸡尾酒，以及关于葡萄酒保存和服务的小建议》作者路易·穆肯斯图姆用的配方是 2 份威士忌和 1 份味美思，外加几大滴橙味利口酒以及安高天娜和橙味苦精——这个版本跟我们今天喝到的版本已经相差不大了。

马天尼在 20 世纪 40 年代经历了一个"变干"的过程，曼哈顿在 20 世纪 90 年代亦是如此。现在有些未经专业培训的调酒师仍然认为曼哈顿应该只用1～2大滴味美思来调制。但是，大多数鸡尾酒爱好者都知道味美思应该至少占整杯曼哈顿的1/4，而且通常要按照穆肯斯图姆的基本比例才能让这款酒达到平衡。不过，正如所有以威士忌为基酒的鸡尾酒一样，必须根据所用的具体威士忌来调整比例。

至于苦精，标准做法是使用安高天娜苦精，尽管佩肖苦精和橙味苦精的效果也很不错。如果你选择使用佩肖苦精，你会注意到做出来的曼哈顿会有明显不同，有些人会喜欢，但不是所有人都能接受。不过，最重要的是曼哈顿中必须有某种苦精。当然，除非客人要求不加苦精。

搞清楚我提到的所有变量之后，我希望你能够或多或少地明白为什么我认为曼哈顿是世界上最棒的鸡尾酒。它是如此简单，却又如此复杂。你应该把制作这款酒看作一项挑战。要特别指出的是，曼哈顿区最好的曼哈顿鸡尾酒——根据几年前我做的一个不科学的小调研——出自中央公园南丽思卡尔顿酒店的诺曼·布科夫策尔之手。关于曼哈顿及其历史的更多信息，请见菲利普·格林的大作《曼哈顿：首款现代鸡尾酒的历史及配方》（*The Manhattan: The Story of the First Modern Cocktail with Recipes*）。

1998年播出的美国全国广播公司（NBC）罪案剧集《情理法的春天》（*Homicide*）中有这么一幕：侦探约翰·芒奇（John Munch）向40多岁的调酒师比利·卢（Billie Lou）点了一杯曼哈顿，并且展开了一场暧昧对话：

比利·卢：樱桃？

芒奇侦探：一直都是。你觉得这杯酒为什么叫曼哈顿？

比利·卢：它美丽、魅惑、醉人，而且对你有害。

芒奇侦探：你对马拉斯奇诺樱桃怎么看？

比利·卢：禁果？

芒奇侦探：一个杯中寓言。

完美曼哈顿

家族：法国－意大利（威士忌和白兰地）‖这款酒根据特德·基尔戈（Ted Kilgore，密苏里州圣路易斯市种植者酒吧）的配方改编。在某些圈子里，特德·基尔戈被称为“那个疯狂的浑蛋”。他有一个绝妙的习惯：把看上去奇奇怪怪的原料组合在一起，变成绝妙的鸡尾酒。完美曼哈顿是他创作的偏传统的鸡尾酒之一。用樱桃利口酒洗杯的做法很有意思，不过，最能体现基尔戈个人特色的还是慷慨的安高天娜苦精用量。

½ 盎司路萨朵樱桃利口酒，用于洗杯

2 盎司纯黑麦威士忌

¾ 盎司洛里特普拉干味美思

¾ 盎司洛里特普拉甜味美思

4 大滴安高天娜苦精

1 个柠檬皮卷，用于装饰

1 颗马拉斯奇诺樱桃，用于装饰

用樱桃利口酒给冰过的鸡尾酒杯洗杯，再将多余的酒液倒掉。将其他所有原料一起搅匀，滤入备好的酒杯，加装饰。

玛格丽特

家族：新奥尔良酸酒‖作为美国最流行的鸡尾酒之一，玛格丽特的传说数量之多几乎快赶上兔子产仔的数量了。哪个传说是真实的？让我们一起来看看下面这些常见的说法。

①丹尼尔·内格雷特（Daniel Negrete），也可能叫丹尼（Danny），在 1936 年为女友玛格丽特创作了这款酒，当时他在墨西哥普埃布拉州加尔西克雷斯波酒店（Garci Crespo Hotel）担任经理一职。据说玛格丽特不管喝什么都喜欢一边喝一边吃盐，而

玛格丽特

杯沿的盐边让她不用伸手去盐碗里取盐了。

②豪帅快活（Jose Cuervo）特其拉经销商维恩·安德伍德（Vern Underwood）声称，20 世纪 50 年代旧金山鸡尾餐厅（Tail of the Cock）的调酒师约翰尼·德尔勒瑟（Johnnie Durlesser）复制了他在墨西哥喝到的一杯酒，把它命名为“玛格丽特”。安德伍德曾经在多本杂志中刊登过整页广告，广告中的他身穿白色燕尾服，打着白色领结，脚蹬红皮鞋，正在向一位女郎敬礼并说道：“玛格丽特，不只是一个女郎的名字。”

③爵士音乐家特迪·斯托弗（Teddy Stauffer）以及其他一些人认为，这款酒的发明者是得克萨斯州圣安东尼奥市的玛格丽特·塞姆斯（Margarita Sames）。这一说法得到了海伦·汤普森（Helen Thompson）的支持：1991 年，汤普森为《得克萨斯月刊》（*Texas Monthly*）撰文称，身为社交名媛的塞姆斯不喜欢没劲道的酒或男人，而这款酒是塞姆斯为尼基·希尔顿（Nicky Hilton）发明的，后者是希尔顿酒店集团继承人之一，而且巧合的是，当时他也是鸡尾餐厅的老板。

④墨西哥民俗专家萨拉·莫拉莱斯（Sara Morales）声称，玛格丽特是墨西哥塔斯科小镇贝莎酒吧（Bertha's Bar）的老板贝莎女士在 1930 年前后发明的。莫拉莱斯补充道，这位女士发明的第一款酒叫作“贝莎”，玛格丽特是她发明的第二款酒。小查尔斯·亨利·贝克在 1946 年出版的《绅士伴侣》一书中部分证实了这一点：“贝蒂塔特其拉特调——1937 年在美妙的塔斯科小镇的发现之一……它也是一款清爽饮品，美国人觉得它非常特别。配方是 2 谱尼优质特其拉、1 个青柠、1 茶匙糖和 2 大滴橙味苦精。在装有大量小块冰的柯林斯杯中搅匀，然后倒满苏打水。用榨过汁的两半青柠装饰即可。”如果贝克的说法是真实的，那么贝莎或者贝蒂塔很可能用橙皮利口酒代替了橙味苦精，从而发明了玛格丽特。

⑤另一种说法是外号“丹尼”的卡洛斯·赫雷拉（Carlos Herrera）

在 1948 年发明了玛格丽特，当时他在蒂华纳附近经营着格洛里亚牧场酒店及餐厅（Rancho La Gloria）。据说，赫雷拉是用影坛新星玛乔丽・金（Marjorie King）的名字来给这款酒命名的，后者在墨西哥被称为玛格丽特。

⑥鸡尾酒历史学家和《饮！》一书的作者戴维・旺德里奇认为，1929 年前后美国人纷纷前往美国国境以南，在蒂华纳外围的赛马场消遣，并爱上了在那里喝到的特其拉鸡尾酒。这些特其拉鸡尾酒来自如今已不存在的类别——黛西，亦即用烈酒、柑橘类果汁和甜味剂调制而成的鸡尾酒。当然，“Daisy”（黛西）一词对应的西班牙语是“Margarita”（玛格丽特），而这正是玛格丽特的由来。

关于这款美妙鸡尾酒的起源，我无法确切知道真相如何。但直到我死的那一天，我都坚信旺德里奇是正确的。

另外，值得指出的是，玛格丽特的配方跟其他一些经典鸡尾酒遵循着同样的范式。比如边车、神风特攻队和缆车，用柑橘类果汁给基酒增加酸味，同时用白橙皮利口酒的甜味进行平衡。

1½ 盎司 100% 龙舌兰银特其拉

1 盎司白橙皮利口酒

½ 盎司新鲜青柠汁

盐，用于杯沿（可不加）

摇匀后滤入冰过的带盐边（如果选择加盐边的话）的鸡尾酒杯。

玛格丽特（瓶装版）

可做出 22 盎司的量

8 盎司 100% 龙舌兰银特其拉

6 盎司白橙皮利口酒

3 盎司新鲜青柠汁

5 盎司瓶装水

盐，用于杯沿（可不加）

青柠角，用于装饰

混合后冷藏至少 6 小时，倒入冰过的带盐边（如果选择加盐边的话）的鸡尾酒杯，以青柠角装饰。

玛格丽特果冻酒

‖ 家族：**果冻酒** ‖

1 盎司新鲜青柠汁

1 盎司单糖浆

1 盎司水

1 包原味明胶（1/4 盎司）

3 盎司银特其拉

2 盎司橙味利口酒

食用色素（可不加）

将青柠汁、单糖浆和水倒入小号玻璃量杯，加入明胶。静置 1 分钟，然后用微波炉高火加热 30 秒。充分搅拌，确保明胶完全溶解，然后加入特其拉、橙味利口酒和食用色素（如选择添加）。再次充分搅拌，然后将酒液倒入模具。冷藏至少 1 小时，过夜尤佳。

马丁内斯

家族：**法国－意大利（金酒、朗姆酒、荷式金酒、伏特加和特其拉）** ‖ 这款酒根据杰里·托马斯 1887 年出版的《调酒师指南：如何调制各种简单和高级酒饮》一书中的配方改编。在托马斯的配方中，味美思的用量比金酒大，他选择的苦精品牌是博克——如今这款苦精由亚当博士生产。我相信这款酒从曼哈顿脱胎而来，是干金酒马天尼之母，也可能是“祖母”。当然，它的味道跟干金酒马天尼毫无相似之处，这主要是因为它用了甜味美思。它是一款非常值得尝试的出色鸡尾酒。

要做一杯符合现代人口味又仍然保留托马斯使用的原料的马丁内斯，你只需将金酒和味美思的用量对调，即 2 盎司老汤姆金酒和 1 盎司味美思。我强烈推荐使用赎金老汤姆金酒，它经历过短暂的橡木桶陈年，至于味美思，我通常会用洛里特普拉。

2 盎司洛里特普拉甜味美思

1 盎司老汤姆金酒（最好用赎金）

2 大滴樱桃利口酒

1 大滴博克苦精

1/4 片柠檬，用于装饰

搅匀后滤入冰过的鸡尾酒杯，加装饰。

佩罗内马丁内斯

家族：**法国－意大利（金酒、朗姆酒、荷式金酒、伏特加和特其拉）**|| 2006 年，我喝到了有生以来喝过最棒的马丁内斯。它来自伦敦蒙哥马利之家，由当时在那里工作的意大利调酒师阿戈·佩罗内（Ago Perrone）调制。我在 2017 年联系上了阿戈，询问他马丁内斯配方，彼时他已经是伦敦康诺特酒店（Connaught Hotel）的酒水总监了。

和世界上大多数人一样，阿戈常用的计量单位是毫升而非盎司。我尽量精确地对单位进行了换算，但就这个配方而言，单位不仅有盎司，还有茶匙。我真的想让你体验一下阿戈配方的平衡度是多么不可思议。

1 3/4 盎司潘脱米

3/4 盎司加 2 茶匙普瑞茅丝海蓝金酒（Plymouth Navy Strength Gin）或希普史密斯 VJOP 金酒（Sipsmith VJOP Gin）

$1\frac{1}{2}$ 盎司橙味利口酒

1 茶匙樱桃利口酒

2 大滴阿博特苦精

搅匀后滤入冰过的鸡尾酒杯。

马天尼

家族：**法国 - 意大利（金酒、朗姆酒、荷式金酒、伏特加和特其拉）**‖我们无法百分百确定马天尼诞生于何时以及是谁发明的，但我的研究表明它是曼哈顿的直系后裔。马天尼的配方从 19 世纪后期开始出现在鸡尾酒书中，其中许多跟马丁内斯非常相似，有些甚至一模一样（马丁内斯是一款 19 世纪 80 年代开始有书面记载的鸡尾酒，通常被形容为“用金酒代替威士忌做出来的曼哈顿”）。因此，至少从理论上说，马丁内斯是曼哈顿的变种，而马天尼实际上就是马丁内斯。

最早的马天尼是用老汤姆金酒、甜味美思、苦精和樱桃利口酒调制而成的。当干马天尼在 1906 年前后诞生时，原料除了干金酒和干味美思，还包括苦精。橙味苦精直到禁酒令废除后都是干马天尼的原料之一。到 20 世纪 40 年代，原料只剩下干金酒和干味美思，且味美思的用量越来越少。

许多早期的干马天尼都是用等比例的金酒和干味美思调制的。到了 20 世纪 50 年代，有些调酒师开始用喷雾器来添加味美思，苦精则从配方中去掉了。

在我看来，马天尼应该搅匀而非摇匀。原因很简单：人们喜欢看调酒师充满爱意地搅拌这款酒至少 20 ~ 30 秒。30 秒左右的搅拌能够让做出来的酒就像摇了大概 10 秒那样冰凉——这个时间是值得的。如果你非要摇匀也行；如果客人要求你摇匀，你就应该用摇匀的方法来制作。不要用刚从冰箱或冰柜里拿出来的金酒或伏特加，不然酒的温度太低，无法融化足量的冰以使酒适量稀释。

马天尼

下面的几款配方来自我收藏的不同的鸡尾酒书。通过这些配方，你将看到马天尼是如何进化、退化、再进化，并最终重拾20世纪后半叶的辉煌的。

马天尼 1906

这是我能找到的第一款用到干金酒和干味美思的配方。

2 盎司干金酒

1 盎司干味美思

1 大滴橙味利口酒

2 大滴橙味苦精

1 个柠檬皮卷，用于装饰

搅匀后滤入冰过的鸡尾酒杯，加装饰。

马天尼 1912

这款配方用回了老汤姆金酒。

1 盎司老汤姆金酒

1 盎司味美思（未标明种类）

1 大滴橙味利口酒或苦艾酒

2 大滴树胶糖浆

1 个柠檬皮卷，用于装饰

搅匀后滤入冰过的鸡尾酒杯，加装饰。

马天尼 1930

1 盎司干金酒

1 盎司干味美思

1 大滴橙味苦精

1 个柠檬皮卷，用于装饰

搅匀后滤入冰过的鸡尾酒杯，加装饰。

马天尼 1948

1¾ 盎司干金酒

¼ 盎司干味美思

1 颗橄榄，用于装饰

搅匀后滤入冰过的鸡尾酒杯，加装饰。

马天尼 1960

2 盎司干金酒或伏特加

1 ～ 2 小滴干味美思

1 颗橄榄或 1 个柠檬皮卷，用于装饰

搅匀后滤入冰过的鸡尾酒杯，加装饰。

马天尼 2016

这个配方代表了当下受大众青睐的马天尼风格。比例应该根据个人口味进行调整。

2 盎司干金酒

1 盎司干味美思

1 ～ 2 大滴橙味苦精

1 颗橄榄或 1 个柠檬皮卷，用于装饰

搅匀后滤入冰过的鸡尾酒杯，加装饰。

玛丽璧克馥

家族：国际酸酒 || 这款酒根据20世纪早期有“美国甜心”之称的影星玛丽·璧克馥（Mary Pickford）命名，发明者是禁酒时期在古巴哈瓦那工作的美国调酒师埃迪·韦尔克（Eddie Woelke）。下面的配方据说是著名古巴调酒师胡安·科罗纳多（Juan Coronado）在华盛顿特区工作时使用的版本。

1½ 盎司淡朗姆酒

1½ 盎司菠萝汁

1 吧勺樱桃利口酒

¼ 盎司红石榴糖浆

摇匀后滤入冰过的鸡尾酒杯。

含羞草

家族：香槟鸡尾酒 || 这款酒也可以加少许红石榴糖浆来制作，在加了红石榴糖浆之后，有些人会把它叫作“霸克菲兹”（Buck’s Fizz）。你也可以加入少许干邑或者用柑曼怡代替白橙皮利口酒。许多人完全不用白橙皮利口酒，这种做法大错特错。

½ 盎司白橙皮利口酒

1½ 盎司新鲜橙汁

3½ 盎司冰过的香槟

1 片橙子，用于装饰

按照配方顺序将原料倒入笛形香槟杯中直调，加装饰。

薄荷茱莉普

家族：**茱莉普** ‖ 这是一款值得反复讨论的鸡尾酒。按照目前通行的配方（烈酒、薄荷和糖），它的历史可以追溯到18世纪晚期，尽管根据《薄荷茱莉普》一书作者理查德·巴克斯代尔·哈韦尔的说法，用薄荷来制作茱莉普的做法直到1803年才首次出现在书面记录中。早在1400年，英国人就开始用“Julep”（茱莉普）一词来指代单糖浆，不同的资料表明，这个词似乎源自波斯语中的“Gul-ab”或阿拉伯语中的“Julab”，意思是“玫瑰水”。

许多人都只在肯塔基赛马会当天喝薄荷茱莉普（不过邱吉尔园马场供应的是预调酒，很难称得上“薄荷茱莉普”），你能在哈韦尔的书里找到其他适合享用这款出色鸡尾酒的日子：5月28日是P. G. T. 博勒加德（P. G. T. Beauregard）将军游行和殡葬社团的成员庆祝茱莉普季开始的日子。书中并未提到茱莉普季结束的日子，所以我们推断它是一直持续的，你愿意持续多久就持续多久。1837年，英国上校弗雷德里克·马里亚特（Frederick Marryat）写道，在纽约举办的美国独立日庆典会供应薄荷茱莉普，还有波特酒、艾尔啤酒、西打、蜂蜜酒、白兰地、葡萄酒、姜汁啤酒、汽水、苏打水、威士忌、朗姆酒、潘趣、鸡尾酒和“其他许多只有华丽的美式英语才能创造出名字的混合饮品”。所以，7月4日似乎也是一个适合饮用茱莉普的好日子。

不过，我最喜欢的关于薄荷茱莉普的故事跟一个名叫威廉·海沃德·特拉皮尔（William Heyward Trapier）的南加利福尼亚人有关。据说，他在1845年带了几桶波本威士忌到访英格兰。哈韦尔表示，几桶波本威士忌的说法是最早报道这一事件的记者的“纯粹假设”，但他相信以下事件千真万确地发生了。

在英格兰旅行期间，特拉皮尔拜访了牛津大学新学院（曾经的温彻斯特圣母玛利亚学院），在那里受到了“学监和学生”的热情款待。他惊讶地发现，新学院里没有一个人知道如何调制薄荷茱莉普，于是他开始亲自示范。这款酒反响非常好，以至于新学院此后每年6月1

日都会供应薄荷茱莉普，而且总会预留出一个座位，以备特拉皮尔回来参加这场庆祝活动。所以，现在你可以把 6 月 1 日加入你的茱莉普日历里了。

5 月 15 日是纽约市老自治领协会的成立纪念日。1860 年在协会年度晚宴上，来自里士满的诗人约翰·鲁本·汤普森（John Reuben Thompson）特意为薄荷茱莉普作了一首诗。第一小节的结尾是这样的："威士忌茱莉普代表了这个国家！"现在你可以从 3 个日期中挑选一个来供应薄荷茱莉普了。或者，只要天气足够暖和，你想什么时候供应都可以。

关于薄荷茱莉普的主要争议在于是否应该捣碎薄荷，以释放精油。此前我对这一点已经表明了自己的立场：薄荷应该仅仅作为芳香装饰。然而，我必须承认带薄荷味的茱莉普也是非常美妙的。比起在茱莉普杯中将薄荷跟糖和水一起捣压，我更喜欢用薄荷浸渍单糖浆，用它来给酒增甜。而且，我仍然认为这款酒中的大量薄荷装饰是必要的，这样酒客在用短吸管啜饮酒时，鼻子会埋进薄荷中。

在制作茱莉普时有一点很重要：确保茱莉普杯或使用的其他类型酒杯的外壁上形成薄薄的一层冰霜。要做到这一点，调酒师必须使用碎冰，并搅拌至冰霜形成，然后放入薄荷装饰并插入吸管——吸管要足够短，以确保客人充分享受薄荷的香气。薄荷茱莉普上桌时一定要搭配杯垫，因为酒杯外壁的冰霜可能会化成水。

银质茱莉普杯价格高昂，尽管它们适用于茱莉普，但我认为普通酒杯（最好是柯林斯杯）也适用。

最早的薄荷茱莉普很有可能不是用波本威士忌调制的。朗姆酒、桃子白兰地和普通白兰地都曾出现在 1787 年的配方中，而波本威士忌这一名称在那个时候才刚刚诞生。下面的配方用的是纯正波本威士忌，不过你可以自由地用其他烈酒进行试验，尽管棕色烈酒（威士忌、白兰地等）的效果比白色烈酒好得多。

3 盎司波本威士忌

1 ~ 2 盎司单糖浆或薄荷单糖浆（配方见下文）

5 或 6 枝新鲜薄荷，用于装饰

修剪吸管，让吸管比酒杯高 2 英寸左右。在茱莉普杯或柯林斯杯中加 ⅔ 的碎冰。倒入波本威士忌和单糖浆，搅拌 10 ~ 20 秒。加入更多碎冰继续搅拌，直到酒杯外壁上形成一层薄薄的冰霜，然后加入更多碎冰，直至碎冰超过杯沿并略微冒尖。以新鲜薄荷装饰并插入吸管。上桌时搭配杯垫，以防化水。

薄荷单糖浆

1 杯水

1 杯砂糖

1 束新鲜薄荷

将所有原料放入小号平底锅，中火加热，其间不断搅拌，直到锅中的混合物开始沸腾，然后盖上锅盖，转小火，加热 5 分钟。关火，静待混合物冷却至室温（需要 1 小时左右）。去掉薄荷，将糖浆放入冰箱冷藏。

基勒的薄荷茱莉普

关于这款出色的薄荷茱莉普改编，印第安纳州新奥尔巴尼市布兰德餐饮集团（BRAND Hospitality Group）总裁伊恩·哈勒（Ian Hall）是如此描述的：“我们的前任酒水总监布赖恩·基勒（Brian Keeler）在去年肯塔基赛马会前夕研发了这个配方。目前，布赖恩是我们集团旗下一家餐厅的总经理，但他仍然深度参与这两家餐厅鸡尾酒单的研发。”

4 ~ 6 片新鲜薄荷叶

1 盎司单糖浆

1 大滴安高天娜苦精

2 盎司欧佛斯特波本威士忌（Old Forester Bourbon）

½ 盎司新鲜柠檬汁

½ 盎司新鲜桃子果泥

1 枝新鲜薄荷，用于装饰

将薄荷叶、单糖浆和安高天娜苦精放入调酒杯中轻轻捣压。加入冰块和其他原料，用力摇匀。滤入装有碎冰的柯林斯杯，加装饰。

马利亚特的薄荷茱莉普

这个配方的原型来自杰里·托马斯 1862 年出版的《如何调酒：生活家伴侣》一书，但做了很大程度的改编。托马斯说这是上校弗雷德里克·马里亚特（1792—1848）带到英国的配方。马里亚特是一名英国海军军官，退役后写了一些关于航海冒险的书。马里亚特表示，他无意中听到一位美国女人说："如果说我有什么嗜好，那一定是薄荷茱莉普！"他说，这款酒"就像美国女士一样，让人无法抗拒"。

1½ 盎司白兰地

1½ 盎司桃子白兰地

1 ~ 2 盎司单糖浆或薄荷单糖浆

5 ~ 6 枝新鲜薄荷，用于装饰

1 根菠萝条，用于装饰

修剪吸管，让吸管比酒杯高 2 英寸左右。在茱莉普杯或柯林斯杯中加 ⅔ 的碎冰。倒入白兰地、桃子白兰地和单糖浆，搅拌 10 ~ 20 秒。加入更多碎冰继续搅拌，直到酒杯外壁上形成一层薄薄的冰霜。然后加入更多碎冰，直至碎冰超过杯沿并略微冒尖。以新鲜薄荷和菠萝条装饰并插入吸管。上桌时搭配杯垫，以防化水。

莫吉托

家族：**茱莉普** || 尽管你也可以用单糖浆来调制莫吉托，但砂糖的效果要好得多，因为就跟凯匹林纳一样，砂糖会跟橙皮产生摩擦，从而使橙皮油进入酒液中。

4 个青柠角

2 ~ 3 茶匙砂糖

8 ~ 10 片新鲜薄荷叶

2 盎司淡朗姆酒

苏打水

2 ~ 3 枝薄荷，用于装饰

在调酒杯中捣压青柠角、砂糖和薄荷叶，直到砂糖完全溶化、青柠角的果汁被充分萃取、薄荷跟青柠汁完全融合在一起。在调酒杯中加入冰块和朗姆酒，迅速摇匀，滤入装有碎冰的柯林斯杯。倒满苏打水，加装饰。

猴腺

家族：**国际酸酒** || 这款酒有两款有据可依的配方：一款用苦艾酒来增强风味，另一款则用法国廊酒。我是在 1997 年发现这一点的。当时戴尔·德格罗夫在彩虹屋为我做了这款酒，我看到他用的是苦艾酒（这发生在 21 世纪苦艾酒在美国重新变得合法之前），而我一直用的是法国廊酒。原来，戴尔遵照的是哈里·克拉多克 1930 年出版的《萨伏依鸡尾酒手册》中的配方，而我是从帕特里克·加文·达菲的《官方调酒师指南》（1934 年）里了解到这款酒的。克拉多克在伦敦工作，可以合法地买到苦艾酒；达菲则改编了配方，让美国调酒师也可以制作这款酒。两个版本都值得一试。

莫吉托

2 盎司金酒

1 盎司新鲜橙汁

1 ~ 2 大滴法国廊酒或苦艾酒

1 大滴红石榴糖浆

摇匀后滤入冰过的鸡尾酒杯。

莫斯科骡子

家族：**高球** ‖ 这款酒由旧金山雄鸡与公牛酒馆的老板杰克·摩根和霍伊布莱因公司的约翰·G. 马丁（John G. Martin）在 1941 年发明。摩根手里有大量卖不出去的姜汁啤酒，而霍伊布莱因公司的主管正试着让美国人爱上他们新收购的斯米诺伏特加。这款酒传统上是用带柄的小黄铜杯来盛放的。

2 盎司伏特加

3 盎司姜汁啤酒

2 个青柠角，用于装饰

在装有冰块的高球杯中直调，加装饰。

泥石流

家族：**双料和三料** ‖ 这款鸡尾酒在伏特加和甘露咖啡利口酒的组合中加了少许百利，而非新鲜奶油。

2 盎司伏特加

1 盎司甘露咖啡利口酒

1 盎司百利甜酒

摇匀后滤入装有冰块的老式杯。

我的方式曼哈顿

家族：**法国－意大利（威士忌和白兰地）**‖丹尼尔-格里戈雷·莫斯特纳鲁（Daniel-Grigore Mostenaru）创作了这款叫作“我的方式曼哈顿”的鸡尾酒，我觉得他就像经典鸡尾酒界的锡德·维舍斯（Sid Vicious）——我心目中唯一配得上翻唱西纳特拉（Sinatra）名曲《我的方式》（*In My Honest Opinion*）的人。我希望他本人也赞同这个比喻。

我并不想让这位罗马尼亚的“锡德·维舍斯”自满，但我必须指出橙味利口酒和布兰卡蒙塔（Branca Menta）的组合堪称神来之笔。小举动也能带来大效果。

¼ 盎司橙味利口酒

¼ 盎司布兰卡蒙塔

2 盎司四玫瑰波本威士忌

1 盎司杜本内红

1 个柠檬皮卷，用于装饰

将橙味利口酒和布兰卡蒙塔倒入调酒杯，来回摇晃，令酒液覆盖调酒杯的内壁。加入冰块和其他所有原料。搅匀后滤入冰过的碟形香槟杯，加装饰。

内格罗尼

家族：**法国－意大利（金酒、朗姆酒、荷式金酒、伏特加和特其拉）**‖1919 年，一位名叫卡米洛·内格罗尼（Camillo Negroni）的意大利公爵在佛罗伦萨的卡索尼咖啡馆（Cafe Casoni）点了一杯“美国佬”（详见第 174 页），但他让调酒师福斯科·斯卡尔塞利（Fosco Scarselli）把苏打水换成金酒——内格罗尼就此诞生了。不过，我能找到的关于内格罗尼的最早书面记载来自 1955 年出版的两本书：一本是英国调酒师协会编撰出版的《英国调酒师协会酒饮指南》（*The U.K.B.G. Guide to Drinks*），另一本是奥斯卡·海莫（Oscar Haimo）在纽约出版的《鸡尾酒和葡萄酒摘要》（*Cocktail and Wine Digest*）。

如果你想进一步了解这款杰出的鸡尾酒及其改编的有趣历史，推荐阅读我在2015年撰写的一本书，名字叫作《内格罗尼：为甜蜜生活举杯，以及配方和传说》（*The Negroni：Drinking to La Dolce Vita，with Recipes & Lore*）。（透露一下：出生于意大利的内格罗尼公爵在发明这款酒之前在美国当牛仔。）

1½ 盎司金巴利

1½ 盎司甜味美思

1½ 盎司金酒

1 个橙皮卷，用于装饰

按照你喜欢的顺序，将所有原料倒入装有冰块的洛克杯中直调，加装饰。

金内格罗尼

家族：**法国-意大利（金酒、朗姆酒、荷式金酒、伏特加和特其拉）**‖这款酒根据来自旧金山的布赖恩·麦格雷戈（Brian MacGregor）的配方改编。2010年6月，布赖恩在法国巴黎举行的纪凡最佳金酒调酒师大赛的决赛中创作了这款酒，而我跟菲利普·达夫（Phillip Duff）和让-塞巴斯蒂安·罗比凯（Jean-Sebastian Robicquet）一起担任评委。使用杜凌白味美思是个好主意，但经典苦味利口酒（以各种草本植物和根茎为原料，包括苦橙皮、苦艾草、龙胆、大黄和其他芳香植物）才是配方中最引人注目的原料，它是对经典内格罗尼的有趣改编。

$1\frac{1}{2}$ 盎司纪凡花果香金酒（G'vine Nouasion Gin）

$\frac{1}{2}$ 盎司杜凌白味美思

$\frac{1}{2}$ 盎司经典苦味利口酒

搅匀后滤入冰过的郁金香形香槟杯。

给舅舅的橙子

家族：**孤儿** || 这款酒根据菲比·埃斯蒙（Phoebe Esmon，北卡罗来纳州阿什维尔市夜铃）的配方改编。菲比总能从人群中脱颖而出。我无法确定她和搭档克里斯蒂安·R. 加尔（Christian R. Gaal）到底应该生活在哪个年代。不过，我很高兴他们和我生活在同一个时代。我们是多年的朋友，他们调制的鸡尾酒总是令我印象深刻。

2 盎司坎特一号伏特加（Ketel One Vodka）

1 盎司索伊洛曼萨尼亚雪莉酒（Don Zoilo Manzanilla Sherry）

$\frac{1}{4}$ 盎司皮埃尔费朗橙味利口酒（Pierre Ferrand Dry Curaçao）

2 大滴里根 6 号橙味苦精

1 小撮盐

1 个橙皮卷，用于装饰

搅匀后滤入冰过的鸡尾酒杯。在酒液上方挤一下橙皮卷，橙皮卷不入杯。

原子大吉利

家族：**国际酸酒** || 这款酒根据来自伦敦的格雷戈尔·德·格鲁瑟（Gregor De Gruyther）的配方改编。格雷戈尔·德·格鲁瑟是一名出色的调酒师，2009 年不幸去世，受到全世界调酒师的深切缅怀。他在创作这款酒之后表示，他之所以选择不在酒里放任何装饰，是因为“没有装饰能够承受住原子大吉利的威力”。

$^3/_4$ 盎司加 1 茶匙乌雷叔侄超烈朗姆酒（Wray & Nephew Overproof Rum）

$^3/_4$ 盎司加 1 茶匙绿色查特酒

$^1/_2$ 盎司丝绒法勒纳姆

$^3/_4$ 盎司加 1 茶匙新鲜青柠汁

1 大滴单糖浆

摇匀后滤入冰过的鸡尾酒杯。

老湾脊

家族：**老式鸡尾酒** || 这款以纽约街区命名的鸡尾酒由戴维·旺德里奇在 2005 年创作。它以威士忌为基酒，旺德里奇教授在配方里加阿夸维特是有历史根据的。2005 年，纽约第九大道 5 号餐厅（5 Ninth）的酒单上写着："过去，湾脊（布鲁克林）到处都是喝黑麦威士忌的爱尔兰人和喝阿夸维特的斯堪的纳维亚人。这款口感顺滑又辛辣的老式鸡尾酒改编酒饮集两者特色于一身。"为了做出好的鸡尾酒，有时我们必须大胆发挥。

1 $^1/_2$ 盎司瑞顿黑麦威士忌

1 $^1/_2$ 盎司利尼阿夸维特（Linie Aquavit）

1 茶匙黄糖单糖浆或浓郁德梅拉拉糖浆

2 大滴安高天娜苦精

1 个柠檬皮卷，用于装饰

在双重老式杯中加冰直调，加装饰。

老古巴鸡尾酒

家族：**气泡酸酒和茱莉普** || 这款酒根据奥德丽·桑德斯的配方改编。奥德丽会自制糖渍香草荚装饰。如果没有香草荚，可以去掉装饰，但千万别错过这款绝妙的鸡尾酒。

$\frac{1}{2}$ 盎司新鲜青柠汁

$\frac{3}{4}$ ~ 1 盎司单糖浆

6 片新鲜薄荷叶

1$\frac{1}{2}$ 盎司百加得 8 年朗姆酒

2 大滴安高天娜苦精

酩悦香槟

1 根糖渍香草荚，用于装饰（配方见下文）

在调酒杯中捣压青柠汁、单糖浆和薄荷叶，加入朗姆酒、苦精和冰。摇匀后滤入冰过的鸡尾酒杯，倒满香槟，加装饰（如果你选择用的话）。

糖渍香草荚

将香草荚纵向划开，去掉里面的籽（籽可以留作他用）。在香草荚上撒上糖，轻轻按压，让糖粘在香草荚上。如果你想一次性制作更大的量，只需用同样的方式处理更多香草荚，然后把它们储存在装有砂糖的容器里。这样的话，你不但有了做装饰的糖渍香草荚，还有了做甜点的香草糖。

老式威士忌鸡尾酒

家族：**老式鸡尾酒** || 这款酒早在 1895 年就被认为是老式鸡尾酒了：卡普勒在那一年出版的《现代美国酒饮：如何调制与呈现各种酒饮》一书中就是如此形容它的。制作方法是用少许水溶解一块糖，然后加两大滴安高天娜苦精、一小条冰、柠檬皮和一整个量酒器的威士忌。在本书出版 7 年前，哈里·约翰逊也做过类似的一款酒，只不过他加了几小滴橙味利口酒。他的配方叫作威士忌鸡尾酒，想必这 7 年对卡普勒来说就像整整一个世代。

不管从哪个方面来说，老式鸡尾酒都是富有争议的一款酒。有

老式威士忌鸡尾酒

些调酒师会加一点苏打水，要么在捣压之前，要么在搅拌之后；而有些调酒师会加一点水。在我看来，这两种原料都不应该出现在老式鸡尾酒里。而真正令许多调酒师困惑的是关于水果的问题。比如，把一片橙子和一颗马拉斯奇诺樱桃跟苦精和糖一起捣压再加冰和威士忌的做法是正确的吗？

从历史上看，这并非推荐做法——大多数古老的配方是只在酒里加一个柠檬皮卷。1973 年刊登于《花花公子》杂志的一篇由伊曼纽尔·格林伯格撰写的文章称，艾森豪威尔总统在纽约 21 俱乐部喝的老式鸡尾酒就是这样做的。1945 年，身为"花花公子"的克罗斯比·盖奇写道："正经人不会在'老式鸡尾酒'里加水果沙拉，而轻浮的人会用橙片、菠萝条和几块萝卜来装饰这杯酒。"

那么，水果是从什么时候开始加到老式鸡尾酒里的？特德·索西耶在 1951 年出版的《干杯》一书中表示，那可能是在禁酒时期。即便如此，加不加水果仍然是一个重要问题。尽管 21 世纪许多人都期望自己的老式鸡尾酒里加一点捣压过的水果沙拉，但一名负责任的调酒师永远都会事先问一下客人的喜好。

就我个人而言，我喜欢水果沙拉版老式鸡尾酒，但这两个版本拥有各自的优点。下面详细记录了一款经典老式鸡尾酒和一款果味老式鸡尾酒的配方。你也应该试着用极少量的（不超过几大滴）利口酒来调制属于你的老式鸡尾酒，比如橙味利口酒和樱桃利口酒。这两种利口酒都曾经出现在以往的老式鸡尾酒配方中。

尽管威士忌是世界上第一杯老式鸡尾酒的基酒，但你也可以尝试用其他烈酒来制作这一类风格的鸡尾酒，比如白兰地、荷式金酒或黑朗姆酒。

经典老式鸡尾酒

1 块方糖

3 大滴安高天娜苦精

3盎司波本威士忌或纯黑麦威士忌

1个柠檬皮卷，用于装饰

在老式杯中捣压方糖和苦精。加入冰和威士忌，迅速搅拌一下，加装饰。

老式鸡尾酒

这款酒是老华尔道夫酒店里还有“坐席”酒吧的时候被引进的，而介绍它的人（或者说它致敬的对象）是来自肯塔基州的詹姆斯·E.佩珀（James E.Pepper）上校。他是当时一个著名威士忌品牌的持有者。据说这款酒是路易斯维尔著名的潘登尼斯俱乐部（Pendennis Club）的一名调酒师发明的，而佩珀上校正是那里的会员。

——艾伯特·史蒂文斯·克罗克特
《老华尔道夫酒吧手册》，1935年

有次我走进了芝加哥的德雷克酒店。在那里，有位年长者管理着一支由酒杯和酒瓶组成的真正的“美国联队”。我试着向他解释，我想要一杯只有柠檬、不加其他任何水果的老式鸡尾酒。这位酒吧里的内斯特（Nestor）[1]脸色铁青，他砸碎了自己正在擦拭的香槟杯，像气疯了一样跳上跳下。“放肆！你这小子，”他大叫道，“我的头发都白了。”他又补充道：“我在这里做了整整60年的老式鸡尾酒。是的，先生，从第一代阿穆尔（Armour）[2]在屠宰房里推手推车开始，我从来没有产生过在老式鸡尾酒里放水果的卑劣念头。出去，快滚，去帕尔默酒馆喝你的酒！”

——卢修斯·毕比，《克罗斯比·盖奇的鸡尾酒指南和淑女伴侣》
序言，1945年

---

① 领导特洛伊战争的长老。——译者注

② 芝加哥著名肉食品牌阿穆尔之星创始人。——译者注

果味老式鸡尾酒

下面的配方是我于1973年前后在纽约市德雷克之鼓学到的。

1 块方糖

3 大滴安高天娜苦精

1 颗马拉斯奇诺樱桃

半个橙圈

3 盎司波本威士忌或纯黑麦威士忌

在老式杯中捣压方糖、苦精、樱桃和橙圈。加入冰和威士忌，迅速搅拌一下，加装饰。

东方鸡尾酒

家族：**新奥尔良酸酒和加强酸酒** || 这款酒根据《萨伏依鸡尾酒手册》（1930年）中的配方改编。根据书中的说法，1924年一个美国人在菲律宾险些被高烧夺去生命，他后来把这个配方送给了把他抢救回来的医生，以示感激之情。

如果去掉青柠汁，这个配方就变成了曼哈顿的变体，且酒液呈现出可爱的橙色光泽。

1½ 盎司纯黑麦威士忌

¾ 盎司甜味美思

¾ 盎司橙皮利口酒

½ 盎司新鲜青柠汁

摇匀后滤入冰过的鸡尾酒杯。

爱尔兰佬

家族：**法国-意大利（威士忌和白兰地）** || 这是一款爱尔兰曼哈顿。

制作时要根据所选用的爱尔兰威士忌品牌来调整原料比例，但下面的配方适用于大多数品牌。这款诞生于1930年的鸡尾酒原本不需要加装饰，但我发现加一个柠檬皮卷的效果非常好，它能带来原版配方中所不具备的绝妙香气层次。

尽管这款酒并非我的作品，但我还是想把书中的这个配方献给爱尔兰人凯文·努尼（Kevin Noone）。他是我早期的导师之一。如果有人敢叫他“爱尔兰佬”，他会勃然大怒。干杯，凯文！从你身上我学到了很多！

2盎司爱尔兰威士忌

1盎司甜味美思

安高天娜苦精（根据个人口味添加）

1个柠檬皮卷，用于装饰

搅匀后滤入冰过的鸡尾酒杯，加装饰。

激情达利

家族：**法国－意大利（威士忌和白兰地）**‖这款罗布罗伊的变体根据欧文·W. 特雷科夫斯基（Erwin W. Trykowski）创作的配方改编。在我撰写本书时，他是帝亚吉欧公司（Diageo）的苏格兰威士忌大使。通过选用特定品牌的苏格兰威士忌和味美思（或餐前酒），以及同时使用芳香苦精和巧克力苦精，这款酒就变成了罗布罗伊的特别版本。

1盎司尊尼获加金牌调配苏格兰威士忌（Johnnie Walker Gold Label Blended Scotch）

1盎司卡尔里拉破晓艾莱岛（Caol Ila Moch Islay）单一麦芽苏格兰威士忌

1盎司好奇美国佬味美思

1大滴安高天娜苦精

1大滴巧克力苦精

1个橙皮卷，用于装饰

搅匀后滤入冰过的鸡尾酒杯，加装饰。

佩古俱乐部

家族：新奥尔良酸酒 || 哈里·克拉多克在《萨伏依鸡尾酒手册》（1930年）中表示，这款酒是“缅甸佩古俱乐部里最受欢迎的鸡尾酒，且在全球各地的酒吧里都能喝到”。2005年佩古俱乐部在曼哈顿开业时，我和我的朋友——帕格捣棒创始人克里斯·加拉格尔（Chris Gallagher）率先在那里喝到了佩古俱乐部鸡尾酒，这让我感到非常骄傲。

“佩古俱乐部女王”奥德丽·桑德斯为本书贡献出了她的私人配方（谢谢你，奥德丽！）。她指出“杜松子味明显的添加利金酒跟青柠汁很搭”，还说“多年来尝试了其他橙味利口酒，但美丽莎（Marie Brizard）仍然是理想的选择。这是一个极其精准的配方，换一个组合就无法产生同样的魔力。我花了几十个小时来完善这个配方”。我还在后面的附注中附上了奥德丽对橙味苦精的理解。

2盎司添加利金酒

¾盎司美丽莎橙味利口酒

¾盎司新鲜青柠汁

1～2大滴安高天娜苦精

1大滴佩古俱乐部橙味苦精（见附注）

1个雕花青柠角，用于装饰（见附注）

摇匀后滤入冰过的鸡尾酒杯。

附注：2006年，奥德丽针对她的苦精用法曾说过这样一席话：“我在2005年创作出了佩古俱乐部的自制橙味苦精版配方。当时，里根6号橙味苦精刚刚上市，马克·布朗（Mark Brown）[①]同意让佩古俱

① 里根橙味苦精生产商萨泽拉克公司时任CEO。——译者注

乐部成为里根苦精和佩肖苦精的经销商之一。我发现一半里根苦精加一半菲氏兄弟橙味苦精能够达到完美的平衡——里根苦精具有浓郁的小豆蔻风味，加上菲氏兄弟的橙味基底，简直能让天使为之歌唱。现在很多纽约酒吧还在用这个组合。他们只是简单地把它叫作自制橙味苦精或菲根橙味苦精，也有人叫它纽约橙味苦精。我知道这样的事情是无法控制的，但我觉得这个组合应该叫佩古自制橙味苦精，因为它最早是佩古俱乐部的专利。”

佩古俱乐部会用果皮上刻有美丽花纹的青柠角来装饰这款鸡尾酒，当然，普通青柠角也可以用作装饰。

盘尼西林

家族：**简单酸酒** || 这款酒由纽约阿塔博伊酒吧（Attaboy）的萨姆·罗斯（Sam Ross）创作。这款将苏格兰威士忌和姜味完美结合在一起的鸡尾酒诞生于 2005 年，发明者是当时在纽约地下酒吧“奶与蜜”（Milk and Honey）工作的萨姆·罗斯。它是鸡尾酒界公认的 21 世纪新经典鸡尾酒之一。

萨姆向我讲述了这款酒的由来：“当时我们刚到了一批罗盘针系列苏格兰威士忌，于是开始用其中的一些麦芽威士忌做试验。我做了一杯‘淘金热’（Gold Rush）的改编款酒饮，把波本威士忌换成了罗盘针亚赛拉威士忌，然后加了一点姜来增添辣味。这杯酒的味道很棒，但还需要加一个风味层次，于是我拿起了泥煤兽（罗盘针旗下的另一款苏格兰威士忌），在鸡尾酒液的表面撒了一点，以增添一丝海风气息。效果似乎很不错。”

2 盎司轻泥煤单一麦芽或调和型苏格兰威士忌（可以用你最爱的品牌）

¼ 盎司优质艾莱岛单一麦芽威士忌（比如泥煤兽或拉弗格）

¾ 盎司新鲜柠檬汁

¾ 盎司蜂蜜生姜糖浆（配方见下文）

1 片穿在酒签上的糖渍姜，用于装饰

盘尼西林

摇匀后滤入装有冰块的老式杯，加装饰。

蜂蜜生姜糖浆

3 块中等大小的生姜（约 2 英寸长）

2 盎司砂糖

3 盎司蜂蜜

2 汤匙水

用离心式榨汁机榨取 3 盎司新鲜姜汁，然后倒入砂糖，使之溶化，做成生姜糖浆（也可以研磨带皮生姜，然后把姜泥包裹在湿润的双层粗棉布中，用力挤出 3 盎司姜汁）。小火加热蜂蜜和水，其间不时搅拌，做成稀薄的糖浆。把它和生姜糖浆倒在一起，混合均匀，放入冰箱冷藏。

完美 10 号

家族：**法国－意大利（威士忌和白兰地）**‖这款改编的曼哈顿变体来自英格兰布里斯托尔市萨默塞特会馆的乔希·鲍威尔（Josh Powell）。乔希表示："我想做一款曼哈顿的果味改编，它要有出色的酒体和深度。在这个配方里，我用了斯莱德西打——它来自布莱姆利和凯奇公司（Bramley and Gage），并用酿造黑刺李金酒的'高酒精含量黑刺李'来浸渍。它有点像一种本土原料，如果买不到可以用黑刺李金酒来代替。"在这个曼哈顿改编版中，乔希还用带有草本苦味的比特储斯香酒味利口酒（Bitter Truth Elixier）来代替原版配方里的苦精。你也可以从这款利口酒和其他阿玛罗类型的产品中寻找灵感。

$1\frac{3}{4}$ 盎司布莱特黑麦威士忌（Bulleit Rye Whiskey）

$\frac{1}{3}$ 盎司潘脱米

$\frac{1}{3}$ 盎司布莱姆利和凯奇斯莱德西打或黑刺李金酒

1 茶匙比特储斯香酒味利口酒

1 个橙皮卷，用于增添香气

搅匀后滤入冰过的碟形杯。在酒液的上方挤一下橙皮卷，以释放橙皮油，橙皮卷不入杯。

菲比斯诺鸡尾酒

家族：**法国－意大利（威士忌和白兰地）**‖ 这款酒是法国-意大利家族中的异类，因为它用的是杜本内红，而非甜味美思，但它仍然是一款出色的鸡尾酒。你可能会以为它是以歌手菲比·斯诺命名的［她最出名的歌曲是 1974 年大热的《诗人》（*Poetry Man*）］，但其实这款酒和同名歌手的名字都取自 1900 年前后诞生的一位虚构人物：她总是穿一身纯净无瑕的白裙子，手戴白手套，用来宣传以无烟煤为燃料的拉克万纳铁路公司。下面是广告中采用的一首歌谣：

我和拉克万纳
都名扬四方
因为在无烟煤之路上
我如白雪一般耀眼

$1\frac{1}{2}$ 盎司白兰地

$1\frac{1}{2}$ 盎司杜本内红

1 大滴苦艾酒

搅匀后滤入冰过的鸡尾酒杯。

飘仙杯

家族：**孤儿** || 这是一款酒精度不太高、口感清新怡人的夏季鸡尾酒。1823 年，詹姆斯・皮姆（James Pimm）在伦敦开了自己的第一家餐厅，到 1840 年它已经发展成一个拥有 5 家门店的连锁集团。据说，是皮姆本人发明了这款以金酒为基酒、用水果利口酒和草本植物调味的餐前酒，传统上它要用带把手的大号啤酒杯来盛放。飘仙杯问世后大受欢迎，在整个大英帝国流行开来，后来还催生出 5 款不同口味的单品，每一款都使用一种不同的基酒：飘仙 2 号以苏格兰威士忌为基酒，飘仙 3 号以白兰地为基酒，飘仙 4 号以朗姆酒为基酒，飘仙 5 号以黑麦威士忌为基酒，飘仙 6 号以伏特加为基酒。

在英格兰北部，飘仙杯的常见饮用方法是倒入高球杯，加满苏打水或干姜水，再放入各种水果——一瓣苹果、一片橙子和一颗马拉斯奇诺樱桃，可能还有一小片柠檬。然而，在泰晤士河畔，酒客对这种水果沙拉式的喝法嗤之以鼻。他们喜欢传统的饮用方式，只加一片黄瓜。在酒液的表面放上一大枝罗勒也是一种很棒的装饰。上桌时，要像茱莉普那样插上一根剪短了的吸管，这样酒客在啜饮杯中酒时就能把鼻子埋进罗勒里，尽情享受它的香气了。

2 盎司飘仙 1 号

5 ~ 7 盎司干姜水、柠檬青柠汽水或苏打水

1 片黄瓜，用于装饰

在容量为 16 盎司的调酒杯中直调，加装饰。

椰林飘香

家族：**孤儿** || 我发明的椰林飘香配方没什么问题，但也没什么特别之处，除了我喜欢加大朗姆酒的用量。然而，这本书里的配方必须是最佳的，而我知道谁能提供一个不同凡响的椰林飘香配方，那就是

在爱尔兰出生、澳大利亚长大、长住伦敦的调酒师迪安·卡伦——我愿把他称为“椰林飘香怪咖”，他也是我认识的最优秀的营销人才之一。当我向他询问对这款酒的看法时，他在信中是如此回复我的：“对我而言，椰林飘香代表着不折不扣的好客精神。很多人都讨厌这款酒，而大多数讨厌它的人也做不出一杯好的椰林飘香，他们自己不喜欢它，所以也不愿花时间去学习怎样把它做好。在餐饮行业，重点是——而且永远都是——客人。如果他们喜欢它，你就应该尽力把它做好，这样你才能满足他们的需求。”迪安说。考虑到菠萝在全球范围内都是好客精神的标志，这番话很有道理。

下面的配方可以说相当精确。不管你需要付出多少时间，都是值得的。

2 盎司朗姆酒（蔗园 3 星、百加得白或哈瓦纳俱乐部银）
4½ 盎司（按重量计算）成熟度极高的新鲜菠萝块
¾ 盎司可可洛佩兹椰子奶油（Coco Lopez Coconut Cream）
3 盎司（按重量计算）刚从冰柜取出的新鲜冰块

将所有原料倒入搅拌机，搅拌后倒入冰过的飓风杯。

皮斯科酸酒

家族：**简单酸酒** || 今天的酒客要多谢戴尔·德格罗夫，是他将这款了不起的鸡尾酒带到了我们的视线当中。戴尔本人则表示，已故的乔·鲍姆才是推广这款酒的大功臣：20 世纪 60 年代晚期，乔将皮斯科酸酒列在了纽约餐厅太阳小馆（La Fonda Del Sol）的鸡尾酒单里。戴尔还指出，这款酒早在 20 世纪 30 年代就出现在其他酒单上了。

小查尔斯·亨利·贝克在《南美绅士伴侣》（*The South American Gentleman's Companion*）一书中详细介绍了皮斯科酸酒。他写道，安高天娜苦精——要洒在酒液表面，而非跟其他原料一起摇匀——是

“精彩又奢华的利马乡村俱乐部（Lima Country Club）的调酒大师的点睛之笔，随后他们会把酒端给牧师和其他好朋友。大家一起坐在套房的阳台上，俯瞰着马球场和可能是世界上最美的泳池”。

2 盎司皮斯科白兰地

1 盎司新鲜青柠汁

½ 盎司单糖浆

1 个小号鸡蛋的蛋清

安高天娜苦精，用于装饰，以增添香气

摇匀后滤入冰过的笛形香槟杯。在酒液表面洒几大滴苦精。

种植者潘趣

家族：孤儿 || 下面这个配方是国际调酒师协会的官方版本。从个人角度而言，我还喜欢加一点西柚汁。你可以根据个人喜好选择。

1½ 盎司黑朗姆酒

1 盎司新鲜橙汁

1 盎司新鲜菠萝汁

⅔ 盎司新鲜柠檬汁

⅓ 盎司红石榴糖浆

⅓ 盎司单糖浆

3 ~ 4 大滴安高天娜苦精，用于装饰，以增添香气

摇匀后滤入冰过的柯林斯杯。在酒液表面洒几大滴苦精。

彭皮耶鸡尾酒

家族：孤儿 || 这款酒根据小查尔斯・亨利・贝克所著《绅士伴侣》中的“彭皮耶高球”改编。2001 年，我为在纽约哈得孙河畔康沃尔

画家酒馆举办的一场鸡尾酒晚宴创作了这款改编版酒饮。

彭皮耶高球的配方里并没有金酒，而为了让这款酒更像鸡尾酒，烈酒是必不可少的。我选择只使用少量的金酒，因为这款酒是用来配餐的，我希望它的酒精度低一些。不过，烈酒起到了它应有的作用，为整杯酒带来偏干的口感，正好平衡黑加仑的果味，而且让这杯酒成了搭配沙拉的完美之选。

2½ 盎司干味美思

¼ 盎司黑加仑利口酒

¼ 盎司金酒

1 个柠檬皮卷，用于装饰

搅匀后滤入冰过的鸡尾酒杯，加装饰。

普力克内斯鸡尾酒

家族：**法国 – 意大利（威士忌和白兰地）** || 我认为这款酒是 20 世纪 40 年代诞生的，更晚版本的配方以调和型威士忌为基酒。用波本或纯黑麦威士忌调制这款酒的效果是最好的。当然，配方中的法国廊酒让这款酒拥有了跟普通曼哈顿不一样的特质，而且柠檬皮卷也起到了很大的作用。

2 盎司波本或纯黑麦威士忌

1 盎司甜味美思

2 大滴法国廊酒

2 大滴安高天娜苦精

1 个柠檬皮卷，用于装饰

搅匀后滤入冰过的鸡尾酒杯，加装饰。

拉莫斯金菲兹

家族：**气泡酸酒** || 这款菲兹的发明者亨利·拉莫斯用一种特别的方法来确保酒饮的口感：他雇了一群调酒师来制作这款酒，这些调酒师会把摇酒壶从一个人手里传到下一个人手里，不停地摇晃，直到酒液达到理想的顺滑度。在《著名新奥尔良酒饮及其制法》一书中，作者斯坦利·克利斯比·阿瑟写道：在1915年的新奥尔良狂欢节上，"35名摇酒男孩都快把他们的胳膊摇断了，但是仍然无法满足人们的需求"。

自1888年到1907年，来自巴吞鲁日市的拉莫斯在新奥尔良经营着帝国内阁酒馆（Imperial Cabinet Saloon）。后来，他接管了雄鹿酒馆（Stag Saloon）并在那里供应特色金菲兹，直到1920年禁酒令颁布才停止。据说，雄鹿酒馆的客人最长要等待1小时才能喝到一杯正宗的拉莫斯金菲兹。

有一次，我和几个朋友按照多位调酒大师的指导，用3个摇酒壶摇了这款酒整整5分钟，最后我们都很难将自己的手从摇酒壶上拿开——我们已经跟它们融为一体了。长时间摇酒的意义在于达到一种"拉丝"质感，这种质感很难形容，但也可以把它理解成"丝滑"。一旦体验到这种质感，你就会觉得自己好像来到了天堂。在《绅士伴侣》中，小查尔斯·亨利·贝克建议用搅拌机来制作拉莫斯金菲兹，但冰的用量要少于制作一般冰沙饮品的用量。我发现这样能做出一杯完美的菲兹——质地理想，且不用担心手会冻得发痛。

拉莫斯金菲兹也可以加香草提取物来制作，但是使用它时，一定要控制用量：要做满满两杯笛形香槟杯的拉莫斯金菲兹，加几小滴就够了。每杯拉莫斯金菲兹只含有1盎司金酒，所以它的酒精含量很低，非常适合在早午餐时段或者准备多喝上几杯的时候享用。

可做出2杯的量

2盎司金酒

1盎司奶油

1 个蛋清

½ 盎司单糖浆

½ 盎司新鲜青柠汁

½ 盎司新鲜柠檬汁

¼ 盎司橙花水

苏打水

2 个半圆形橙片，用于装饰

将除了苏打水的所有原料以及满满一个笛形香槟杯量的冰加入搅拌机搅打。将搅拌好的酒液倒入两个笛形香槟杯，再加入少许苏打水至杯满，加装饰。

RBS 特调鸡尾酒

家族：**国际酸酒** || 这款酒根据戴维·旺德里奇 2001 年为纽约《RBS 公报》（*RBS Gazette*）创作的配方改编。《RBS 公报》由橡皮圈协会出版，这是一个在纽约成立的作者和艺术家联合会，其中有许多成员是俄罗斯人。旺德里奇表示："黑麦和葛缕子利口酒（曾经在俄国颇为流行）的组合让这款酒有一种淡淡的、我希望不是令人不快的黑麦面包的味道，而美国人和俄罗斯人都出了名地喜欢吃黑麦面包。红石榴糖浆让这款酒带上了淡红色调，以纪念曾经的苏联，因为橡皮圈协会的许多艺术家都是从苏联来到美国的。"

2 盎司威凤凰黑麦威士忌

¼ 盎司吉尔卡葛缕子利口酒

½ 盎司新鲜柠檬汁

¼ 盎司红石榴糖浆

摇匀后滤入冰过的鸡尾酒杯。

红鲷鱼

家族：**孤儿** || 这款酒根据前瑞吉酒店经理加斯顿·劳里森的配方改编。1945年版《克罗斯比·盖奇的鸡尾酒指南和淑女伴侣》一书中的红鲷鱼配方正是加斯顿贡献的。据说美国首家供应血腥玛丽（详见第190页）的就是瑞吉酒店，我认为红鲷鱼很可能就是血腥玛丽的原始配方，只不过名字不同罢了。

1½ 盎司番茄汁

1½ 盎司伏特加

2 大滴伍斯特沙司

2 大滴新鲜柠檬汁

盐和卡宴辣椒，根据个人口味添加

摇匀后滤入冰过的鸡尾酒杯。

纪念缅因号

家族：**法国－意大利（威士忌和白兰地）** || 这款酒根据小查尔斯·亨利·贝克所著《绅士伴侣》一书中的配方改编。他表示这款酒一定要按顺时针方向搅拌。正如你在这款曼哈顿改编中所看到的，尽管配方中没有苦精，但樱桃白兰地和苦艾酒带来了丰富的层次。顺便说一句，这是一款出色的鸡尾酒。

1½ 盎司纯黑麦威士忌

¾ 盎司甜味美思

⅓ 盎司樱桃白兰地

1 ~ 2 大滴苦艾酒

1 个柠檬皮卷，用于装饰

加冰，按顺时针方向搅匀。滤入冰过的鸡尾酒杯，加装饰。

重生弗利普

家族：孤儿 || 这款酒根据蒂姆·菲利普斯 [Tim Philips，澳大利亚悉尼明星脸和公告馆（Dead Ringer and Bulletin Place）] 的配方改编。2012 年，蒂姆·菲利普斯在里约热内卢的帝亚吉欧世界调酒大赛上呈现了这款参赛作品，让在场的所有人都大为惊艳。

尽管我想说“重生弗利普”让蒂姆一局定乾坤，但事实上这项比赛是多层面的，要加冕冠军，调酒师必须在许多方面都是最出色的。当蒂姆在里约热内卢向我和上野秀嗣（Hidetsugu Ueno，朋友们都叫他上野桑）展示这款酒时，他给了我们一个大惊喜——事实上，他的表现让我情不自禁地起立鼓掌。他是这么做的：

蒂姆一边朗诵他为比赛特意创作的一首诗，一边把所有原料倒入摇酒听。然后，他把摇酒听拿到水槽里加冰，结果把整杯酒洒到了排水管里。我和上野桑倒吸了一口气，认为他要输掉这一轮比赛了，但我们想错了。蒂姆从吧台后面的托盘里拿起一枚鸡蛋，整个放进了摇酒听里——连着完整的蛋壳一起。接着，他往摇酒听里加入冰块，用力将酒摇匀，最后滤出来的正是他刚才洒掉的那杯酒。

他是怎么做到的？

两天后，我才知道原因。蒂姆在鸡蛋的两头穿孔，通过吹气的方式将蛋液清空（这一做法在鸟蛋收藏者中很常见）。然后，他把提前做好的鸡尾酒倒入注射器，将酒液注入蛋壳中，再用胶水把鸡蛋两头的孔封住。蒂姆摇酒时，冰块将蛋壳击碎，所以他才能轻松地将鸡尾酒滤入杯中。最后，他会再加一点肉桂粉装饰。

多么出色的炫技者，多么出色的调酒师，多么出色的讲述者！蒂姆·菲利普斯是酒吧界一颗耀眼的明星。身为他的朋友，我为他感到骄傲。

1¾ 盎司萨凯帕索莱拉 23 珍藏朗姆酒（Ron Zacapa Centenario Sistema Solera 23 Rum）

1 茶匙乐加维林 16 年单一麦芽苏格兰威士忌

½ 盎司蜂蜜

½ 盎司新鲜柠檬汁

1 小撮肉桂粉

½ 个新鲜无花果

1 枚鹌鹑蛋

肉桂粉，用于装饰

摇匀后滤入冰过的郁金香闻香杯，加装饰。

里基

家族：孤儿 || “里基得名于外号叫‘乔’的科洛内尔·里基（Colonel Rickey）……这名华盛顿游说者经常在那些浮华的日子里请国会议员喝酒，直到禁酒令颁布，后者不得不依靠行事谨慎的戴绿帽子的绅士[①]来满足自己的酒瘾。这款酒是华盛顿舒梅克酒吧（Shoomaker's）发明并根据科洛内尔·里基的名字命名的，那里是国会议员常去的地方。”艾伯特·史蒂文斯·克罗克特在《老华尔道夫酒吧手册》（1935年）中如此写道。

我并非这款酒的粉丝，它最初以威士忌为基酒，如今通常用金酒制作。不过，我知道很多人喜欢喝它。这款酒饮制作的诀窍在于青柠汁的用量，许多调酒师错误地选择只用一个青柠角来挤汁，结果做出来的只不过是一杯高球而已。

½ 盎司新鲜青柠汁

1½ 盎司波本威士忌、黑麦威士忌或老汤姆金酒

3 ~ 4 盎司苏打水

1 个青柠角，用于装饰

在装有碎冰的葡萄酒杯中直调，加装饰。

① 私酒贩子。——译者注

丽思鸡尾酒

家族：**香槟鸡尾酒** || 这款酒根据来自纽约的戴尔·德格罗夫——《基础鸡尾酒》的作者——的配方改编。戴尔·德格罗夫在《食客》（*Foodie*）杂志的一次采访中表示，丽思是他创作的第一款鸡尾酒。“当时我在 49 街一家非常高端的餐厅欧罗拉工作，想要创作一款非同凡响的鸡尾酒。我希望它在纽约鸡尾酒中的地位相当于酒店界的丽思。我将君度、柠檬汁、一大滴樱桃利口酒和干邑加冰摇匀，倒入马天尼杯，加满香槟，并用一片点燃的橙皮装饰——后来点燃的橙皮成为我的一个标志。这款酒登上了《花花公子》杂志。”他说。

1 盎司干邑

½ 盎司君度

2 大滴樱桃利口酒

½ 盎司新鲜柠檬汁

冰过的香槟或其他起泡酒

1 片点燃的橙皮，用于装饰

摇匀后滤入冰过的鸡尾酒杯，倒满香槟，加装饰。

罗布罗伊

家族：**法国-意大利（威士忌和白兰地）** || 克罗克特在《老华尔道夫酒吧手册》中表示，这款酒是根据同名百老汇舞台剧命名的，所以它可能诞生于1894年。正是在那一年，雷金纳德·德·科文（Reginald De Koven）执导的轻歌剧《罗布罗伊》（*Rob Roy*）在白色大道上演。考虑到那个时代的调酒师比他们的前辈更多地使用味美思来调酒，这个时间点很可能是准确的。罗布·罗伊是沃尔特·斯科特（Walter Scott）爵士的同名小说中的虚构人物，活跃于17世纪晚期至18世纪早期，专门劫富济贫，是一位苏格兰罗宾汉式的人物。

除非客人有特别要求，罗布罗伊应该用甜味美思来调制。用干味美思代替甜味美思做出来的就是干罗布罗伊（有时也被叫作比德尔斯通鸡尾酒）；用一半甜味美思和一半干味美思做出来的则是完美罗布罗伊。从传统的角度而言，常规罗布罗伊要用一颗樱桃装饰，而另两个版本通常以柠檬皮卷装饰。从个人角度而言，我喜欢在三个版本中都用柠檬皮卷来装饰。

如今很少人会在罗布罗伊里加苦精。安高天娜苦精加在这款酒里的效果并不好，但橙味苦精跟苏格兰威士忌和味美思在一起可以产生奇妙的化学反应。不过，正如戴维·恩伯里在20世纪50年代所指出的，佩肖苦精和罗布罗伊里的苏格兰威士忌非常搭，而我也强烈建议你试试这么做。

2 盎司苏格兰威士忌

1 盎司甜味美思

2 大滴佩肖苦精

1 颗马拉斯奇诺樱桃或 1 个柠檬皮卷，用于装饰

搅匀后滤入冰过的鸡尾杯，加装饰。

鲁比必胜

家族：**加强酸酒** || 这款酒根据来自伦敦的朱利安·德·法拉尔（Julian de Feral）的配方改编。2010年，我在雅典从他那里“偷”了一瓶波特酒，用来搭配添加利10号做鸡尾酒。朱利安通过这款酒告诉我，有比我这种鲁莽之举更好的把金酒和波特酒结合在一起的方式。他是不会让我忘记自己做过的糗事儿的……

1 盎司加 1 茶匙金酒

½ 盎司红宝石波特酒

½ 盎司新鲜柠檬汁

$^{1}/_{3}$ 盎司菲诺雪莉酒

$^{1}/_{3}$ 盎司单糖浆

1 大滴里根 6 号橙味苦精

1 个柠檬皮卷，用于装饰

1 个西柚皮卷，用于装饰

摇匀后滤入冰过的华丽葡萄酒杯。在酒液的上方挤一下柠檬及西柚皮卷，果皮卷不入杯。

锈钉

家族：**双料和三料** || 这是一款非常适合用来做试验的配方，因为调酒师可以选用不同的苏格兰威士忌并改变基酒和利口酒的比例，以加深对不同原料的理解。这款酒通常用调和型苏格兰威士忌来调制，不过为了展示调酒技艺的魔力，不妨试试以不同的单一麦芽威士忌作为基酒，先尝一下它们的味道，再加入杜林标（在试验之前，也应该尝尝它的味道）。你会发现，当你用轻度泥煤单一麦芽威士忌（比如格兰杰）时，需要用到的杜林标比用艾莱岛重度泥煤单一麦芽威士忌（比如雅柏）时少得多。麦卡伦和亚伯乐虽然未经重度泥煤处理，但本身就具有丰富的特质，因此，在用这两款威士忌时一定要注意杜林标的用量，不要让它破坏前两者的个性。

$2^{1}/_{2}$ 盎司苏格兰威士忌

$^{1}/_{2}$ 盎司杜林标

搅匀后滤入装有冰块的老式鸡尾酒杯。

咸狗

|| 家族：**高球** ||

2 盎司伏特加

3 盎司新鲜西柚汁

盐，用于杯沿

在装有冰块、杯沿有盐边的高球杯中直调。

撒旦的胡须

家族：**法国－意大利（金酒、朗姆酒、荷式金酒、伏特加和特其拉）** || “撒旦的胡须”配方有两个版本。下面的版本用到了柑曼怡，被称为“直版”，而“弯曲版”则用的是橙味利口酒。下面的配方根据《琼斯完全酒吧指南》中的版本改编。

$1/2$ 盎司金酒

$1/2$ 盎司干味美思

$1/2$ 盎司甜味美思

$1/2$ 盎司新鲜橙汁

$1/4$ 盎司柑曼怡

1 ~ 2 大滴橙味苦精

摇匀后滤入冰过的鸡尾酒杯。

萨泽拉克

家族：**孤儿** || 新奥尔良萨泽拉克公司将 1850 年定为这款酒的诞生年份，并表示它当时在法国区的萨泽拉克咖啡馆供应。斯坦利·克利斯比·阿瑟在《著名新奥尔良酒饮及其制法》一书中写道，首次调制

这款酒的调酒师是利昂·拉莫思（Leon Lamothe）。他表示，佩肖本人早在 1838 年就创作了一款以白兰地、糖和佩肖苦精为原料的鸡尾酒，而拉莫思只不过是在这款酒的基础上加入了苦艾酒而已。萨泽拉克最初是以白兰地为基酒的，而这一点也得到了萨泽拉克公司的认同。萨泽拉克公司有一张早期瓶装预调萨泽拉克鸡尾酒的照片。瓶身的酒标上印有如下字样："萨泽拉克鸡尾酒，由独家品牌持有者托马斯·汉迪有限公司生产装瓶……谨遵 1906 年 6 月 30 日颁布的食品和药品法案。马天尼。"我们不知道这瓶鸡尾酒确切的上市时间，但那一定是在 1920 年禁酒令颁布之前。而且，那时有些不是用金酒和味美思调制的鸡尾酒也开始被叫作"马天尼"，尽管这一现象通常发生于 20 世纪 90 年代。

我们不太确定萨泽拉克中的干邑是何时被黑麦威士忌取代的，但它可能跟 19 世纪 60 年代初期 ~ 70 年代中期的葡萄根瘤蚜灾害有关，欧洲的葡萄园在这场灾害中遭到了毁灭性打击。萨泽拉克公司的记录显示，基酒的改变就是在 19 世纪 70 年代发生的。

制作这款酒的流程如下：在老式杯中装满碎冰，在另一个杯子里捣压糖和苦精，令糖溶化，然后加入冰和威士忌搅拌，起到冷却和稀释的作用。接着，将第一个杯子里的碎冰倒掉，用苦艾酒洗杯，重新装满新鲜碎冰，再将冷却好的威士忌滤入备好的杯子。最后，加一个柠檬皮卷，尽管有些经典配方中的柠檬皮卷是不入杯的，只需将皮油喷洒在酒液表面。

萨泽拉克鉴赏家对这款经典鸡尾酒的制作方法做出了各种改动，而不甘人后的我也想在这里表达一下我的观点：萨泽拉克应该倒入不加冰的笛形香槟杯饮用——如果你坚持的话，用鸡尾酒杯也可以。原因很简单，没喝过这款酒的人可能会被优雅的酒杯吸引，从而去尝试它。如果你想试试用干邑调制的原始版本，那我建议选择口感偏干的干邑，比如轩尼诗或御鹿，而不是馥华诗这样果味浓郁的白兰地。

3 盎司纯黑麦威士忌

萨泽拉克

¾ 盎司单糖浆

2 ~ 3 大滴佩肖苦精

苦艾酒，用于洗杯

1 个柠檬皮卷，用于装饰

搅匀后滤入冰过的、用苦艾酒进行过洗杯处理的笛形香槟杯，加装饰。

无法无天

家族：**加强酸酒** || 根据万维词汇网出版人迈克尔·B. 昆尼昂（Michael B. Quinion）的说法，“Scofflaw”（无法无天）这个词大概诞生于 1923 年。当时有一个有奖活动：参与者需要用一个词来形容“饮用非法酿造或非法购买的烈酒的不法酒客”，想出最佳词语的人将获得 200 美元奖金。奖金是由一位富有的禁酒主义者提供的，他希望那些在禁酒时期喝酒的人能够“良心发现”。

次年，《芝加哥论坛报》（*Chicago Tribune*）报道称，法国巴黎的哈里纽约酒吧的调酒师乔克（Jock）创作了“无法无天”鸡尾酒。下面的配方用波本或黑麦威士忌都可以，而原始配方用的是调和型加拿大威士忌。

2 盎司波本或纯黑麦威士忌

1 盎司干味美思

¼ 盎司新鲜柠檬汁

1 ~ 2 大滴红石榴糖浆

1 大滴橙味苦精

摇匀后滤入冰过的鸡尾酒杯。

蝎子

家族：**简单酸酒和提基** || 这款酒根据杰夫·贝里的“完全提基”（Total Tiki）应用程序（需要付费使用，但完全值得）中的配方改编。

2 盎司淡朗姆酒

1 盎司白兰地

2 盎司新鲜橙汁

1½ 盎司新鲜柠檬汁

½ 盎司杏仁糖浆

摇匀后滤入装有冰块的双重老式杯。

塞尔巴赫鸡尾酒

家族：**香槟鸡尾酒** || 这款鸡尾酒有个很棒的背景故事——事实上，是两个很棒的背景故事。20 世纪 90 年代中期，位于肯塔基州路易斯维尔的塞尔巴赫酒店（Seelbach Hotel）的酒水经理亚当·西格尔（Adam Seger）给了我这个配方。他说这个配方是在酒店档案里找到的，还给我讲了一个关于它的故事：有个调酒师在做曼哈顿和香槟鸡尾酒时把这两款酒搞混了。他说，正是这名调酒师的失误使得塞尔巴赫鸡尾酒问世。

我必须承认，我并未完全相信这个故事，但这款酒真的很出色，所以我把它收录进了我当时正在撰写的《新经典鸡尾酒》（*New Classic Cocktails*）一书中。

快进到 2006 年，《纽约时报》的罗伯特·西蒙森采访了亚当——此时的亚当已经是一位非常成功的企业家了——他承认自己创作了这款酒并伪造了关于它的故事，目的是给酒店增加曝光机会。这款酒在 20 世纪 90 年代被大量媒体报道，而在 2016 年，关于它的报道更多了。亚当·西格尔真是个不错的营销人，对吗？他的调酒功底也很不错！

¾ 盎司波本威士忌

½ 盎司白橙皮利口酒

7 大滴安高天娜苦精

7 大滴佩肖苦精

4 盎司冰过的干型香槟

1 个橙皮卷，用于装饰

按照配方顺序，将所有原料倒入笛形香槟杯直调，加装饰。

香迪

家族：**孤儿** || 这款酒原本的名字叫作香迪格夫，至少在 19 世纪 80 年代就出现了，不过那时通常是用干姜水调制，而非柠檬青柠汽水。用干姜水的老版本比今天用柠檬青柠汽水的版本好。如果你想达到更好的效果，可以用牙买加干姜水来制作香迪——它会带给你一种口感爽脆、劲道十足的享受。不管你选择哪种方式，都一定要先把汽水倒进杯子里，否则它的泡沫会在你把酒杯倒满之前就溢出杯沿了。

8 盎司柠檬青柠汽水、干姜水或姜汁啤酒

8 盎司棕色艾尔啤酒

按配方顺序，将所有原料倒入皮尔森啤酒杯中直调。

边车

家族：**新奥尔良酸酒** || 在《调酒的艺术》一书中，戴维·恩伯里声称边车是他的朋友在第一次世界大战期间发明的，后者经常坐在摩托车的边车里去最喜欢的小馆子。按照流行的说法，这家小馆子就是哈里纽约酒吧，但恩伯里并没有提到这一点。也有人认为边车是巴黎丽思酒店的弗兰克·迈耶（Frank Meier）发明的，但这个说法被迈

耶的接任者、一个名叫贝尔坦（Bertin）的人否定了。

不管是谁调制了世界上第一杯边车，他应该从来没听说过白兰地科斯塔，也不会知道自己创造的配方会产生多大的影响——这个烈酒、橙味利口酒和柑橘类果汁的组合后来还催生出了玛格丽特、神风特攻队和大都会等鸡尾酒。恩伯里表示，原始配方“包含 6 或 7 种原料”，但他的配方只用到了干邑或雅文邑、白橙皮利口酒和柠檬汁——这些原料一直沿用到了今天。恩伯里的配方比例是 8 份白兰地、1 份白橙皮利口酒和 2 份柠檬汁，但我不是很喜欢这个版本——它的味道太酸了。

在制作所有的新奥尔良酸酒时，我通常会采用 3：2：1 的比例，而这个比例也适用于边车——3 份干邑、2 份君度和 1 份柠檬汁。出于好奇，我向巴黎丽思酒店的首席调酒师科林·菲尔德（Colin Field）讨教了他们使用的边车配方。尽管科林给我的配方是按“份”来计量的，而非盎司或毫升，但其实我们的配方比例十分接近。

科林还把 1923 年的丽思酒店边车配方给了我，原料包括 $\frac{4}{5}$ 份丽思 1854 特优香槟干邑、$\frac{1}{10}$ 份君度和 1 小滴柠檬汁。在科林的酒吧里，这款酒的售价是每杯 1500 欧元。

$1\frac{1}{2}$ 盎司干邑

1 盎司君度

$\frac{1}{2}$ 盎司新鲜柠檬汁

糖，用于杯沿（可不加）

1 个柠檬皮卷，用于装饰

摇匀后滤入冰过的、杯沿带糖边（可不加）的鸡尾酒杯，加装饰。

豪华边车（瓶装版）

可做出 24 盎司的量

12 盎司干邑

3 盎司柑曼怡

3 盎司新鲜柠檬汁

6 盎司瓶装水

柠檬皮卷，用于装饰

混合后冷藏至少 6 小时。倒入冰过的鸡尾酒杯，以柠檬皮卷装饰。

新加坡司令

家族：**气泡酸酒** || 关于新加坡司令起源的争论无穷无尽。尽管我们可能永远也找不到真相，但有一个流行的说法——它是新加坡莱佛士酒店的调酒师严崇文在 1915 年发明的。除了莱佛士酒店的配方，还有其他一些配方值得关注。

严崇文和莱佛士酒店的故事不可能是真的，因为根据戴维 · 旺德里奇《饮！》一书中的说法，新加坡司令在 19 世纪 90 年代晚期就已经很流行了。身为不折不扣的“鸡尾酒历史之神”，旺德里奇还发现了另一个版本的新加坡司令，而这才是真正的原版配方。

如果你想知道关于这个版本的完整故事，那就买一本《饮！》。如果你还没读过那本书，你会感谢我在书中收录了这款配方。下面的配方是我以旺德里奇发现的原始配方为基础，并考量了他对配方所用原料的看法之后想出来的，它相当简单，却令人极度愉悦。

新加坡司令（《饮！》版本）

1½ 盎司金酒

1 盎司荷润樱桃利口酒

½ 盎司法国廊酒

¾ 盎司新鲜青柠汁

2 ~ 3 大滴安高天娜苦精

苏打水

1 长条螺旋状青柠皮，用于装饰（可不加）

将除了苏打水的所有原料摇匀，滤入装有冰块的柯林斯杯。加满苏打水，迅速搅拌一下，加装饰（如选择使用）。

新加坡司令（又名海峡司令）

家族：**气泡酸酒** || 人称“鸡尾酒博士”的特德·黑格在 1922 年出版的《鸡尾酒：如何调制它们》（*Cocktails: How to Mix Them*）一书中发现了这个配方。该书作者罗伯特·韦梅尔（Robert Vermeire）是一位备受推崇的比利时调酒师，曾经在伦敦和欧洲其他城市工作过。这个配方的名称是“海峡司令”，但书中注明它是一款“非常出名的新加坡鸡尾酒”。它需要用到干型樱桃白兰地，特德推断应该是基尔希（Kirsch）那样的“樱桃生命之水”。下面的配方基于特德撰写的《古老烈酒和被遗忘的鸡尾酒》（*Vintage Spirits and Forgotten Cocktails*）一书中的版本，出于对历史的兴趣，我将其收录在书中，而它本身也是一款不错的鸡尾酒。

2 盎司金酒

½ 盎司法国廊酒

½ 盎司樱桃白兰地

¾ 盎司新鲜柠檬汁

2 大滴橙味苦精

2 大滴安高天娜苦精

苏打水

将除了苏打水的所有原料摇匀后滤入装有冰块的柯林斯杯，倒满苏打水。

环顾露台门廊，我们看到了弗兰克·巴克（Frank Buck）、柔佛苏丹（Sultan of Johore）、麦艾美（Aimee Semple McPherson）、萨默塞特·莫姆（Somerset Maugham）、迪克·哈利伯顿（Dick Halliburton）、道格·费尔班克斯（Doug Fairbanks）、鲍勃·里普利（Bob Ripley）、鲁斯·埃尔德（Ruth Elder）和沃尔特·坎普（Walter Camp）……当脚步轻盈的马来西亚服务生为我们送上第四杯新加坡司令时，他发现我们正越过窗台往下盯着路上吹笛子的神秘耍蛇人。于是，他低声说道："加噶拜拜图万。"这句话的意思是"小心，老爷"。新加坡司令是一种可口、起效慢、后劲儿大的酒饮。

——小查尔斯·亨利·贝克，《绅士伴侣》，1946 年

新加坡司令（莱佛士酒店版）

这个配方里的原料被印在新加坡莱佛士酒店的杯垫上，但是没有注明用量，且苏打水也不在其中。

2 盎司必富达金酒

1/2 盎司荷润樱桃利口酒

1/4 盎司法国廊酒

1/4 盎司君度

2 盎司菠萝汁

1/4 盎司新鲜青柠汁

1 ~ 2 大滴安高天娜苦精

苏打水

将除了苏打水的所有原料摇匀后滤入装有冰块的柯林斯杯，倒满苏打水。

斯洛普

家族：**法国－意大利（威士忌和白兰地）**‖这款酒根据茱莉·赖纳（纽约三叶草俱乐部）的配方改编。茱莉·赖纳的鸡尾酒很少出错，尤其是对正统的鸡尾酒而言，而这款酒正是如此。潘脱米带来它标志性的苦味，而少量（1/4 盎司）杏味白兰地为整款酒增添了微妙的果味。不过，茱莉在配方中保留了安高天娜苦精，所以这种果味得到了很好的平衡。

2 盎司瑞顿黑麦威士忌

3/4 盎司潘脱米

1/4 盎司杏味白兰地

2 大滴安高天娜苦精

1 颗新鲜樱桃，用于装饰

搅匀后滤入冰过的鸡尾酒杯，加装饰。

南方鸡尾酒

家族：**简单酸酒和茱莉普**‖在某种程度上，南方鸡尾酒就是一款以金酒为基酒的莫吉托，只不过柑橘类水果用的是柠檬而非青柠（尽管有些配方会用青柠）。我喜欢用砂糖做这款酒，因为在捣压柠檬角、薄荷和糖的时候，砂糖会跟柠檬皮产生摩擦，吸收香气美妙的皮油。

4 个柠檬角

2 ~ 3 茶匙砂糖

4 或 5 片新鲜薄荷叶

2 1/2 盎司金酒

1 枝薄荷，用于装饰

在调酒杯中捣压柠檬角、砂糖和薄荷叶，直到砂糖完全溶化、所有柠檬汁都被萃取出来,且薄荷叶完全和柠檬汁混合在了一起。接着,在调酒杯中加入冰和金酒，摇匀后滤入冰过的鸡尾酒杯，加装饰。

南方菲兹

家族：**气泡酸酒和茱莉普** || 正如你所看到的，这款酒就是南方鸡尾酒加了一点苏打水。

4 个柠檬角

2 ~ 3 茶匙砂糖

6 ~ 8 片新鲜薄荷叶

2½ 盎司金酒

苏打水

3 枝薄荷，用于装饰

在调酒杯中捣压柠檬角、砂糖和薄荷叶，直到砂糖完全溶化、所有柠檬汁都被萃取出来，且薄荷叶完全和柠檬汁混合在了一起。在调酒杯中加入冰和金酒，摇匀后滤入冰过的柯林斯杯。加苏打水和装饰。

史丁格

家族：**双料和三料** || 这个白兰地和薄荷利口酒的组合至少在 1892 年就诞生了，当时威廉·施密特在他的著作《流动之碗》里描述了一款叫作“法官”的鸡尾酒。“摇到冰点。”他如此说明。他的话被我们铭记到了今天，因为史丁格是我所知道的唯一一款需要由专业调酒师来摇制的鸡尾酒，尽管它不含任何果汁、鸡蛋或乳制品。

史丁格可以加冰，也可以不加冰，最常见的做法是加碎冰。要注意原料比例，因为薄荷利口酒很容易盖过白兰地的味道，尤其当用的是口感偏干的白兰地（比如轩尼诗或御鹿）而非果味浓郁的白兰地（比如馥华诗）时。但口感偏干的白兰地最适合用来调制这款酒。

3 盎司干邑

$^1/_4$ ~ $^1/_2$ 盎司白薄荷利口酒

摇匀后滤入装有碎冰的大号白兰地闻香杯。

两个罗伯特

家族：**法国 - 意大利（威士忌和白兰地）**|| 这款罗布罗伊改编版以弗兰克·卡亚法（Frank Caiafa，纽约市华尔道夫酒店孔雀巷）2013 年创作的配方为蓝本。弗兰克把这款配方发给我时附上了一条可爱的注脚，解释了他的创作过程："我们在孔雀巷推出了一款罗伯特彭斯鸡尾酒，它是两个配方的结合体。一个是《老华尔道夫酒吧手册》里的罗伯特彭斯配方，其实就是罗布罗伊加上苦艾酒；另一个是《萨伏依鸡尾酒手册》里的波比彭斯配方，用等比例的苏格兰威士忌和甜味美思加上一点法国廊酒……我没有在这款酒里加（橙味）苦精，因为我觉得它的味道已经足够复杂，再加苦精会适得其反。为了给大家更多惊喜，我用华尔道夫酒店糕点房特意做的黄油酥饼来佐酒（谢谢糕点房的同事！）……我认为小小的改动带来了大变化（且余味棒极了！）。请享用！"

$2^1/_4$ 盎司公羊 8 年调和型苏格兰威士忌（Sheep Dip 8-year-old Blended Scotch）

$1^1/_4$ 盎司甜味美思

$^1/_3$ 盎司法国廊酒

6 大滴潘诺 / 苦艾酒混合液（详见附注）

1 个柠檬皮卷，用于装饰

2 块黄油酥饼，用于佐酒

搅匀后滤入冰过的鸡尾酒杯。加柠檬皮卷装饰，搭配盛在碟子里的黄油酥饼上桌。

附注：将 2 盎司潘诺和 1 盎司绿色缪斯（La Muse Verte）苦艾

酒混合在一起。

酸金酷乐

家族：**高球** || 这款酒是1998年我在对汤力水进行各种试验时诞生的。当时我在汤力水里加了一点柠檬汁，结果它的味道变得就像苦柠檬汽水。我又用西柚汁试了一下，一款全新的酒就这样诞生了。酸金酷乐很简单，它绝对算不上什么创意杰作，但我每过一段时间就会想喝。它很适合在早午餐时段饮用。

2盎司金酒
2盎司新鲜粉红西柚汁
2盎司汤力水
佩肖苦精（根据个人口味添加）

在装有冰块的柯林斯杯中直调。

刺击与格挡

家族：**双料和三料** || 是时候升级我的德波纳尔鸡尾酒（详见第215页）了！它是一款优秀的鸡尾酒，直到今天也毫不逊色。自从创作出这款酒之后，我对调酒学的了解又深入了许多，所以我想让千禧一代的年轻调酒师看看我的进步！

1/4盎司德尔马圭维达梅斯卡尔（Del Maguey Vida Mezcal）
2盎司高原骑士12年单一麦芽苏格兰威士忌（Highland Park 12-year-old Single-malt Scotch）
3/4盎司肯顿姜味利口酒
穿在酒签上的3小片糖渍姜，用于装饰

将梅斯卡尔倒入冰过的鸡尾酒杯，转动酒杯，让酒液覆盖内壁，倒掉多余的酒液。将威士忌和姜味利口酒搅匀后滤入备好的酒杯里，加装饰。

汤姆柯林斯

家族: **气泡酸酒**||“这是一款长饮,值得心怀敬畏地去慢慢享用它。”鸡尾酒专家戴维·恩伯里在20世纪50年代时如此写道。的确，汤姆柯林斯值得人们更多的尊重。它不是一款复杂的酒，它的配方并不是只有天才才能搞懂，它只不过是一款加了气泡的金酸酒，但这款清新的酒在炎热天气下饮用十分怡人。

这款酒最早是用老汤姆金酒（一种经过增甜的金酒）调制的，如今用干金酒调制也很常见。下面的配方用到了新鲜柠檬汁和单糖浆。如果你想试试不一样的汤姆柯林斯,可以将新鲜柠檬角跟砂糖一起捣压。砂糖会跟柠檬皮产生摩擦，带来更明亮的口感。

2½ 盎司金酒

1 盎司新鲜柠檬汁

¾ 盎司单糖浆

苏打水

1 颗马拉斯奇诺樱桃，用于装饰

半个橙圈，用于装饰

将除了苏打水的所有原料摇匀后滤入装有冰块的柯林斯杯。加满苏打水，加装饰。

汤米玛格丽特

家族: **简单酸酒**||这款玛格丽特改编版是美国的特其拉宣传大使、旧金山汤米墨西哥餐厅（Tommy's Mexican Restaurant）的胡里奥·贝尔梅霍（Julio Bermejo）1990年前后做出来的，如今在世界各地最

优秀的鸡尾酒单上都能找到它。

贝尔梅霍在配方中使用了龙舌兰果糖，当时它对美国人来说还是一种颇为新奇的原料。下面的配方来自贝尔梅霍本人，他还向我透露了一件鲜有人知的事，解释了这款酒为什么在他的家族餐厅里如此畅销：“我们其实会稀释龙舌兰果糖，这样在把它倒出来的时候会更高效，不会因过于黏稠而残留在吧勺上或量酒器里。”

2 盎司 100% 龙舌兰特其拉（详见附注）

1 盎司新鲜青柠汁

1 盎司稀释龙舌兰果糖（详见附注）

1 个青柠角，用于装饰

盐，用于杯沿（可不加）

摇匀后滤入带盐边、装有冰块的双重老式杯（详见附注），加装饰。

附注：贝尔梅霍并不在乎你用的是银特其拉、金特其拉、陈年特其拉甚或是特级陈年特其拉。要自制稀释龙舌兰果糖，只需将几盎司龙舌兰果糖和等量的纯净水混合在一起，充分搅拌至果糖完全溶解。

杯沿的盐边可以不加。如果加的话，建议只蘸半圈盐，这样客人在饮酒时可以自由选择。

糖蜜

家族：**老式鸡尾酒**‖这款酒根据曾居伦敦的已故伟大调酒师迪克·布拉德塞尔的配方改编。布拉德塞尔被公认为（几乎）凭一己之力改变了伦敦鸡尾酒行业的面貌。我和他不熟，但我很幸运地去过他工作的克罗尼俱乐部（Colony Room Club，已歇业），在那里待了几个小时。后来我们俩在名流汇聚的伦敦格鲁乔俱乐部（Groucho）好好聊了一场。说迪克·布拉德塞尔是个奇人还不足以体现他的魅力。

布拉德塞尔创造了多款知名鸡尾酒，而我的最爱是糖蜜。它是如此简单，又是如此妙不可言。

2 盎司黑朗姆酒

½ 盎司单糖浆

2 大滴安高天娜苦精

½ 盎司苹果汁

将朗姆酒、单糖浆和苦精倒入装有冰块的老式杯中搅拌至少20秒。在酒液表面倒一层苹果汁，并使之漂浮在酒液上。

地震

家族：**双料和三料** || 这款酒被巴纳比·康拉德三世（Barnaby Conrad III）收录于他撰写的《苦艾酒：瓶中历史》（*Absinthe*：*History in a Bottle*）一书中，但没有注明用量。它是亨利·德·土鲁斯-劳特累克（Henri de Toulouse-Lautrec）非常爱喝的一款鸡尾酒，而这位法国画家在1901年就去世了，享年36岁。注意，过量饮酒有碍健康，你已经被事先警告过了。

我要把这个配方献给罗伊·菲纳莫雷（Roy Finamore），他是《调酒学》第一版的编辑。罗伊是一位很好的朋友。在20世纪90年代苦艾酒仍然属于违禁品的时候，我俩曾经在某个晚上一起痛饮走私过来的优质苦艾酒。

2½ 盎司干邑

¼ ~ ½ 盎司苦艾酒

1 个柠檬皮卷，用于装饰

搅匀后滤入冰过的鸡尾酒杯，加装饰。

特立尼达酸酒

家族：简单酸酒 || 此酒配方来自纽约萨福克徽章（Suffolk Arms）的朱塞佩·冈萨雷斯（Giuseppe Gonzalez）。《华盛顿邮报》（*Washington Post*）把这款酒称作“怪胎”，因为它用了相当多的安高天娜苦精。那你们觉得朱塞佩·冈萨雷斯到底应该做出怎样的酒呢？我不禁要问他们。他本人差不多也是个怪胎。

我在朱塞佩的酒吧萨福克徽章喝过这款酒——事实上，我喝了两杯。它是一款绝妙的鸡尾酒，而朱塞佩·冈萨雷斯最近成了我最爱的调酒师之一。我认识他有一段时间了，我认为他是在萨福克徽章开业之后才成为业内最出色的人物之一的。和朱塞佩·冈萨雷斯一起度过的时光是非常美妙的。

1½ 盎司安高天娜苦精

½ 盎司黑麦威士忌

1 盎司杏仁糖浆

¾ 盎司新鲜柠檬汁

摇匀后滤入冰过的碟形杯。

21 世纪鸡尾酒

家族：国际酸酒 || 这款酒的配方被收录于塔林撰写的《皇家咖啡馆鸡尾酒手册》（1937 年）一书中，创作者是 C. A. 塔克（C. A. Tuck）。鸡尾酒博士特德·黑格在多年前向我推荐了这款酒，从那以后我就一直制作并饮用它。

在这款令人愉悦的鸡尾酒中，柑橘果汁很好地衬托出了甜利口酒的风味，而真正让我感兴趣的是金酒和巧克力的结合。塔克在创作这款酒之前就设想到了这些风味吗？这一点我们无从知晓，但不管他是怎样想出这个配方的，这款酒都是不容置疑的杰作。下面的原料用量和《皇家咖啡馆鸡尾酒手册》中的原始配方一致。

1½ 盎司金酒

¾ 盎司莉蕾白

¾ 盎司白可可利口酒

¾ 盎司新鲜柠檬汁

摇匀后滤入冰过的鸡尾酒杯。

U.S.S. 旺德里奇

家族：**孤儿** || 由人称“海滩客”的杰夫·贝里（新奥尔良29纬）在2016年创作。贝里告诉我，这款酒是根据第一位在他的酒吧里点雪莉鸡尾酒的客人命名的。当然，这位客人不是别人，正是鸡尾酒历史学家、《饮！》的作者戴维·旺德里奇！

1½ 盎司阿蒙提拉多雪莉酒（Amontillado Sherry）

¾ 盎司甜味美思

¾ 盎司萨布拉巧克力橙子利口酒（Sabra Chocolate-orange Liqueur）

¾ 盎司菠萝汁

1 大滴安高天娜苦精

1 个穿在酒签上的菠萝块，用于装饰

摇匀后滤入冰过的鸡尾酒杯，加装饰。

维斯珀

家族：**法国-意大利（金酒、朗姆酒、荷式金酒、伏特加和特其拉）** || 这款酒是根据伊恩·弗莱明（Ian Fleming）的小说《皇家赌场》（*Casino Royale*）中的人物维斯珀·林德（Vesper Lynd）命名的。詹姆斯·邦

德（James Bond）坚持只点用摇匀方法制作的马天尼，他更喜欢莉蕾白而非味美思，而且他表示用谷物伏特加比用土豆伏特加的效果好。专业调酒师可能会觉得奇怪，为什么会有人想在金酒鸡尾酒里加入伏特加呢？就维斯珀而言，伏特加起到了稀释剂的作用，让金酒的口感更柔和。如果你用的是一款偏柔和的金酒（比如孟买蓝宝石），那么你会发现做出来的维斯珀几乎没有什么特质。最好用一款偏强劲的金酒（比如添加利），否则金酒的特质会被完全掩盖。

2 盎司金酒

1/2 盎司伏特加

1/4 盎司莉蕾白

1 个柠檬皮卷，用于装饰

摇匀后滤入冰过的鸡尾酒杯，加装饰。

老广场

家族：**法国－意大利（威士忌和白兰地）**|| 这款经典鸡尾酒是沃尔特·伯杰龙（Walter Bergeron）在 20 世纪 30 年代发明的。伯杰龙当时是新奥尔良蒙特莱昂酒店（Monteleone Hotel）的首席调酒师。鸡尾酒的名字“Le Vieux Carré”是法语，特指新奥尔良的“法国区”，它的字面意思则是“老广场”。

3/4 盎司黑麦威士忌

3/4 盎司白兰地

3/4 盎司甜味美思

1/4 盎司法国廊酒

1 ～ 2 大滴佩肖苦精

1 ～ 2 大滴安高天娜苦精

在老式杯中加冰直调。

第八区

家族：**简单酸酒** || 政客马丁·M. 洛马斯尼（Martin M. Lomasney）被许多人称为“波士顿圣雄”，又名“第八区沙皇”。这款酒被公认为是 1898 年波士顿洛克奥伯咖啡馆（Locke - Ober Café）为庆祝他竞选州议员成功而创造的。但其实早在竞选结果揭晓之前，这款酒就诞生了。

不出所料，戴维·旺德里奇在《饮！》一书中戳破了这个不实之说——上帝保佑他！旺德里奇引用了 1934 年刊登在《纽约太阳报》（*New York Sun*）上的一封信，表示这款酒是“波士顿资深调酒师”查利·卡特（Charlie Carter）于 1903 年在波士顿普瑞登俱乐部（Puritan Club）发明的，缘由同样是为了庆祝洛马斯尼的一场政治胜利。谈到历史真相，我一如既往地相信旺德里奇。下面的配方来自旺德里奇在《时尚先生》的专栏文章。

2 盎司纯黑麦威士忌

3/4 盎司新鲜橙汁

3/4 盎司新鲜柠檬汁

1 茶匙红石榴糖浆

摇匀后滤入冰过的鸡尾酒杯。

威士奇

家族：**法国-意大利（威士忌和白兰地）** || 2003 年万圣节那天，戴维·旺德里奇在麦克和辛西娅·达皮利克斯·斯威尼夫妇（Mike and Cynthia D'Aprix Sweeney）的家里创作了这款酒。

我认为，看一看旺德里奇创作这款酒的理念会很有意思，下面的笔记能够让我们一窥他在创作时的思维过程。以下内容摘自他为《酒饮》（*Drinks*）杂志 2003 年 12 月刊撰写的文章：

爱尔兰威士忌是那种适合独自美丽的酒类，当它被介绍给自己的同类时，就会变得沉默寡言。不管跟什么东西混合在一起，它几乎都会溜去另一个房间，盯着窗外默然不语。因此，它很少出现在经典鸡尾酒里。我一直都挺喜欢翡翠鸡尾酒的，配方是爱尔兰威士忌、红味美思和橙味苦精（基本上是一款爱尔兰曼哈顿）。它并不坏，尽管味美思的味道盖过了威士忌。如果你把口感浓郁的红味美思换成莉蕾白——低调的金黄色法国餐前酒，那会怎样呢？不知不觉间，这两朵“壁花”已经在那扇窗子前热烈交谈起来了。再加一点君度，让它们更好地融合在一起，成了！如果法国人也酿造威士忌，那么它喝起来就应该是这个味道：优雅、微妙、令人愉悦。所以我们把它叫作“威士奇”（Weeski）——法语里的威士忌就是这么念的，对吗？

2 盎司爱尔兰威士忌（最好是尊美醇 12 年）

1 盎司莉蕾白

1 茶匙君度

2 大滴橙味苦精

1 个柠檬皮卷，用于装饰

搅匀后滤入冰过的鸡尾酒杯，加装饰。

威士忌酸酒

|| 家族：**简单酸酒** ||

2 盎司波本或黑麦威士忌

1 盎司新鲜柠檬汁

½ 盎司单糖浆

1 颗马拉斯奇诺樱桃，用于装饰

半个橙圈，用于装饰

摇匀后滤入冰过的酸酒杯或装有冰块的洛克杯，加装饰。

果冻威士忌酸酒

|| 家族：**果冻酒** ||

2 盎司新鲜柠檬汁

1 盎司单糖浆

1 盎司水

1 包原味明胶（¼ 盎司）

4 盎司威士忌

食用色素（可不加）

将柠檬汁、单糖浆和水倒入小号玻璃量杯，加入明胶。静置 1 分钟，然后用微波炉高火加热 30 秒。充分搅拌，确保明胶完全溶解，然后加入威士忌和食用色素（可不加）。再次充分搅拌，然后将酒液倒入模具。冷藏至少 1 小时，过夜尤佳。

白俄罗斯

家族：**双料和三料** || 这款鸡尾酒诞生于 20 世纪 60 年代中期。在 1998 年上映的影片《谋杀绿脚趾》（*The Big Lebowski*）中，杰夫·布里奇斯（Jeff Bridges）扮演的督爷总共干了 8 杯白俄罗斯（第 9 杯被他摔在了地上），从而让这款酒拥有了不朽的地位。

2 盎司伏特加

1 盎司甘露咖啡利口酒

1 盎司奶油

摇匀后滤入装有冰块的老式杯。

白色行者

家族：**法国－意大利（金酒、朗姆酒、荷式金酒、伏特加和特其拉）**|| 这款酒的配方来自澳大利亚悉尼厄尔酒馆（Earl's Juke Joint）的霍诗萌（Sky Huo）。我在为本书收集素材时，我的好朋友霍诗萌把这个配方发给了我，并且附上了说明："这基本上是一款用银特其拉调制的马丁内斯。杜凌白起到了把银特其拉和樱桃利口酒结合在一起的作用。这款酒很简单，容易制作。但你可以尝试用不同的特其拉或梅斯卡尔作为基酒。"

1½ 盎司唐胡里奥珍藏银标特其拉（Don Julio Blanco Tequila）

⅔ 盎司杜凌白味美思

⅓ 盎司路萨朵樱桃利口酒

1 大滴菲氏兄弟柠檬苦精

1 个柠檬皮卷，作为装饰

搅匀后滤入冰过的酸酒杯或尼克诺拉杯，加装饰。

威廉斯堡

家族：**法国－意大利（威士忌和白兰地）**|| 这款曼哈顿变体是根据克利夫·特拉韦尔［纽约布鲁克林瑟罗纳酒吧（Bar Celona）］的配方改编的。让这款酒越过曼哈顿大桥、成功抵达威廉斯堡的关键是查特酒，而潘脱米和杜凌干味美思的美妙平衡也起到了作用。"我带着红钩鸡尾酒穿过了格林角，把黑麦威士忌换成了波本威士忌，以此向威廉斯堡的潮人文化致敬。" 克利夫·特拉韦尔在把这个配方发给我的时候写道。

2½ 盎司韦勒波本威士忌（W. L. Weller Bourbon）

¾ 盎司潘脱米

¾ 盎司杜凌干味美思

3/4 盎司黄色查特酒

1 个橙皮卷，用于装饰

搅匀后滤入冰过的碟形杯，加装饰。

僵尸

家族：**简单酸酒和提基** || 僵尸是人称“海滩先生”的欧内斯特·雷蒙德·博蒙特·甘特（Ernest Raymond Beaumont Gantt）发明的。他出生于新奥尔良，1933 年创办了自己的好莱坞酒吧——海滩流浪汉（Don's Beachcomber）。很快，其他酒吧开始模仿他的伪波利尼西亚风格装修、食物和鸡尾酒。为了防止其他人剽窃鸡尾酒配方，他把全部原料都倒进带有编号的瓶子里，甚至连调酒师都不知道他的鸡尾酒里有哪些原料。

然而，欧内斯特·雷蒙德·博蒙特·甘特不会想到，80 多年后新奥尔良 29 纬的创始人、外号“海滩客”的杰夫·贝里会施展福尔摩斯般的侦探能力，最终挖掘出了僵尸的原始配方——正是这款酒催生了整个提基运动。至于海滩客是如何找到原始配方的，你可以登录他的个人网站（beachbumberry.com）查看——那是个引人入胜的故事。

海滩客网站上的僵尸配方是这样的：“将 3/4 盎司新鲜青柠汁、1/2 盎司法勒纳姆、1 1/2 盎司波多黎各金朗姆酒（Gold Puerto Rican Rum）、1 1/2 盎司牙买加金或黑朗姆酒、1 盎司 151 柠檬哈特德梅拉拉朗姆酒、1 茶匙红石榴糖浆、6 小滴潘诺、1 大滴安高天娜苦精、1/2 盎司海滩先生混合液（2 份西柚汁兑 1 份肉桂糖浆）混合在一起。将混合好的酒液倒入电动搅拌机，加入 6 盎司（约 3/4 杯）碎冰，高速搅拌不超过 5 秒钟。倒入海滩客贝里僵尸杯或其他高脚杯。加满冰块，以 1 枝薄荷装饰。”

幸运的是，海滩客有一颗仁爱之心，如果这个配方对你来说太复杂了，下面是他在 2007 年创作的简化版配方。

¾ 盎司新鲜青柠汁

1 盎司白西柚汁

½ 盎司肉桂糖浆（配方见下文）

½ 盎司 151 波多黎各金朗姆酒（比如百加得或 Q 先生）

1 盎司牙买加黑朗姆酒

1 枝薄荷，用于装饰

加冰块充分摇匀。无须使用过滤器，直接倒入高脚杯。如有需要再加满冰，然后加装饰。

肉桂糖浆

3 根压碎的肉桂棒

1 茶杯水

1 茶杯砂糖

将肉桂棒、水和糖放入平底不粘锅。煮沸后转小火，盖上锅盖，小火煨 2 分钟。关火，静置 2 小时。用湿润的双层粗棉布过滤。将糖浆倒入瓶中，冷藏储存。

表格与图表

量滴——1打兰[1]或1茶匙等于60量滴，1甜点勺等于120量滴，1汤匙等于240量滴，1盎司等于480量滴，1葡萄酒杯等于960量滴，1茶杯或1及耳等于1920量滴，1早餐杯或1平底玻璃杯等于3840量滴，1品脱等于7680量滴，1夸脱等于15 360量滴，1加仑等于61 440量滴，1桶等于2 935 360量滴，1猪头桶[2]等于3 970 720量滴。1量滴的重量相当于0.9493克。1量滴相当于1小滴。

——凯勒·雷诺兹（Cuyler Reynolds），《宴会手册》（*The Banquet Book*），1902年

酒瓶容量

375毫升：标准烈酒或葡萄酒瓶的一半

750毫升：标准烈酒或葡萄酒瓶

马格南瓶（Magnum）：1.5升

双重马格南瓶（Double Magnum）：3升

耶罗波安瓶（Jeroboam）：3升

罗波安瓶（Rehoboam）：4.5升

帝国瓶（Imperial）：6升

① 打兰，英制重量计量单位，1打兰≈1.77克。——译者注

② 猪头桶，一种用于存放威士忌的橡木桶。——译者注

玛士撒拉瓶（Methuselah）：6升

亚述王瓶（Salmanazar）：8～9升

巴萨泽瓶（Balthazar）：12.3升

尼布甲尼撒瓶（Nebuchadnezzar）：15.4升

新鲜水果出汁量

下面的出汁量来自我长达5年对榨汁的计量。我计算了每类水果榨出的果汁量，最终得出了平均值。

1个西柚能榨出6盎司果汁

1个柠檬能榨出1½盎司果汁

1个青柠能榨出1盎司果汁

1个橙子能榨出2½～3盎司果汁

液体计量单位换算

“及耳”这个词的含义让很多人都搞不清，我认为这源于英国和美国对“品脱”的不同定义。尽管英制和美制液体盎司略有不同（英制比美制多含4%盎司），但公认的算法是1英制品脱等于20盎司、1美制品脱等于16盎司——盎司分量的不同忽略不计。

及耳从某种程度上来说是一种晦涩难懂的计量单位，通常相当于1品脱的¼。所以，1及耳在英国等于5盎司，在美国等于4盎司。

酒吧行话	美制	英制	公制
1谱尼	1盎司	1.04盎司	2.96厘升
1基格	1.5盎司	1.56盎司	4.44厘升
1及耳	4盎司	5盎司	14.19厘升

美制	英制	公制
1 盎司	1.04 盎司	2.96 厘升
1.5 盎司	1.56 盎司	4.44 厘升
1 品脱	0.83 品脱	47.32 厘升
1 加仑	0.83 加仑	3.79 升

英制	美制	公制
1 盎司	0.961 盎司	2.841 厘升
1 品脱	1.201 品脱	56.825 厘升
1 加仑	1.201 加仑	4.546 升

公制	美制	英制
1 升	33.82 盎司	35.195 盎司
750 毫升	25.36 盎司	26.396 盎司
1 毫升	0.034 盎司	0.035 盎司
1 厘升	0.338 盎司	0.352 盎司

一瓶酒可以倒多少杯一口饮

酒瓶容量	一口饮分量	一口饮数量
750 毫升	1 盎司	25.36 杯
750 毫升	$1\frac{1}{4}$ 盎司	20.29 杯
750 毫升	$1\frac{1}{2}$ 盎司	16.91 杯
750 毫升	2 盎司	12.68 杯
750 毫升	$2\frac{1}{2}$ 盎司	10.14 杯
1 升	1 盎司	33.82 杯
1 升	$1\frac{1}{4}$ 盎司	27.01 杯
1 升	$1\frac{1}{2}$ 盎司	22.55 杯
1 升	2 盎司	16.91 杯
1 升	$2\frac{1}{2}$ 盎司	13.53 杯

一瓶酒里含多少酒精

令人欣慰的是，大多数酒类生产商已经摈弃用“酒精单位”(Proof)来作为酒精含量的标示，转而使用“ABV”（Alcohol by Volume），也就是以体积百分比表示的酒精浓度，简称“度”。因此，按体积计算，一瓶40度的烈酒含有40%的纯酒精（不能按重量计算，否则会令人非常费解）。

英国曾经用英制酒度来表示酒精度，但现在改为使用国际法制计量组织（IOLM）制定的欧制酒度。欧制酒度于1980年在欧盟国家正式推行，它实际上跟以前欧洲大陆通用的盖-吕萨克酒度是一样的。使用欧制酒度或盖-吕萨克酒度基本上跟按体积计算的酒精度是一样的，只不过它们的数字用“度”来表示，而非百分比。

酒精度	美国酒精单位	欧制酒度
40%	80°	40°
43%	86°	43°
50%	100°	50°

词汇表

苦艾酒：一种茴香味明显的高酒精度烈酒。1912年，美国宣布苦艾酒为违禁品，因为它在酿造过程中使用的苦艾被认为对人体有害。

杏味利口酒：一种产自法国的杏子利口酒。

蛋黄利口酒：一种以白兰地为基酒的利口酒，原料包括鸡蛋、香草和其他各种调味料。

陈年烈酒：带有酒龄标示、在木桶中陈年的时间跟酒龄标示相符的烈酒。瓶中可以含有陈年时间比酒龄标示更久的酒液，但不得含有陈年时间低于酒龄标示的酒液。

蒸馏烈酒陈年：有些烈酒（比如威士忌、陈酿白兰地或陈酿朗姆酒）在装瓶前必须在橡木桶中陈贮一段时间。在陈年过程中，同源物（也就是烈酒中的杂质）会氧化形成酸类物质，并跟其他同源物发生反应，产生口感令人愉悦的酯类。酒精与橡木充分接触，还可萃取出香草素、木糖、单宁和色素。

艾尔啤酒：一种采用顶层发酵酵母酿造的啤酒。艾尔啤酒的子类别包括琥珀艾尔、大麦酒、印度淡艾尔、兰比克、波特、世涛和小麦啤酒。

爱丽鲜蓝牌：一个来自法国的热情果味利口酒品牌。

爱丽鲜红牌：一个来自法国的热情果和蔓越莓味利口酒品牌。

杏仁利口酒：一种杏仁味利口酒，通常产自意大利。帝萨诺是这一类利口酒的代表性品牌，但我在撰写本书时，帝萨诺公司正在考虑将"杏仁利口酒"一词从酒标上去掉，这会让它变得和君度一样：以后的人可能不会意识到帝萨诺是杏仁利口酒，就像如今没有人意识到君度其实是一种白橙皮利口酒。

亚玛匹康：一种很难买到的法国餐前酒，带有橙味和少许药草的苦味。

美国白兰地：主要产自美国西海岸，通常以葡萄发酵汁蒸馏而成。平价产品有可能会太甜，但有些新近出现的手工美国白兰地称得上世界一流。美国白兰地对葡萄原料的品种并无限制，所以有些使用传统法式阿兰比克蒸馏器的酒厂以霞多丽、白诗南、莫尼耶、莫斯卡托和黑皮诺等葡萄品种为原料，酿造出了很棒的陈年白兰地。

茴香酒：一种茴香味利口酒。

餐前酒：用来促进食欲的饮品。

苹果杰克：一种美国特产，目前只有新泽西州的莱尔德在酿造，原料包括蒸馏西打、中性烈酒和"苹果酒"（以硬西打和苹果白兰地酿造而成）。我希望在美国的每个吧台后都能看到苹果杰克——它是一种用途很广的烈酒，能够成为调酒师的好帮手。

杏味白兰地：一种产自法国的杏子味利口酒。

阿普瑞（Apry）：一个来自法国的杏子味利口酒品牌。

烈酒（Ardent Spirits）：①这个词源自拉丁语中的“Adere”（意为“燃烧”），用来形容最早的蒸馏烈酒，因为它们可以被点燃。“Spirit”一词很可能指的是液体在蒸馏过程中产生的蒸汽。②一份免费订阅的电邮简报，只需将你的电子邮箱发送至 gary@ardentspirits.com 即可。

雅文邑：一种以发酵葡萄汁蒸馏而成的白兰地，只能在法国加斯科涅地区生产。雅文邑以白玉霓（又称圣埃美隆）、鸽笼白和（或）白福尔葡萄为原料，而且传统上以蒙勒赞橡木桶陈年，尽管这一做法正在衰落。与干邑一样，很多雅文邑的陈年时间都比法律规定的长。下面的标准是在 1994 年制订的：3 星，3 年；V.O.，5 年；V.S.O.P.，5 年；珍藏，5 年；特选，6 年；拿破仑，6 年；X.O.，6 年；陈年珍藏，6 年；超龄，10 年。

加香葡萄酒：以植物原料（比如草本和香料）调味且加入少量白兰地来提高酒精度的葡萄酒。

奥鲁姆（Aurum）：一个来自意大利的橙味利口酒品牌。

B & B：一个以法国廊酒和干邑为原料的预调酒品牌。

百利甜酒：一种以爱尔兰威士忌和奶油为原料的利口酒。

啤酒：一种以发酵谷物酿造的饮品，可以分为两大类：艾尔啤酒和拉格啤酒。

法国廊酒：一种法国草本利口酒，配方由本笃会修道士伯纳多·温切利（Bernardo Vincelli）在 1510 年发明。

苦味酒（苦精）：①一种用各种植物原料浸泡而成的高烈度苦酒，不可直接饮用，但可用来给鸡尾酒增强风味。②一种可直接饮用的烈酒，主要产自意大利，在当地被称为“阿玛罗”，以苦的植物原料调味，有时还会添加水果和其他调味原料。金巴利和雅凡娜是两个很好的例子。比较一下这两者，你会发现苦味酒的风格是多么多元化。美国烟酒火器和爆炸物管理局并没有为可食用苦味酒设立单独的类别，所以它们通常被归类为利口酒。

黑莓白兰地：一种黑莓味利口酒。

蓝橙皮利口酒：一种蓝色橙味利口酒。它跟白橙皮利口酒很相似，但通常会更甜。

植物原料：一系列调味原料，包括各种树皮、水果、草本植物、香料和其他许多原料。比如，杜松子是一种用来给金酒调味的植物原料，而橙皮是用来给君度调味的原料。

波本威士忌：产自美国、以谷物发酵醪液酿造的威士忌。玉米在谷物发酵醪液中的含量不得低于 51%，同时又不得高于 79%。波本威士忌必须在炙烤过的全新橡木桶中陈年至少 2 年，装瓶时陈年时间低于 4 年的波本威士忌必须在酒标上注明酒龄。

白兰地：以水果发酵醪液蒸馏而成的烈酒。我们对白兰地的第一印象通常是葡萄烈酒，但并非所有白兰地都以葡萄为原料。可参考美国白兰地、雅文邑、赫雷斯白兰地、干邑、生命之水、格拉帕和玛克词条。

赫雷斯白兰地：产自西班牙赫雷斯地区的陈年葡萄白兰地。它采用索雷拉陈年系统：木桶摆成金字塔形，年份新的酒液被不断加入年份更老的酒液中。最上层的一排木桶装着刚蒸馏出来的新酒，最下层的一排木桶装着年份最老的白兰地，中间的一排排木桶则按照年份高低从下到上排列。爱人或帕洛米诺葡萄是最常见的赫雷斯白兰地原料，它比其他大多数葡萄白兰地都甜。赫雷斯白兰地酒标上的标示代表着不同的陈酿时间：“索雷拉”代表1年左右，“珍藏索雷拉”代表在橡木桶中陈年24个月左右，而“特选珍藏索雷拉”代表7年以上。

卡尔瓦多斯：一种以发酵苹果汁蒸馏而成的烈酒，原料中通常还含有一小部分梨子。产自法国诺曼底卡尔瓦多斯地区，以橡木桶陈年。

金巴利：一种可直接饮用的意大利苦味酒。

加拿大调和型威士忌：许多人误以为加拿大威士忌就是黑麦威士忌，但事实并非如此，除非酒标上有“黑麦威士忌”字样。绝大多数加拿大调和型威士忌以玉米为原料，在连续蒸馏器中蒸馏，然后陈年后跟中性谷物威士忌调和在一起。最后的成品中通常会加入调味剂。波本威士忌、干邑、朗姆酒和雪莉酒都被酒厂拿来给加拿大威士忌调味，甚至连被叫作“李子酒”的产品都可以成为添加剂。根据法律规定，酒厂可以在自己的产品中添加9.09%的调味剂，但在实际操作中，添加的分量要少得多。

香博：一种产自法国的黑覆盆子味利口酒。

香槟：产自法国东北部香槟地区的法国起泡葡萄酒。尽管美国生产的起泡葡萄酒有时也会标为“香槟”，但它们是不被资深酒饮爱好者所认可的。

木炭过滤：在大多数情况下，这个词指的是用活性炭过滤。许多烈酒都会在陈年后进行这一步骤，以去除酒中的杂质——在低温的情况下，这些杂质会让酒液变混浊（不要把这个工艺跟田纳西威士忌酿造过程中的木炭过滤搞混了）。过滤的问题在于被去除的杂质含有大量风味，而如果酒液在过滤前经过冷却，被去除的杂质就更多了。替代办法是以高酒精度将烈酒装瓶（大概50°），因为这样烈酒就不会轻易变混浊了。

查特酒：一种产自法国的草本利口酒，据说是一群加尔都西会修道士在1737年发明的，但它的配方据说早在1605年就诞生了。查特酒分为绿色和黄色两种。1838年推出的黄色查特酒甜度更高。

瑞士甜心（Cheri Suisse）：一个瑞士巧克力樱桃味利口酒品牌。

樱桃白兰地：一种樱桃味利口酒。

荷润樱桃利口酒：一个丹麦樱桃味利口酒品牌。

惬曼怡（Cherry Marnier）：产自法国，以干邑为基酒的樱桃味利口酒。

干邑：产自法国干邑区的陈年葡萄烈酒。干邑必须以至少90%的白玉霓（又称圣埃美隆）、白福尔或鸽笼白葡萄为原料，且通常以利穆赞橡木桶陈年。许多干邑的陈年时间都比法律规定的长，酒标上的分级必须符合以下陈年时间规定：V.S.（Very Special），2.5年；V.S.O.P.（Very Special Old Pale），4.5年；V.O.（Very Old），4.5年；珍藏，4.5年；X.O.（Extra Old），6年；拿破仑6年。

君度：一个产自法国的白橙皮利口酒品牌，强烈推荐。

连续蒸馏器：一种由埃尼亚斯·科菲（Aeneas Coffey）拥有专利的蒸馏器，诞生于1860年前后，有时也被称为科菲蒸馏器、柱式蒸馏器或专利蒸馏器。这种蒸馏器包含一系列多孔金属板；发酵醪液从蒸馏器顶部进入，蒸汽则从底部进入。蒸汽会带走醪液里的酒精，而含有酒精的蒸汽在顶部被收集起来。在连续蒸馏器中进行单次蒸馏就有可能得到酒精度高达 96° 左右的烈酒。法国在 18 世纪晚期就出现过类似的蒸馏器。

甜香酒：一种经过增甜和调味的低酒精度饮品，通常被用来指利口酒。

玉米威士忌：以谷物发酵醪液蒸馏而成的烈酒，其中玉米必须至少占醪液的 80%。如果要进行陈年，必须使用旧木桶。

菠萝利口酒：一种菠萝味利口酒。

香蕉利口酒：一种香蕉味利口酒。

可可利口酒：一种巧克力味利口酒，分为白可可和黑可可两种。

黑加仑利口酒：一种黑加仑味利口酒。

薄荷利口酒：一种薄荷味利口酒，分为绿薄荷和白薄荷两种。

伊维特利口酒：一个已停产的紫罗兰利口酒品牌。在我撰写本书时，紫罗兰利口酒还可以在 www.sallyclarke.com 网站上买到。

43 利口酒：一种香草味明显的西班牙草本利口酒。

橙味利口酒：一种类似白橙皮利口酒的橙味利口酒，但通常甜度更高。橙味利口酒有不同的颜色，但尝起来都是橙味的。

但斯克金箔酒：一款产自德国的茴香和葛缕子味利口酒，酒里加了金箔。

餐后酒：可帮助消化的酒饮，比如德宝利口酒。

蒸馏：据我们所知，食用酒精蒸馏的历史可以追溯到 1050 年—1150 年，而且很有可能是在意大利萨勒诺大学发生的。“Distillation”（蒸馏）一词源自拉丁语中的“Dis”或“Des”（意为“分离”）和“Stilla”（意为“滴”）。因此，从字面意思上看，它的含义是“一滴一滴地分离”。就蒸馏烈酒而言，目标是通过加热让酒精和水分离。食用酒精在接近 173 ℉的温度下就会开始挥发，而水转化为蒸汽的温度节点是 212 ℉。因此，如果含有水和酒精的液体被加热到酒精的沸点之上、水的沸点之下，那么得到的蒸汽就可以被冷凝成酒精度更高的液体。

蒸馏烈酒：以可食用农产品的发酵醪液蒸馏而成的饮品，比如谷物、水果或蔬菜。装瓶酒精度不得低于 40° 。

杜林标：一款以苏格兰威士忌为基酒、以蜂蜜调味的草本利口酒。“Drambuie”（杜林标）一词源自盖尔语中的“An Dram Buidheach”，意为“令人满足的酒”。

杜本内：一款类似味美思的加香葡萄酒，分为红和白两种。

生命之水（Eau-de-Vie）：法语通用术语，可以用来指所有的未陈年水果白兰地。

发酵：指酵母吞噬糖分并产生二氧化碳、热量和酒精的过程。对以水果为原料的烈酒（比如白兰地）而言，这个过程很容易——水果含有大量糖分，利于发酵。但对以谷物为原料的烈酒（比如威士忌）而言，发酵有点困难。不过，谷物含有淀粉，而淀粉是糖分的复杂形式，它们可以被分解，产生可发酵糖分。

禁果：一个以白兰地为基酒的德国水果味利口酒品牌，很难买到。

加强型葡萄酒：通过添加白兰地来提高酒精度的葡萄酒，比如马德拉、波特酒或雪莉酒。

覆盆子酒（Framboise）：①以覆盆子发酵汁为原料的生命之水；②覆盆子味利口酒。

榛实：一个意大利榛子味利口酒品牌。

加利安奴：一个带有橙味的香草和草本意大利利口酒品牌。

金酒：一种以谷物发酵醪液蒸馏而成、以各种植物原料调味的烈酒，其中杜松子是主要的植物原料。不过，我必须指出，如今市面上某些金酒的风味并非以杜松子为主导。这些金酒似乎很受欢迎，而这种试验性做法也让一部分伏特加爱好者转而爱上了金酒。

伦敦干金酒并不一定产自伦敦——这个词被用来形容一种干风格的金酒。与此同时，普利茅斯金酒则必须在英格兰普利茅斯生产，尽管它的特质跟伦敦干金酒有相似之处。老汤姆金酒是一种稍微增甜过的金酒，从19世纪下半叶一直到1920年禁酒令颁布前夕都非常流行，近年来它经历了一波复兴。产自荷兰的荷式金酒大都甜度颇高，但有些产品的风格类似伏特加爱好者喜欢的杜松子味不强烈的金酒。

格雷瓦：一个以苏格兰威士忌为基酒的草本和蜂蜜味利口酒品牌。

柑曼怡：一个以陈年干邑为基酒的法国橙味利口酒品牌，其旗下有3款产品——常规款柑曼怡；以10年陈干邑为基酒的柑曼怡100周年；以X.O.干邑为基酒的柑曼怡150周年。

格拉帕：一种以葡萄果渣（葡萄酒酿造过程的残留物）发酵醪液蒸馏而成的意大利生命之水。

爱尔兰之雾：一款以爱尔兰威士忌为基酒、以草本和蜂蜜调味的利口酒。

爱尔兰威士忌：一种以谷物发酵醪液蒸馏而成、在木桶中陈年了至少3年的爱尔兰烈酒。有些以壶式蒸馏器蒸馏的单一麦芽爱尔兰威士忌品质出色，且产量在不断增长，但大部分爱尔兰威士忌是调和型的。拥有众多大品牌的爱尔兰蒸馏公司有个规定，不管是调和型还是单一麦芽威士忌，它出品的所有威士忌都必须至少陈年5年才能装瓶。我打赌独立爱尔兰威士忌生产商也是这么做的。

爱尔兰威士忌和苏格兰威士忌的一大差异在于爱尔兰人很少用泥煤来烘干麦芽；另一个差异是爱尔兰威士忌生产商通常会对威士忌进行3次蒸馏，而苏格兰威士忌一般只蒸馏2次。关于三重蒸馏的优点，我已经听过很多次，但其中的道理似乎永远讲不通。如果可以通过相当容易操作的双重蒸馏来达到自己想要的酒精度，为什么还要再蒸馏一次呢？

衣扎拉：一个产自法国巴斯克地区、以白兰地为基酒的草本利口酒。和查特酒一样，衣扎拉分为黄色和绿色两种。

野格：一个德国草本利口酒品牌，味道有点像药。

甘露：一个墨西哥咖啡味利口酒品牌。

基尔希：有时被称为樱桃酒；一种以发酵樱桃汁为原料的生命之水。

葛缕子利口酒：一种葛缕子味明显的草本利口酒，通常产自荷兰或德国。

拉格啤酒：一种采用底层发酵酵母酿造的啤酒。拉格啤酒的子类别包括皮尔森、维也纳拉格和博克。

柠檬利口酒：一种以柠檬皮调味的意大利利口酒。本书第254页收录了一个很棒的自制柠檬利口酒配方。我喝过的最好的柠檬利口酒品牌是马萨（Massa）和焦里（Giori），其他很多品牌都甜过头了。

利口酒：一种经过增甜和调味的低酒精度饮品，有时被称为甜香酒。

马德拉：产自于马德拉岛的加强型葡萄酒。

马利宝：一个以朗姆酒为基酒、以椰子调味的利口酒品牌。

曼达瑞拿破仑：一个以干邑为基酒、以橘子调味的法国利口酒品牌。

樱桃利口酒：一种以源自达尔马提亚的整颗马拉斯奇诺樱桃调味的欧洲利口酒。

玛克：以葡萄果渣（葡萄酒酿造过程的残留物）发酵醪液蒸馏而成的法国生命之水。

醪液：一种由水果、果汁、谷物、蔬菜、糖类或其他任何可食用原料组成的“汤”，添加酵母后即开始发酵，从而产生酒精。

迈夏尔：很多人都以为迈夏尔是白兰地，其实它是以希腊白兰地和陈年莫斯卡特葡萄酒混合而成的，还加入了一系列配方保密的植物原料，并以橡木桶陈年。

梅斯卡尔：以龙舌兰发酵醪液蒸馏而成的墨西哥烈酒。梅斯卡尔和特其拉的关系就像白兰地和干邑——所有特其拉都是梅斯卡尔的一种，但并非所有梅斯卡尔都能被称为特其拉。

蜜多丽：一个蜜瓜味利口酒品牌。

中性谷物烈酒：以任何谷物的发酵醪液蒸馏而成的高酒精度烈酒，本质上是未经陈年的高酒精度伏特加。中性谷物烈酒可以用于酿造金酒，有时也被稀释成伏特加。它在酿酒行业还有许多用途，尤其是在需要从原料中萃取风味的时候，比如酿造利口酒。

中性谷物威士忌：一种以谷物蒸馏而成、蒸馏后几乎不含杂质的高酒精度烈酒，风味清淡，即使在陈年后也是如此。调和型威士忌就是用中性谷物威士忌和其他风味浓郁的烈酒调和而成的。调和型威士忌瓶身上标示的年份指的是中性谷物威士忌或其他酒液的陈年年数（按年份最低的酒液标示）。

乌佐：一种产自希腊的茴香味利口酒。

桃子白兰地（Peach Brandy）：一种桃子味利口酒。

桃子西纳普（Peach Schnapps）：一种桃子味利口酒，通常比桃子白兰地干。

泥煤味：某些苏格兰威士忌散发出的烟熏味，来自以泥煤烘干的大麦。

薄荷西纳普：一种薄荷味利口酒，通常比薄荷利口酒干。

皮斯科白兰地：一种秘鲁葡萄白兰地，在其他南美国家也有酿造。皮斯科仅在陶土容器中陈年数月，更像是生命之水，而非陈年白兰地。

波特酒：一种产自葡萄牙杜罗区的葡萄牙加强型葡萄酒。其他国家也生产被标示为“波特酒”的加强型葡萄酒。尽管这种做法在过去饱受讥讽，但如今市场上出现了一些不错的产品，而这一做法也逐渐得到人们的认可。

壶式蒸馏器：壶式蒸馏器有许多不同的风格；大多数人会联想到苏格兰或爱尔兰壶式蒸馏器——一种造型优美、底部圆胖、洋葱形的铜质容器，上部是长长的优雅天鹅颈。法国人也有非常优雅的壶式蒸馏器，叫作阿兰比克（Alembiques）。这种蒸馏器设计复杂，即将被蒸馏的葡萄醪液装在罐体里，由正在蒸馏中的葡萄醪液散发的蒸汽加热，从而充分利用热量。不过，壶式蒸馏器比柱式蒸馏器更为耗时费力。它们需要至少 2 次蒸馏才能达到足够的酒精度，但蒸馏出来的烈酒会带有所用蒸馏器的独有特质。

壶式蒸馏：你会在某些烈酒瓶身看到这个词，特别是爱尔兰威士忌。它指的是蒸馏方式，而非使用的谷物种类。壶式蒸馏不代表一定是单一麦芽。

洛克黑麦：一种以威士忌为基酒、以果汁和苦薄荷调味的利口酒。

朗姆酒：以发酵糖蜜或甘蔗汁蒸馏而成的烈酒。朗姆酒几乎不可能被定义，因为许多国家都在生产它，而每个国家都有自己的相关法规。朗姆酒可分为黑朗姆酒、棕朗姆酒、陈年朗姆酒和淡朗姆酒（也叫白朗姆酒）。大部分朗姆酒都采用柱式蒸馏，但也有一些是壶式蒸馏。市面上有很多非常棒的朗姆酒，适合用来纯饮。几乎所有朗姆酒都可以用来调制鸡尾酒，当然，只要你记住朗姆酒的品质越高，调出来的鸡尾酒和混合饮品就越出色。

黑麦威士忌：尽管黑麦威士忌在任何地方都能合法生产，但在我撰写本书时，这个词特指产自美国、以含有至少51%黑麦的谷物发酵醪液酿造的烈酒。美国生产的纯黑麦威士忌必须在炙烤过的全新橡木桶中陈年至少2年。如果装瓶前陈年时间不满4年，瓶身必须标明年份。很多人都把加拿大调和型威士忌叫作黑麦威士忌，这一习惯是从禁酒令颁布后开始的，因为那时美国威士忌库存耗尽，许多走私货都来自美国北边的邻居——加拿大，而他们当时在酿造威士忌时会加入大量黑麦。

桑布卡：一种意大利茴香味利口酒，分为白标和黑标两种。黑标桑布卡带有柠檬味。

苏格兰威士忌（调和型）：产自苏格兰、以单一麦芽苏格兰威士忌和中性谷物威士忌调和而成并陈年至少3年的威士忌。较昂贵的品牌的单一麦芽威士忌含量通常比廉价品牌更高。

苏格兰威士忌（单一麦芽）：产自苏格兰、以发芽大麦的发酵醪液蒸馏而成的威士忌，且发芽大麦通常是以泥煤来烘干的。单一麦芽苏格兰威士忌必须陈年至少3年，且必须由单一酒厂酿造。单一麦芽苏格兰威士忌在苏格兰不同地区都有生产。不同产区的威士忌有着属于自己的特色，一部分原因是威士忌陈年仓库所在地的气候，另外还有各种个体因素的影响，比如蒸馏器的高度和制麦过程中用泥煤烘干大麦的时间长短。

传统而言，单一麦芽苏格兰威士忌产区根据不同地区的风格分为5个（以下对各产区酿造的威士忌特质的描述是非常笼统的概括）。艾莱半岛：艾莱半岛是靠近苏格兰西岸的一座小岛，这里生产的威士忌通常带有泥煤、海带、碘酒和药物特质。苏格兰低地：位于苏格兰南部，出产的威士忌通常风格更为清淡，而且口感比其他所有产区都更“纯净”一些。坎贝尔敦：这座位于苏格兰西岸的小镇因带有海水和少许泥煤及碘酒特质的威士忌而知名。苏格兰高地：位于苏格兰北部，通常出产清新、带石楠花香、酒体中等的威士忌。不过，这里是单一麦芽苏格兰威士忌的主要产地，所以不同高地酒厂的风格可能大不相同，而且并非都符合上面的描述。斯佩赛德：斯佩赛德其实是高地的子产区，坐拥50多家酒厂，其中每一家都有自己的风格。尽管酒体轻盈、中等和丰满的威士忌都能在斯佩赛德找到，但它们大都复杂圆润，且带有少许泥煤味。

苏格兰威士忌（调和麦芽）：调和麦芽苏格兰威士忌由产自不同酒厂的单一麦芽苏格兰威士忌调和而成。在美国，它通常被标示为“纯麦威士忌”。

雪莉酒：一种产自西班牙赫雷斯地区的加强型葡萄酒。

单桶威士忌：来自一个特定木桶的威士忌。调和师或蒸馏师认为这个木桶里的威士忌已经足够好，无须跟来自其他木桶的威士忌混合在一起。

单一麦芽美国威士忌：如今市面上出现了多个单一麦芽美国威士忌品牌，我相信未来一定会出现佼佼者。酿造这一类威士忌的蒸馏师——代表人物是加利福尼亚州圣乔治酒厂的约尔格·鲁普夫（Jorg Rupf）和俄勒冈州克利尔溪酒厂的史蒂夫·麦卡锡（Steve McCarthy）——都拥有非常高超的技艺，所以不妨留意一下他们的新产品。

黑刺李金酒：一种以黑刺李调味的利口酒，有时会将金酒作为基酒，尽管这种情况非常少见。

小批量：许多烈酒公司都用这个词来形容自己旗下的高端产品。每个公司对“小批量”都有着自己的定义。尽管你可能会以为带有这个标签的烈酒是小批量生产的，但情况并非总是如此。比如，它可能指来自一小批木桶的威士忌。我还没见过酒厂把“小批量”这个词用在自己的低端产品上，但就个人而言，我更相信酒龄标示。

金馥：一个果味利口酒品牌。

起泡葡萄酒：通过二次发酵来产生气泡的葡萄酒，比如香槟或普罗塞克。

草莓白兰地：一种草莓味利口酒。

金女巫（Strega）：一个意大利草本利口酒品牌。“Strega”在意大利语中是“女巫”的意思。

田纳西威士忌：一种产自田纳西、以谷物发酵醪液蒸馏而成的烈酒。蒸馏出来的新酒必须先在装有糖枫木炭的大型罐体中过滤，然后以炙烤过的全新橡木桶陈年。木炭过滤能够带来一种波本和纯黑麦威士忌所没有的烟熏甜味。

特其拉：一种在墨西哥法定产区酿造、以蒸煮过的韦伯龙舌兰（又称蓝色龙舌兰）发酵醪液蒸馏而成的烈酒。大多数特其拉属于混合型，也就是说，原料中的蓝色龙舌兰只占51%，其他则是某种形式的糖分。

完全以蓝色龙舌兰为原料的特其拉叫作“百分百蓝色龙舌兰特其拉”，并且会在瓶身上注明。这一类特其拉的品质是最高的，有些适合作为餐后酒，在室温下纯饮。银特其拉或白特其拉未经陈年，带有植物和辣椒的鲜明特质，我非常喜欢特其拉的这种特质。按照法规，金特其拉必须含有一小部分微酿特其拉，但具体的量并无规定。按照法规，微酿特其拉必须以橡木桶（通常是旧波本桶）陈年至少两个月。它们的风味比银特其拉复杂，而且许多都可以用来调制混合饮品，尤其是以百分百蓝色龙舌兰为原料的。根据法规，陈酿特其拉必须在橡木桶中陈年至少一年。这一类特其拉属于品鉴型，尤其是以百分百蓝色龙舌兰为原料的。不过，尽管它们的口感令人愉悦，但就像陈年金酒一样，大部分失去了美妙的植物特质。唐胡里奥和马蹄铁是两个例外，即使陈年之后，它们也保留了这种特质。特级陈酿特其拉必须在木桶中陈年一年以上，而年份通常会在酒标上注明。

添万利：一款以朗姆酒为基酒的牙买加咖啡味利口酒。

白橙皮利口酒：一种橙味利口酒的统称。许多品牌都甜度颇高、酒精度低。市面上最好的品牌是君度和伟大凡·高（Van Gogh O’Magnifique）：它们的酒精度都是40°，口感干且复杂，是调酒的完美之选。

图阿卡：一个意大利草本味利口酒品牌，带有明显的橙子和香草味。

乌斯克博（Usquebaugh，也作 Uisga Beatha）：盖尔语，意为“生命之水”。后被英语化为“Whiskey”（威士忌）一词。

味美思：一种用少量白兰地来稍微提高酒精度的加香型葡萄酒，分为甜（红）和干（白）两种。（前者又叫意大利味美思，后者又叫法国味美思。）

年份烈酒：在某一特定年份蒸馏并特别注明的烈酒。年份烈酒跟其他陈年烈酒的区别在于后者标有酒龄，但没有标年份，因为它们可能含有一部分蒸馏时间早于酒龄的酒液。

伏特加：几乎所有的植物都可以蒸馏成伏特加，但大部分伏特加以谷物为原料。另外，土豆伏特加也颇为常见。其他伏特加——有些以甜菜根或糖蜜为原料——更为廉价，而这些伏特加的生产商也几乎从不对原料进行宣传。根据美国法规，伏特加不应带有明显风味，但是，如果你在室温下平行品鉴多款伏特加，会很容易品尝出不同品牌之间的细微差异。不过，对绝大部分混合饮品而言，要分辨出酒里用了哪款伏特加基本上是不可能的。

伏特加（调味）：如今市面上有许多调味伏特加，而且新品也会定期上市。这些伏特加非常适合用来创作新鸡尾酒配方。

威士忌：以谷物发酵醪液蒸馏而成的烈酒。英文中的威士忌有两种拼法——“Whiskey”和“Whisky”。爱尔兰或美国威士忌通常会采用“Whiskey”一词，而苏格兰和加拿大威士忌通常会采用“Whisky”一词。

过桶：有些威士忌会先在一个木桶中陈年一段时间（比如 12 个月），然后转到另一个木桶中进行“过桶”，时间通常为 6 ~ 18 个月。威士忌在第二个木桶中的陈年时间通常由蒸馏师决定。他会定期对威士忌进行采样品尝，直到他认为威士忌达到了最佳状态。过桶通常在之前陈年过雪莉酒、马德拉酒或波特酒的木桶中进行，每一种木桶都能为最后的威士忌成品带来独特的微妙特质。

参考文献

书籍

ABC of Cocktails, The. New York: Peter Pauper Press, 1953.
Ade, George. *The Old-Time Saloon*. New York: Old Town Books, 1993.
Amis, Kingsley. *Kingsley Amis on Drink*. New York: Harcourt Brace Jovanovich, 1973.
Angostura Bitters Complete Mixing Guide. New York: J. W. Wupperman, 1913.
Anthology of Cocktails Together with Selected Observations by a Distinguished Gathering and Diverse Thoughts for Great Occasions, An. London: Booth's Distilleries, n.d.
Anthony, Norman, and O. Soglow. *The Drunk's Blue Book*. New York: Frederick A. Stokes, 1933.
Armstrong, John. *VIP's All New Bar Guide*. Greenwich, CT: Fawcett Publications, 1960.
Arthur, Stanley Clisby. *Famous New Orleans Drinks & How to Mix 'em*. 1937. Reprint, Gretna, LA: Pelican Publishing, 1989.
Asbury, Herbert. *The Barbary Coast: An Informal History of the San Francisco Underworld*. New York: Garden City Publishing, 1933.
———. *The French Quarter: An Informal History of the New Orleans Underworld*. New York: Garden City Publishing, 1938.
———. *The Gangs of New York*. New York: Thunder's Mouth Press, 2001.
———. *The Great Illusion: An Informal History of Prohibition*. New York: Doubleday, 1950; New York: Greenwood Press, 1968.
Baker, Charles H., Jr. *The Gentleman's Companion: An Exotic Drinking Book*. New York: Crown Publishers, 1946.
———. *The South American Gentleman's Companion*. New York: Crown Publishers, 1951.
Barr, Andrew. *Drink*. London: Bantam Press, 1995.
———. *Drink: A Social History of America*. New York: Carroll & Graf Publishers, 1999.
Barrett, E. R. *The Truth About Intoxicating Drinks*. London: Ideal Publishing, 1899.
Batterberry, Michael, and Ariane Batterberry. *On the Town in New York*. New York: Routledge, 1999.
Bayley, Stephen. *Gin*. England: Balding & Mansell, 1994.
Beebe, Lucius. *The Stork Club Bar Book*. New York: Rinehart, 1946.
Behr, Edward. *Prohibition: Thirteen Years That Changed America*. New York: Arcade Publishing, 1996.
Behrendt, Axel, and Bibiana Behrendt. *Cognac*. New York: Abbeville Press, 1997.
Bernard [pseud.]. *100 Cocktails: How to Mix Them*. London: W. Foulsham, [n.d.].
Berry, Jeff, and Annene Kaye. *Beachbum Berry's Grog Log*. San Jose, CA: SLG Publishing, 1998.
Bishop, George. *The Booze Reader: A Soggy Saga of a Man in His Cups*. Los Angeles: Sherbourne Press, 1965.
Blochman, Lawrence. *Here's How*. New York: New American Library, 1957.
Brinnin, John Malcolm. *Dylan Thomas in America*. London: Harborough Publishing, 1957.
Brock, H. I., and J. W. Golinkin. *New York Is Like This*. New York: Dodd, Mead, 1929.
Broom, Dave. *Spirits and Cocktails*. London: Carlton, 1998.
Brown, Charles. *The Gun Club Drink Book*. New York: Charles Scribner's Sons, 1939.
Brown, Gordon. *Classic Spirits of the World*. New York: Abbeville Press, 1996.
Brown, Henry Collins. *In the Golden Nineties*. Hastings-on-Hudson, NY: Valentines's Manual, 1928.
Brown, John Hull. *Early American Beverages*. New York: Bonanza Books, 1966.
Bryson, Bill. *Made in America*. London: Martin Secker & Warburg, 1994.
Bullock, Tom. *The Ideal Bartender*. St. Louis, MO: Buxton & Skinner, 1917.
Bullock, Tom, and D. J. Frienz. *173 Pre-Prohibition Cocktails*. Oklahoma: Howling at the Moon Press, 2001.
Burke, Harman Burney. *Burke's Complete Cocktail and Drinking Recipes*. New York: Books, 1936.
Carling, T. E. *The Complete Book of Drink*. London: Practical Press, 1951.
Carson, Johnny. *Happiness Is a Dry Martini*. New York: Doubleday, 1965.
Charles and Carlos [pseuds.]. *The Cocktail Bar*. London: W. Foulsham, 1977.
Charles of Delmonicos. *Punches and Cocktails*.

New York: Arden Books, 1930.
Cipriani, Arrigo. *Harry's Bar: The Life and Times of the Legendary Venice Landmark.* New York: Arcade Publishing, 1996.
Cocktail Book: A Sideboard Manual for Gentlemen, The. 1900. Reprint, Boston: Colonial Press, C. H. Simonds, 1926.
Conrad, Barnaby, III. *Absinthe: History in a Bottle.* San Francisco: Chronicle Books, 1988.
Cotton, Leo, comp. and ed. *Old Mr. Boston De Luxe Official Bartender's Guide*, various editions. Boston: Ben Burke, 1935; Boston: Berke Brothers Distilleries, 1949, 1953; Boston: Mr. Boston Distiller, 1966, 1970.
Craddock, Harry. *The Savoy Cocktail Book.* New York: Richard R. Smith, 1930.
Craig, Charles H. *The Scotch Whisky Industry Record.* Scotland: Index Publishing, 1994.
Crewe, Quentin. *Quentin Crewe's International Pocket Food Book.* London: Mitchell Beazley International, 1980.
Crockett, Albert Stevens. *The Old Waldorf-Astoria Bar Book.* New York: A. S. Crockett, 1935.
Culver, John Breckenridge. *The Gentle Art of Drinking.* New York: Ready Reference Publishing, [1934].
Daiches, David. *Scotch Whisky: Its Past and Present.* London: Macmillan, 1969.
Davies, Frederick, and Seymour Davies. *Drinks of All Kinds.* London: John Hogg, [n.d.].
DeVoto, Bernard. *The Hour.* Cambridge, MA: Riverside Press, 1948.
Dickens, Cedric. *Drinking with Dickens.* Goring-on-Thames, England: Elvendon Press, 1980.
Dickson, Paul. *Toasts.* New York: Crown Publishers, 1991.
Downard, William L. *Dictionary of the History of the American Brewing and Distilling Industries.* Westport, CT: Greenwood Press, 1980.
Doxat, John. *The Book of Drinking.* London: Triune Books, 1973.
———. *Stirred—Not Shaken: The Dry Martini.* London: Hutchinson Benham, 1976.
Duffy, Patrick Gavin. *The Official Mixer's Manual.* New York: Alta Publications, 1934.
———. *The Official Mixer's Manual.* New York: Blue Ribbon Books, 1948. Revised and enlarged by James A. Beard. New York: Garden City Books, 1956; New York: Permabooks, 1948, 1958, 1959.
Earle, Alice Morse. *Customs and Fashions in Old New England.* New York: Charles Scribner's Sons, 1913.
Edmunds, Lowell. *Martini, Straight Up: The Classic American Cocktail.* Baltimore: Johns Hopkins University Press, 1998.
Edwards, Bill. *How to Mix Drinks.* Philadelphia: David McKay, 1936.
Elliot, Virginia, and Phil D. Stong. *Shake 'Em Up: A Practical Handbook of Polite Drinking.* [n.p.]: Brewer and Warren, 1932.
Embury, David A. *The Fine Art of Mixing Drinks*, 2nd ed. New York: Garden City Books, 1952; revised edition, 1958.
Emmons, Bob. *The Book of Tequila: A Complete Guide.* Chicago: Open Court Publishing, 1997.
Engel, Leo. *American and Other Drinks.* London: Tinsley Brothers, [1883].
Erdoes, Richard. *Saloons of the Old West.* New York: Gramercy Books, 1997.
Erenberg, Lewis A. *Steppin' Out: New York Nightlife and the Transformation of American Culture, 1890–1930.* Chicago: University of Chicago Press, 1981.
Faith, Nicholas, and Ian Wisniewski. *Classic Vodka.* London: Prion Books, 1997.
Feery, William C. *Wet Drinks for Dry People.* Chicago: Bazner Press, 1932.
Fields, W. C. *W. C. Fields by Himself: His Intended Biography.* Commentary by Ronald J. Fields. Englewood Cliffs, NJ: Prentice-Hall, 1973.
Gaige, Crosby. *Crosby Gaige's Cocktail Guide and Ladies' Companion.* New York: M. Barrows, 1945.
———. *The Standard Cocktail Guide.* New York: M. Barrows, 1944.
Gale, Hyman, and Gerald F. Marco. *The How and When.* Chicago: Marco's, 1940.
Gordon, Harry Jerrold. *Gordon's Cocktail and Food Recipes.* Boston: C. H. Simonds, 1934.
Gorman, Marion, and Felipe de Alba. *The Tequila Book.* Chicago: Contemporary Books, 1978.
Gregory, Conal R. *The Cognac Companion: A Connoisseur's Guide.* Philadelphia: Running Press, 1997.
Grimes, William. *Straight Up or On the Rocks: A Cultural History of American Drink.* New York: Simon & Schuster, 1993.
———. *Straight Up or On the Rocks: The Story of the American Cocktail.* New York: North Point Press, 2001.
Grossman, Harold J. *Grossman's Guide to Wines, Beers, and Spirits*, 6th ed. Revised by Harriet Lembeck. New York: Charles Scribner's Sons, 1977.
Haimo, Oscar. *Cocktail and Wine Digest.* New York: International Cocktail, Wine, and Spirits Digest, 1955.
Hamilton, Edward. *The Complete Guide to Rum.* Chicago: Triumph Books, 1997.
Harrington, Paul, and Laura Moorhead. *Cocktail: The Drinks Bible for the Twenty-first Century.* New York: Viking, 1998.

Harwell, Richard Barksdale. *The Mint Julep.* Charlottesville: University Press of Virginia, 1985.

Haskin, Frederic J. *Recipes for Mixed Drinks, Wines: How to Serve Them.* Hartford, CT: [n.p.], 1934; circulated by the *Hartford Courant.*

Hastings, Derek. *Spirits and Liqueurs of the World.* Consulting editor, Constance Gordon Wiener. London: Footnote Productions, 1984.

Hewett, Edward, and Axton, W. F. *Convivial Dickens: The Drinks of Dickens and His Times.* Athens: Ohio University Press, 1983.

Holden, Jan. *Hell's Best Friend: The True Story of the Old-Time Saloon.* Stillwater, OK: New Forums Press, 1998.

Holmes, Jack D. L. *New Orleans Drinks and How to Mix Them.* New Orleans, LA: Hope Publications, 1973.

Hunt, Ridgely, and George S. Chappell, comp. *The Saloon in the Home, or A Garland of Rumblossoms.* New York: Coward-McCann, 1930.

Hutson, Lucinda. *Tequila! Cooking with the Spirit of Mexico.* Berkeley, CA: Ten Speed Press, 1995.

Jackson, Michael. *Michael Jackson's Complete Guide to Single Malt Scotch.* Philadelphia: Running Press, 1999.

Jeffs, Julian. *Sherry.* London: Faber and Faber, 1992.

Johnson, Byron A., and Sharon Peregrine Johnson. *The Wild West Bartenders' Bible.* Austin: Texas Monthly Press, 1986.

Johnson, Harry. *New and Improved Illustrated Bartender's Manual.* New York: Harry Johnson, 1900.

Jones, Andrew. *The Apéritif Companion.* London: Quintet Publishing, 1998.

Jones, Stanley M. *Jones' Complete Barguide.* Los Angeles: Barguide Enterprises, 1977.

Judge Jr. *Here's How.* New York: Leslie-Judge Company, 1927.

———. *Here's How Again!* New York: John Day Company, 1929.

Kappeler, George J. *Modern American Drinks: How to Mix and Serve All Kinds of Cups and Drinks.* New York: Merriam, 1895.

Kinross, Lord. *The Kindred Spirit: A History of Gin and the House of Booth.* London: Newman Neame, 1959.

Lawlor, C. F. *The Mixicologist, or How to Mix All Kinds of Fancy Drinks.* Cleveland, OH: Burrow Brothers, 1897.

Lass, William, ed. *I. W. Harper Hospitality Tour of the United States.* New York: Popular Library, 1970.

Lewis, V. B. *The Complete Buffet Guide, or How to Mix Drinks of All Kinds.* Chicago: M. A. Donahue, 1903.

London, Robert, and Anne London. *Cocktails and Snacks.* Cleveland, OH: World Publishing, 1953.

Lord, Tony. *The World Guide to Spirits, Aperitifs and Cocktails.* New York: Sovereign Books, 1979.

Lowe, Paul E. *Drinks: How to Mix and How to Serve.* Toronto: Gordon & Gotch, 1927.

Mahoney, Charles S. *Hoffman House Bartender's Guide: How to Open a Saloon and Make It Pay.* New York: Richard K. Fox Publishing, 1912.

Mamma's Recipes for Keeping Papa Home. Texas: Martin Casey, 1901.

Mario, Thomas. *Playboy's Bar Guide.* Chicago: Playboy Press, 1971.

———. *Playboy's Host and Bar Book.* Chicago: Playboy Press, 1971.

Marquis, Don. *The Old Soak's History of the World.* New York: Doubleday, Page, 1925.

Marrison, L. W. *Wines and Spirits.* Baltimore: Penguin Books, 1957.

Martin, Paul. *World Encyclopedia of Cocktails.* London: Constable, 1997.

Mason, Dexter. *The Art of Drinking.* New York: Farrar & Rinehart, 1930.

McNulty, Henry. *The Vogue Cocktail Book.* New York: Harmony Books, 1982.

Mencken, H. L. *Heathen Days.* New York: Alfred A. Knopf, 1943.

———. *Newspaper Days.* New York: Alfred A. Knopf, 1963.

———. *The Young Mencken: The Best of His Work.* Collected by Carl Bode. New York: Dial Press, 1973.

Mendelsohn, Oscar A. *The Dictionary of Drink and Drinking.* New York: Hawthorne Books, 1965.

———. *Drinking with Pepys.* London: Macmillan, 1963.

Mew, James, and John Ashton. *Drinks of the World.* London: Leadenhall Press, 1892.

Miller, Anistasia, Jared Brown, and Don Gatterdam. *Champagne Cocktails.* New York: Regan Books, 1999.

Mitchell, Joseph. *McSorley's Wonderful Saloon.* New York: Grosset & Dunlap, 1943.

———. *My Ears Are Bent.* New York: Pantheon Books, 2001.

Montague, Harry. *New Bartender's Guide.* Baltimore: I. & M. Ottenheimer, 1914.

Mr. Boston Official Bartender's Guide: Fiftieth Anniversary Edition. New York: Warner Books, 1984.

Muckensturm, Louis. *Louis' Mixed Drinks with Hints for the Care and Service of Wines.* New York: Dodge Publishing, 1906.

Murray, Jim. *Classic Bourbon, Tennessee, and Rye Whiskey.* London: Prion Books, 1998.

———. *Classic Irish Whiskey.* London: Prion

Books, 1997.

———. *The Complete Guide to Whiskey.* Chicago: Triumph Books, 1997.

North, Sterling, and Carl Kroch. *So Red the Nose, or Breath in the Afternoon.* New York: Farrar & Rinehart, 1935.

Pace, Marcel. *Selected Drinks.* Paris: Hotel Industry Mutualist Association, 1970.

Phillips, Louis. *Ask Me Anything About the Presidents.* New York: Avon Books, 1992.

Plotkin, Robert. *The Original Guide to American Cocktails and Mixed Drinks.* Tucson, AZ: BarMedia, 2001.

Pokhlebkin, William. *A History of Vodka.* Translated by Renfrey Clarke. London: Verso, 1992.

Powers, Madelon. *Faces Along the Bar: Lore and Order in the Workingman's Saloon, 1870–1920.* Chicago: University of Chicago Press, 1998.

Proskauer, Julien J. *What'll You Have.* New York: A. L. Burt, 1933.

Rae, Simon, ed. *The Farber Book of Drink, Drinkers and Drinking.* London: Farber and Farber, 1991.

Ray, Cyril. *Cognac.* London: Peter Davis, 1973.

Ray, Cyril, ed. *The Compleat Imbiber.* New York: Rinehart, 1957.

———. *The Compleat Imbiber Six: An Entertainment.* New York: Paul S. Eriksson, 1963.

———. *The Compleat Imbiber Twelve.* London: Hutchinson, 1971.

———. *The Gourmet's Companion.* London: Eyre & Spottiswood, 1963.

Red Jay Bartender's Guide. Philadelphia: Dr. D. Jayne and Son, 1934.

Reminder, The. Worcester, MA: [n.p.], 1899; compliments of M. J. Finnegan High Grade Beverages.

Reynolds, Cuyler. *The Banquet Book.* New York: Knickerbocker Press, 1902.

Sante, Luc. *Low Life: Lures and Snares of Old New York.* New York: Farrar, Straus and Giroux, 1991.

Sardi, Vincent, with George Shea. *Sardi's Bar Guide.* New York: Ballantine Books, 1988.

Saucier, Ted. *Ted Saucier's Bottoms Up.* New York: Greystone Press, 1951.

Savoy Cocktail Book, The. London: Pavilion Books, 1999.

Sax, Richard. *Classic Home Desserts.* Vermont: Chapters Publishing, 1994.

Schmidt, William (the Only William). *The Flowing Bowl: When and What to Drink.* New York: Charles L. Webster, 1892.

Schoenstein, Ralph, ed. *The Booze Book.* Chicago: Playboy Press, 1974.

Shane, Ted. *Authentic and Hilarious Bar Guide.* New York: Fawcett Publications, 1950.

Shay, Frank. *Drawn from the Wood: Consolations in Words and Music for Pious Friends and Drunken Companions.* New York: Macaulay, 1929.

Sonnichsen, C. L. *Billy King's Tombstone.* Caldwell, ID: Caxton Printers, 1942.

Southworth, May E., comp. *One Hundred and One Beverages.* San Francisco: Paul Elder, 1906.

Spence, Godfrey. *The Port Companion: A Connoisseur's Guide.* New York: Macmillan, 1997.

Spenser, Edward. *The Flowing Bowl.* New York: Duffield, [1925].

Steedman, M. E., and Cherman Senn, M.B.E. *Summer and Winter Drinks.* London: Ward, Lock, 1924.

Stephen, John, M.D. *A Treatise on the Manufacture, Imitation, Adulteration, and Reduction of Foreign Wines, Brandies, Gins, Rums, Etc.* Philadelphia: Published for the Author, 1860.

Straub, Jacques. *Drinks.* Chicago: Marie L. Straub–Hotel Monthly Press, 1914.

Sullivan, Jere. *The Drinks of Yesteryear: A Mixology.* [n.p.], 1930.

Tarling, W. J., comp. *Café Royal Cocktail Book.* London: Publications from Pall Mall, 1937.

Terrington, William. *Cooling Cups and Dainty Drinks.* London: Routledge and Sons, 1869.

Thomas, Jerry. *The Bar-Tender's Guide, or How to Mix All Kinds of Plain and Fancy Drinks.* New York: Fitzgerald Publishing, 1887.

———. *How to Mix Drinks, or The Bon Vivant's Companion.* New York: Dick & Fitzgerald, 1862; New York: Grosset & Dunlap, 1928.

Tirado, Eddie. *Cocktails and Mixed Drinks Handbook.* Australia: Tradewinds Group, 1976.

Townsend, Jack, and Tom Moore McBride. *The Bartender's Book.* New York: Viking Press, 1951.

Trader Vic [Victor Bergeron]. *Bartender's Guide.* New York: Garden City Books, 1948.

United Kingdom Bartender's Guild, comp. *The U.K.B.G. Guide to Drinks.* London: United Kingdom Bartender's Guild, 1955.

Van Every, Edward. *Sins of New York, as "Exposed" by the Police Gazette.* New York: Frederick A. Stokes, 1930.

Vermeire, Robert. *Cocktails: How to Mix Them.* London: Herbert Jenkins, [1930s?].

Wainwright, David. *Stone's Original Green Ginger Wine: Fortunes of a Family Firm, 1740–1990.* London: Quiller Press, 1990.

Walker, Stanley. *The Night Club Era.* New York: Frederick A. Stokes, 1933.

Whitfield, W. C., comp. and ed. *Just Cocktails.* [n.p.]: Three Mountaineers, 1939.

Williams, H. I. *Three Bottle Bar.* New York:

M. S. Mill, 1945.
Wilson, Ross. *Scotch: The Formative Years.* London: Constable, 1970.

杂志

National Review, December 31, 1996.
Playboy, August 1973.

期刊

Liebmann, A. J. "The History of Distillation." *Journal of Chemical Education* 33 (April 1956): 166.
Underwood, A. J. V., D.Sc., F.I.C. (Member). "The Historical Development of Distilling Plant." *Transactions of the Institute of Chemical Engineers* 13 (1935): 34–61.

网站

Architectural Record: archrecord.com.
The Atlantic: theatlantic.com.
Babe Ruth: baberuth.com.
Cocktail database: thecocktaildb.com.
Cocktail Times: cocktailtimes.com.
Cyber Boxing Zone: cyberboxingzone.com.
DrinkBoy: drinkboy.com.
DrinkBoy MSN community: groups.msn.com/drinkboy.
Paul Sann, Journalism, Letters, Writings: paulsann.org.
State University of New York at Potsdam: www2.potsdam.edu.
Texas State Historical Association: tshaonline.org.
Twain quotes: twainquotes.com.
Webtender: webtender.com.

笔记：

笔记：

笔记：

笔记：